현대사를 통해 본 정의의 전쟁

현대사를 통해 본 정의의 전쟁

차 기 문

책머리에

인류의 역사는 전쟁으로 시작해서 전쟁으로 끝난다고 해도 과언이 아니다. 오늘날에도 지구촌 곳곳에서는 분쟁이 계속되고 있으며 한국군도 평화유지군의 이름으로 분쟁지역에 나가 세계평화를 위해 땀을 흘리고 있다.

클라우제비츠(Carl Von Clausewitz)가 '전쟁은 다른 수단에 의한 정치의 연속'이라고 한 것처럼, 현대에도 국제정치에서 국가간의 분쟁관계를 해결하는 데 있어서 외교적인 방법이 아닌 투쟁으로 해결하고자 하는 마찰이 일어나고 있다.

전쟁의 원인을 시대별로 보면 원시시대에는 토지, 식량, 가축, 노예, 여성 등을 획득하기 위함이었고, 고대에는 민족이동, 보복, 자위 등을 목적으로 하였다. 또 중세와 근대에는 식민지, 자원, 시장획득, 제국주의 건설 및 세력확장 등을 위함이었고, 현대에 와서는 이데올로기, 종교, 민족간의 갈등, 영토분쟁 등에 의하여 전쟁이 계속되고 있다.

이러한 전쟁의 역사를 분석해 보면 정의의 전쟁이 항상 승리해 왔다는 것을 교훈으로 알 수 있다. 제1차 세계대전은 보불전쟁에서 승리한 독일이 빌헬름 2세를 중심으로 세계를 제패하기 위한 욕망으로 전쟁을 일으켰지만 이에 대항하는 연합군에 의하여 패하였다. 제2차 세계대전도 히틀러, 무쏠리니, 도조히데끼 등 독재자들이 나타나 파쇼권력(Fascism)으로 패권을 장악하기 위하여 전쟁을 일으켰지만 결국 정의의 군대로 나선 연합군에 의하여 패하고 말았다. 한국전쟁도 불법남침을 한 북한군이 낙동강까지 내려왔지만 세계평화를 갈구하는 유엔군과 한국군의 정의로운 반격으로 결국 그들의 목적을 달성하지 못하였다.

이 책은 현대사에 나타난 전쟁 중에서 제1, 2차 세계대전과 한국전쟁을 중심으로 그 전개과정과 교훈을 중점적으로 다루었다. 전쟁사를 연구하는 궁극적인 목적은 평화를 추구하는 데 있다. 현대사에서 전개된 전쟁사를 살펴보는 것이 우리 생활에 직접적으로 관련이 있을 뿐만 아니라 세계평화를 유지하는 데 보다 영향력이 많다고 볼 수 있다. 따라서 현대사에 나타난 전쟁의 원인이 무엇이며 그 결과가 어떻게 되었는가를 분석하고, 불의의 전쟁을 일으킨 당사자들의 종말을 통하여 평화를 추구하는 모든 인류에게 교훈을 얻도록 한 것이다.

그리고 정의의 전쟁에서 승리하기 위해서는 어떠한 전략 및 전술이 필요한가를 현대전에서 나타난 교훈들을 통하여 정리하였다. 전쟁을 예방하는 것이 최선의 방책이지만 전쟁이 발발하면 승리해야 하는 것도 중요한 과제가 아닐 수 없다. 따라서 그동안 전개되었던 전역에 대한 사례를 분석함으로써 전투에서 패한 원인과 승리한 과정을 구체적으로 연구함으로써 전쟁에서 승리하기 위한 공통점을 살펴보았다.

이러한 맥락에서 본 저자가 그 동안 연구한 논문과 대학강단에서 지금까지 강의하였던 내용을 정리하고 가다듬어 한 권의 책으로 출간함으로써 전쟁사에 관심이 있는 학도들에게 연구방향을 제공하고 보다 심화된 전쟁사를 탐구할 수 있는 참고교재로써 활용할 수 있도록 하였다.

지성적인 교양을 목표로 하는 독자들의 이해를 돕기 위하여 알기 쉽게 풀이하고 요약한 내용을 추가적으로 수록하였다. 따라서 시간이 바

쁜 독자들도 부담 없이 편한 마음으로 책 뒷부분의 요약된 것만 읽어도 이해가 될 수 있을 것이라고 믿어마지 않는다.

추후 이 책이 더 좋은 책으로 발전될 수 있도록 독자들의 애정어린 관심과 비판이 있기를 기대하면서 이 책이 나오기까지 원고교정 등으로 수고해준 딸 차수진과 정명자 조교 그리고 편집에 조언과 기술적인 협조를 아끼지 않은 도서출판 역락 이대현 사장 이하 관계자 여러분들에게 깊은 감사를 드린다.

2008년 8월
아이파크분당 서재에서
차 기 문

차 례

제4장 한국전쟁 __201

제5장 한반도 정전체제 __239

제1장 전쟁의 일반적 이론

1. 전쟁의 본질

전쟁이란 대규모의 결투에 불과하다. 무수한 결투가 모여 전쟁을 형성하는데 전체적으로 그 형태는 두 사람의 결투자를 상상함으로써 이해될 수 있다. 결투자는 각기 물리적인 힘으로 상대로 하여금 자신의 의지에 굴복하도록 강요한다. 그의 직접적인 목표는 상대를 굴복시켜 상대가 더 이상 저항할 수 없게 하는 것이다. 이와 같이 전쟁이란 적으로 하여금 아군의 의지대로 이행하도록 강요하는 폭력행위라고 볼 수 있다.

전쟁은 상대의 폭력에 대항하기 위하여 갖가지 과학과 기술을 통하여 발명된 기구로 무장한다. 그런데 폭력은 국제법상 도의라는 명목아래 얼마간의 제약이 수반되지만 폭력행사를 저지하는 중대한 장애로 될 수는 없다. 적의 저항력을 타도하는 수단으로서의 군사적 행동이 적에게 아군의 의사를 강요하는 것이 전쟁의 궁극적 목표가 되는 것이다.

그런데 인도주의자들은 적에게 필요 이상의 손상을 주지 않고 교묘하게 무장을 해제시키거나 굴복시킬 수 있는 것이야말로 전쟁기술이 추구하고 있는 진정한 방향이라고 생각한다. 손자는 전쟁을 하지 않고 이기는 것이 최선의 방법이라고 했다(百戰百勝 非善之善者, 不戰而屈人之兵善之善者). 그러나 이것은 외교적인 면에서 이러한 의미를 뜻할 수 있지만 군사적인 면에서는 해당되지 않는다.

물리적 폭력행사라고 해도 전적으로 정신적 요소의 영향이 없는 것은 아니다. 가령 서로 싸우고 있는 양자 중에서 한쪽이 조금도 주저할 것 없이 또 어떠한 유혈에도 위축하지 않고 폭력을 행사할 때 다른 한쪽이 우유부단하여 이것을 잘 할 수 없다면 후자는 그 폭력행사에서 패하고 말 것이다. 그래서 후자도 전자에게 폭력으로써 대항하지 않을 수 없게 되어 드디어 양자의 폭력행사는 서로 확대되어 끝이 없게 된다. 만일 거기에 어떤 한계가 있다면 그것은 양자 사이에 있는 힘의 균형에 의해서만 초래되는 것이다. 전쟁에 내포되어 있는 야성을 혐오하는 나머지 전쟁 자체의 본성을 무시하려는 것은 앞뒤가 전도된 생각이라고 할 수 있다.

문명국가의 전쟁과 비문명국가의 전쟁을 비교해 보면 후자의 경우가 훨씬 잔인하고 파괴적인데 이 원인은 국가의 내부와 국가상호간의 사회적 상태에서 기인한다. 이 사회적 상태와 전쟁과의 상호관련이야말로 전쟁의 참다운 원인이고 이것들에 의하여 전쟁은 제약되고 축소되며 또 완화되기도 한다. 그러므로 전쟁철학 속에 감상적인 인정을 받아들인다는 것은 어리석은 일이라고 클라우제비츠는 역설하고 있다.

인간과 인간 사이의 투쟁은 원래 두 개의 다른 요소가 존재한다. 적대적 감정과 적대적 의도가 그것이다. 이 둘 가운데 후자, 즉 적대적 의도가 전자인 적대적 감정보다 좀더 일반적이라는 이유에서 전쟁의 정의로서 채택된다. 아무리 조악한 본능적 증오감이라 할지라도 적대적 의도가 없으면 서로 싸우게는 되지 않는다. 이와는 반대로 적대적 의도가 있을 때는 적대적 감정이 전연 따르지 않거나 혹은 전혀 표면에 그 감정이 나타나지 않아도 싸우게 되는 경우가 얼마든지 있다. 비문명 국민에게는 감정에 속하는 의도가 많고 문명 국민에게는 이성에 속하는 의도가 지배적이다. 그런데 그 차이는 그 국민의 문명에 의하여 생기는 것이 아니라 그기에 따른 사회상태와 제도 등에 의하여 생기는 것이다. 따라서 이 차이는 반드시 모든 경우에 해당된다는 것은 아니고 대체로 많은 경우에 해당된다는데 지나지 않는다. 말하자면 가장 문명한 국민이라도 때로는 가공할 만큼 적대적 감정을 가지고 서로 싸울 수 있는 것이다.

전쟁의 목표는 적의 저항력을 분쇄하는 데 있다. 적에게 아군의 의지를 강요하려면 적으로 하여금 그들이 지불하여야 할 희생보다는 더 불리한 위치에 그들을 몰아넣어야 한다. 불리한 위치라는 것은 아무리 군사적 행동을 계속해도 점점 적으로 하여금 불리한 위치에 몰릴 뿐이라는 것을 납득시키는 것이어야 한다. 전쟁당사자가 굴복하는 최악의 상태는 완전한 무저항 상태에 몰리는 것이다. 그러므로 군사행동에 의하여 적을 아군의 의지 앞에 굴복시키려면 적을 사실상 무저항 상태로 몰아넣든가 아니면 그러한 상태에 몰릴지도 모른다고 적에게 생각하도록 하는 것이다.

전쟁동기가 크면 클수록 그만큼 전쟁은 교전국 국민들에게 큰 영향을 미친다. 전쟁발발 전의 긴장이 크면 클수록 전쟁은 적 격멸이 보다 중요하다. 정치적 성격은 약해지고 군사적 성격이 보다 강해지는 전쟁 양상을 보이게 될 것이다.

국가를 한 인간으로 그리고 정책을 인간두뇌의 산물로 생각해 보면 국가가 준비해야 할 여러가지 사항 가운데는 전쟁이 있으며 그 내의 모든 요소는 정책을 요구하고 다시 그것은 폭력에 의하여 빛이 가려짐을 알 수 있다.

전쟁이란 경우에 따라 그 성격을 달리하는 카멜레온보다 더한 것이다. 총체적 현상으로서 전쟁의 지배적인 경향은 기묘한 3중성을 띠고 있다. 즉 세가지 요소로 구성되어 있는데, 첫째 맹목적인 것으로 간주될 수 있는 원초적 폭력, 증오, 적개심 등이며, 둘째, 창조적 정신이 자유로이 활동하는 유연성과 개연성의 도박이고, 셋째, 전쟁을 합리적 산물로 만드는 하나의 정치적 도구로서의 종속성 등이다.

이 세 가지 특성 가운데 첫 번째의 것은 주로 국민과 관계되는 것이고, 두 번째는 지휘관과 그의 군대와의 관계이며, 세 번째는 정부와 관계되는 것이다. 전쟁에서 타오르는 격정은 이미 국민감정 속에 내재하는 것이다. 개연성과 우연성의 영역에서 용기와 재능이 발휘되는 범위는 지휘관과 군대의 특성에 달려있다. 그러나 정치적 목적은 정부만이 관장하는 사항이다.

이 세 가지 경향은 각각의 주제에 깊이 뿌리 박힌 서로 다른 법 조항처럼 보이지만 사실은 상호 밀접한 관계를 갖는 변수들이다. 그 가운데 어느 것을 무시하거나 상호관계를 임의로 고정시키려는 이론은 현실과 모순을 보이고 그것만으로도 그러한 이론을 무의미한 것으로 만들 것이다. 따라서 우리의 과제는 세 가지 성향의 균형을 마치 3개 인력의 중심점과 같이 유지하는 이론을 개발하여야 하는 것이다.

2. 전쟁의 원칙

전쟁원칙은 전쟁을 계획하고 시행하는 데 적용하여야 할 지배적인 원리로서 작전계획을 수립하고 실시하는 일반적인 치침을 제공한다. 그러나 이러한 원칙들은 단지 성공적인 작전의 특징들을 집약한 것으로서 모든 상황에 동일한 방식으로 적용해서는 안 된다. 전쟁원칙들은 상호 밀접한 관계를 가지고 있으므로 제 원칙을 적절히 결합하여 최대의 성과를 달성하도록 하여야 한다.

전쟁의 원칙에는 목표, 정보, 기동, 집중, 방호, 지휘통제, 주도권, 통합, 지속성, 사기 등이 있다.

목표의 원칙은 작전을 통하여 이루어지거나 도달하려고 하는 대상 또는 최종적인 상태나 지향점을 말한다. 목표는 유형적인 대상물이 될 수도 있고 무형적이 될 수도 있으며, 명확하고 달성 가능하여야 하고 부대의 임무수행에 결정적이 된다.

목표의 선정은 전쟁수행 개념에 부합되도록 요망하는 효과에 중점을 두고 선정되며, 작전의 목표는 국내 및 국제적인 각종 법령에 의하여 영향을 받을 수 있으므로 합법성이 고려되어야 한다.

지휘관은 임무에 기초를 두고, 제한된 시간과 능력범위 내에서 최소의 희생으로 최대의 성과를 달성할 수 있도록 목표를 선정하고 모든 활동을 지향한다.

정보의 원칙은 적과 작전지역에 관한 자료뿐 아니라 일반적인 사실이나 자료를 총칭하는 의미로 작전계획 및 실시의 기초가 된다. 신속하고 정확한 정보는 적시적절한 판단과 결심을 통해 적보다 먼저 행동할 수 있게 하므로 지휘관은 정보의 획득과 운용을 직접 주도하게 되며, 적과 작전지역 및 기상 뿐만 아니라 아군에 대한 정보도 지속적으로 획득한다.

정보수집 및 전파수단의 발달은 가용한 정보를 증가시키고 있다. 이러한 정보의 증가는 작전수행에 저해요소가 될 수 있으므로 필요한 정보를 선별하여 적시에 제공될 수 있도록 정보관리 능력을 향상시키게 된다.

전장에서는 정보를 획득하는 것도 중요하지만 상대적인 정보우위를 달성하는 것이 더욱 중요하다. 그러므로 지휘관은 다양한 수단을 이용하여 정보를 획득 · 관리하며 적극적인 정보작전으로 정보우위를 추구한다.

지술 및 정보체계의 발달은 군사 및 비군사 정보환경을 다양하게 하고 있으며, 정보환경의 변화에 따라 지휘관은 작전의 효율성을 향상시키고, 군의 직접통제하에 있는 정보관련 요소뿐 아니라 민 · 관의 다양한 정보환경을 이용하게 된다.

기동의 원칙은 유리한 상황을 조성하고 이점을 확대하기 위하여 부대와 자원을 결정적 시간과 장소에 이동시키는 것이다. 지휘관은 기동을 통해 적에 비해 유리한 위치로 전투력을 이동시키고, 결정적인 시간과 장소에 전투력을 집중하거나 적의 약점을 노출시킨다. 또한 기동을 통하여 행동의 자유를 획득 및 유지하며 아군의 취약성을 감소시킨다.

기동은 속도유지가 매우 중요하나 상황에 따라서는 적절한 속도의 조절과 템포유지가 요구된다. 지휘관은 과감한 기동을 통하여 적의 반응시간보다 빠르게 대응하고 획득된 성과를 더욱 확대한다. 기동의 원칙을 성공적으로 적용하기 위해서는 사고의 기동성, 창의성, 작전수행상의 융통성 등이 요구된다.

집중의 원칙이란 경정적인 시간과 장소에서 상대적 우세를 달성하는 것으로서 집중의 방법에는 물리적 집중, 노력의 집중, 효과의 집중 등이 있다.

전투의 승패는 결정적인 시간과 장소에서의 상대적 전투력 우열에 따라 결정된다. 전투력이 적과 대등하거나 또는 열세하더라도 적의 약점에 아군 전투력을 적시에 집중하여 상대적 전투력의 우세를 달성함으로써 결정적인 성과를 획득할 수 있다.

집중의 원칙은 피·아 간의 상대적인 개념으로서 아군 전투력의 집중뿐만 아니라 적 전투력의 분산을 강요하는 작전활동, 타지역에서의 절약 등이 병행하여 이루어진다. 단순한 물리적인 집중은 대량피해를 유발할 수 있으므로 이에 유의하여야 한다.

방호의 원칙이란 적의 위협으로부터 인원, 장비, 시설, 정보 및 정보체계 등 아군의 전투력을 효과적으로 보존하고 행동의 자유를 보장하기 위한 조직적인 활동이다.

방호는 제 작전요소가 통합적으로 수행되어야 한다. 이를 위하여 적 지종심지역에서부터 적 위협의 근원을 제거하고, 조기경보체계를 확립하며, 작전보안 활동을 강화한다.

특히 적의 화학 및 생물학 작용제를 포함한 대량살상무기에 의한 공격으로부터 피해를 최소화할 수 있도록 부대 방호대책을 강구하고, 민·관·군이 통합된 지역피해통제체제를 확립하는 등의 총체적인 대응책을 강구한다.

지휘통제의 원칙이란 부여된 임무달성을 위하여 작전을 계획, 지시·통제하는 일련의 과정으로 편성, 수단, 절차 등을 유기적으로 연계 및 통합하여 이루어진다.

조직적인 지휘통제를 보장하기 위해서는 제 작전요소들의 효과적인 통합, 합리적인 의사결정과 명령 및 지시의 간명화가 요구된다. 또한 계획은 집권화하되 실시는 분권화하면서 획일적이고 과도한 통제를 지양하여 예하부대에게 작전의 융통성과 창의성을 보장해 주게 된다.

주도권의 원칙은 전장에서 아군에 유리한 상황을 조성하여 아군이 원하는 방향으로 제반 작전을 이끌어 나가는 능력이다. 지휘관은 결단력과 통제력을 발휘하여 전장에서 조성된 호기를 최대한 이용하여 자신의 의지대로 전장을 주도한다. 주도권은 적의 약점을 최대로 이용하여 적이 아군에게 효과적으로 대처할 수 있는 기회와 능력을 박탈함으로써 아군행동의 자유를 보장하고 작전목표 달성을 용이하게 한다.

주도권을 장악하기 위해서 정보우위를 달성하여 적의 약점에 과감하고 공세적인 전투력의 집중 운용 및 작전템포를 유지하며, 이를 통해 작전성과를 지속적으로 확대한다.

통합의 원칙은 가용한 작전요소와 제 전장기능을 작전목적에 적합하도록 상호 결합하고 협조시킴으로써 결정적인 시간과 장소에서 전투력 발휘의 상승효과를 창출하게 하는 전투력 운용 방법이다.

통합은 전장기능의 유기적인 통합, 제대 별 노력의 통합, 전투력 효과의 통합 등을 포함하는 의미로서 이를 위하여 작전에 참가하는 모든 요소들은 시·공간적으로 협조, 조정, 통제된다.

지휘관은 계획을 집권화함으로써 제 작전요소의 활동이 효율적으로 통합될 수 있도록 하며, 각 작전요소들은 자기 역할을 명확하게 이해하고 목표달성에 적극적으로 참여하여야 한다.

지속성의 원칙은 전 작전기간 동안 지휘관이 요망하는 수준의 전투력 집중과 작전템포를 유지시켜 주는 것을 말한다. 지속성을 유지하기 위해서는 정확한 작전소요를 판단하여 부족자원을 확보하고, 임무 우선순위에 의거 가용자원을 할당하며, 작전부대가 필요로 하는 시기와 장소에 지원할 수 있는 지원체계가 구축되어야 한다.

제대 별로 적정 규모의 예비역량을 확보하고, 필요시 새로운 방향으로 부대를 투입하거나 새로운 부대로 교대하여 줌으로서 작전의 템포를 유지한다.

사기의 원칙이란 어떠한 악조건 및 상태에서도 개인 또는 부대가 부여된 임무를 완수하고자 하는 의지를 말한다.

전장상황의 불확실성과 우연성, 생명의 위협에 대한 공포, 육체적인 피로 등으로 야기되는 전장에서의 마찰 요인을 극복하고, 필승의 신념과 전투의지를 고양시켜 전투력 발휘효과를 극대화할 수 있도록 개인 및 부대는 높은 사기를 유지하여야 한다.

이를 위해서는 지휘관의 솔선수범과 전우애, 상호간의 신뢰 등을 통하여 부대의 응집력을 강화하고, 고도의 훈련으로 승리에 대한 자신감을 배양하며, 필승의 신념과 전투의지를 고양시킨다.

3. 전쟁의 목적과 수단

전쟁의 본질은 복잡하고 가변적이다. 만약 어떤 특별한 전쟁의 목적에 대하여 정치적 목적을 충분히 달성하게끔 군사행동이 방향을 잘 제시하는가를 조사한다면 우리는 전쟁목적이 정치적 목적과 실제 상황만큼 다양하게 변할 수 있음을 알게 될 것이다.

당장 전쟁의 순수개념을 고려하면 전쟁의 정치적 목적은 전쟁자체와는 무관하다고 단정적으로 말할 수 있다. 왜냐하면 전쟁이 우리편의 의지를 적에게 강요하는 폭력행위라면 그 목적은 언제나 그리고 오직 적을 제압하고 무장해제하여야 하는 것이기 때문이다. 이 목적은 이론적 전쟁개념으로부터 도출된 것이다.

적 군사력은 격멸시켜야 한다. 즉 적 군사력은 더 이상 싸울 수 없는 상태에 빠뜨려야 한다. 적 영토는 점령되어야 한다. 그렇지 않으면 적은 새로운 군사력을 양성할 수 있기 때문이다.

그러나 이상 두 가지가 성취되었다 하더라도 적대감과 적대적 요소의 보복적 결과인 전쟁은 결국 적의 의지를 굴복시키지 않는 한 아직 종결되었다고 볼 수는 없다. 다시 말하면 적 정부와 동맹국이 협상을 요청하거나 또는 국민이 항복하는 상태에 이르지 않으면 전쟁은 종료된 것이 아니다.

우리가 적 영토를 완전히 점령하였다고 하여도 내부에서는 다시 새로운 적대적 행동이 출현할 수 있고 특히 동맹국의 지원을 받는다면 그럴 가능성이 더욱 크다. 이는 물론 강화조약 체결 이후에도 발생할 가능성은 있다. 그러나 그것은 어떤 전쟁도 완전한 종결을 보는 전쟁이란 있을 수 없다는 것을 말하는데 불과하다. 하지만 그런 경우 전투가 재개되더라도 강화조약은 종래의 불타던 국민감정의 불길을 진정시킬 것이다. 더욱이 긴장상태도 이완될 것이다. 왜냐하면 평화애호가들은 더 이상의 전투행동에 대한 생각을 포기할 것이기 때문이다. 어떤 일이 발생하더라도 우리는 언제나 강화조약 체결과 함께 전쟁의 목적은 달성되었고 전쟁은 끝난 것으로 간주하여야 한다.

가장 자연스러운 것은 먼저 적 전투력을 격멸하고 다음에 영토를 점령하여야 하는 것이다. 두 가지 목표를 달성하고 우세한 위치를 활용한다면 우리는 적을 협상테이블로 끌어낼 수 있다. 일반적으로 적 군사력을 격멸하는 것이 서서히 이루어지면 적 영토점령도 서서히 이루어진다. 보통은 두 가지가 상호작용을 일으킨다. 즉 어느 지역이 상실되면 그것은 적의 전투력을 약화시킨다.

그러나 그러한 진행순서는 반드시 필연적인 것도 아니며 항상 그런 순서로 발생하는 것도 아니다. 적은 큰 손실을 보기 전에 멀리 후방으로 후퇴하거나 다른 나라로 철수하는 경우도 있다. 물론 그런 경우에는 영토의 전부 또는 대부분이 점령되고 말 것이다.

그러나 적 무장해제의 목표는 사실상 현실적으로는 언제나 존재하는 것이 아니므로 반드시 강화를 위한 조건은 아닌 것이다. 따라서 어떤 경우에도 이론을 법칙 수준으로 규정하여서는 안될 것이다. 어느 한편이 완전히 무력해지지 않았는데, 또 쌍방간 세력균형이 크게 깨지지 않았는데도 강화조약이 체결된 예는 많았다. 더욱 더 구체적 사례를 조사해 보면 완전히 적을 타도한다는 것은 비현실적임을 알 수 있다. 특히 적국이 우세한 전투력을 보유하고 있는 경우에는 더욱 그러할 것이다.

이론에서 나타나는 전쟁의 목적이 때로는 실제의 전쟁에 부적합한 이유는 전쟁이란 이론과 현실전쟁 두 종류가 서로 다르기 때문이다. 만일 전쟁이 순수 이론대로라면 전투력이 현저히 차이가 나는 국간의 전쟁은 불합리하고 또 불가능할 것이다. 물질적 전투력의 불균형은 정신적 힘에 의하여 극복할 수 있는 정도 이상으로 벌어질 수는 없는 것이다. 그러나 사실상 전쟁은 전투력에서 차이가 나는 국간에 존속하여 왔다. 왜냐하면 실제 전쟁은 이론이 규정하는 순수 개념과는 거리가 멀기 때문이다. 전쟁을 더 이상 수행하지 않고 강화를 추구하게 되는 데는 두 가지 요인이 있는데 첫째는 승리의 불가능성이고, 둘째는 받아들일 수 없는 손실규모이다.

전쟁은 전반적으로는 내재적 필연성의 엄격한 법칙에서 벗어나 개연성에 따라 움직이는 것이다. 전쟁을 일으킨 상황이 더욱 더 그런 방향으로 작용하면 할수록 그 동기나 긴장은 약해질 것이다. 이를 통하여 우리는 개연성의 분석이란 결국 평화를 추구하게 된다는 사실에 대하여 이해할 수 있다. 어떤 전쟁도 어느 한편이 완전히 무너질 때까지 반드시 싸울 필요는 없다. 전쟁동기와 긴장이 약화될 때는 조금만 패배의 가능성이 보이더라도 그 편에서는 투항할 수 있음을 상정할 수 있는 것이다. 만일 처음부터 다른 편에서 그럴 가능성을 내다보면 분명히 그 가능성을 관철시키기 위하여 집중하려고 할 것이고 오래 끌거나 적을 완전히 패배시키려는 방법을 택하지 않을 것이다.

적으로 하여금 강화의 결심을 굳히도록 촉구하는 데는 지금까지 이미 소비한 모든 전쟁노력과 앞으로 소요되는 노력을 제대로 의식하도록 하는 것이다. 전쟁이란 맹목적인 열정의 행동이 아니고 정치적 목적에 의하여 지배되기 때문에 이 목적의 가치에 의하여 희생의 크기 및 기간을 결정하게 되는 것이다. 그러나 전쟁노력의 비용이 전쟁목적의 가치를 초월하게 되면 곧 그 목적을 포기하고 강화를 추구하게 된다.

한편 다른 편을 완전히 무장해제할 수 없으면 양편 다 장차 성공할 가능성과 소요 비용을 고려하고 그에 따라 평화추구의 정도가 강해지기도 하고 약해지기도 할 것이다. 양편의 동기가 똑같을 경우에는 서로 절반씩 충족함으로써 정치적 쟁점을 해결할 수 있을 것이다. 동기가 한쪽에만 강력히 발생하면 다른 쪽에는 약화되기 마련이다. 양편을 종합하여 충족되면 강화조약을 맺게 될 것이다. 하지만 강화의 필요성을 덜 느끼는 편이 자연히 유리한 협상위치를 점하게 될 것이다.

이제 제기되는 첫번째 문제는 어떻게 하여야 성공 가능성이 있는가이다. 물론 첫째 방법은 적을 붕괴시키는 두 가지 목적 즉 적 군사력 격멸과 적 영토 점령 가운데 택일하는 것이다. 그러나 그 두 가지는 아군의 진정한 목적이 적을 완전히 패배시키는 데 있어서 서로 다른 것이다. 아군이 적을 공격하는 경우 최초작전에 이어 다음 작전을 계속하여 모든 저항을 분쇄하려 할 수 있을 것이다. 그런가 하면 단 한번의 승리를 통하여 적을 불안하게 하고 아군의 힘을 적에게 과시하고 그리하여 미래에 대한 불안감을 줄 수 있을 것이다. 만일 그 정도가 아군의 목표라면 아군은 필요 이상의 군사력을 투입하지 않을 것이다. 같은 방식으로 적을 완전 붕괴시키는 것이 목표가 아니라면 영토 점령도 완전히 다른 문제가 된다. 완전한 승리획득을 원하면 군사력 격멸이 가장 효과적인 행동이며 영토 점령은 그 결과사항에 불과하다. 한편 적군 격멸을 목표로 하지 않는다면 또한 적이 치열한 결전을 추구하지 않고 오히려 그것을 두려워 함을 알고 있다면 이때는 방어가 취약한 어느 지방을 점령하는 것 그 자체로 큰 이점이 된다. 이 이점이 적으로 하여금 최종결과에 대한 불안감을 갖게 하는데 충분하다면 그것은 강화조약 체결의 지름길로 간주될 수 있을 것이다.

다른 방법은 적 군사력을 격멸하지 않고도 성공할 가능성을 증대시키는 것이다. 그것은 직접적으로 정치적 영향을 주는 작전을 의미한다. 즉 적 동맹국을 이간시키거나 무력하게 하고 우리 편에 새로운 우방국을 끌어들여 유리한 정치상황을 만드는 것이다. 만일 이런 작전이 가능하면 그것은 명백히 우리 편에 밝은 전망을 주고 적 군사력 격멸보다 훨씬 더 목표를 향한 지름길을 제공할 것이다.

두 번째는 어떻게 적의 전쟁비용에 영향을 줄 것인가. 다시 말하면 어떻게 적의 전쟁비용을 증대시킬 것인가이다. 적의 전쟁비용은 아군의 파괴에 의한 적 군사력의 소모와 아군의 점령에 의한 영토 손실로 구성되어 있다.

자세히 살펴보면 이상 두 가지 요인은 목적의 변화에 따라 의미도 다양해질 수 있는 것들로서 약간의 차이가 있다. 일반적으로 그 차이가 근소하더라도 무시해도 좋은 것은 아니다. 왜냐하면 현실세계에서는 강력한 전쟁동기가 없더라도 조그마한 차이가 군사력 사용의 여러 가지 방법에 중대한 영향을 미치기 때문이다. 여기서 중요한 것은 주어진 상황에서 목적을 달성하는 방법은 여러 가지가 있고 그것들은 결코 모순적이거나 불합리하거나 잘못된 것이 아니라는 점이다.

적의 전쟁비용을 증대시키는 데는 그밖에도 세 가지 다른 방법이 있다. 첫째는 침략이다. 이는 적 영토점령을 의미하는데 그 목적은 그것을 영유하는 데 있는 것이 아니라 그곳에 재정조달을 강요하거나 그곳의 물자를 소비하는 데 있다. 여기서 직접적인 목적은 적 영토를 점령하거나 적 군사력을 격멸하는 것이 아니라 단순히 적에게 전반적인 손해를 입히는 것이다.

두 번째 방법은 적의 손해를 증대시키는 작전을 실시하는 것이다. 이는 두가지 대안을 쉽게 생각해 볼 수 있다. 하나는 적 군사력 격멸을 목표로 할 때 유리한 것이고, 다른 하나는 그럴 수 없을 때 유리한 것이다. 전자는 보다 군사적이고 후자는 보다 정치적 대안이라고 표현되는 경향이 있다. 그러나 고차원적인 관점에서 보면 둘 다 군사적이며 특별한 상황과 맞지 않으면 어느 것도 적절하지 않다고 말할 수 있다.

세 번째 방법은 사용 빈도수 입장에서 보면 가장 중요한 방법인데 그것은 적을 피로하게 만드는 것이다. 이 표현은 그 과정을 정확히 설명하는 것으로서 언뜻 보이는 것처럼 단지 비유적인 표현이 아니다. 전쟁에서 적을 피로하게 만든다는 것은 전쟁 지속기간을 이용하여 적의 물리적・정신적 저항력을 점차 고갈시킴을 뜻하는 것이다.

만일 적보다 오래 버티기를 원한다면 되도록 작은 목직들에 만족하여야 한다. 왜냐하면 큰 목적은 작은 것보다 많은 노력을 필요로 하기 때문이다. 최소의 목적은 순수한 자기방어이다. 다시 말하면 적극적 목적이 없는 투쟁이다. 그러한 정책을 가지고 싸우면 우리편의 힘은 상대적으로 크고 따라서 보다 유리한 결과를 기대할 수 있다.

그러나 그러한 소극성은 과연 어느 정도 허용될 것인가? 확실히 절대적인 수동성이란 허용될 수 없는 것이다. 왜냐하면 완전한 인내는 전혀 싸우지 않는 것을 뜻하기 때문이다. 그러나 저항이라는 것은 일종의 행동으로서 적 전력을 파괴하고, 그로 하여금 의도를 포기하게끔 하는데 목표를 두는 행동이다. 저항에서 모든 개별적 행동은 그러한 행동을 지향하는데 바로 그 점이 소극적인 정책인 것이다.

두말할 필요없이 개별행동은 적극적 목적을 가질 때보다는 소극적 목적을 가질 때 효과가 작다. 그것이 양자간의 다른 점이다. 그러나 소극적 목적은 적극적 목적보다 성공가능성이 높고 보다 안전하다. 그것은 당장 효과는 결여되지만 시간을 이용하여, 즉 전쟁의 장기화를 통해서 보완되는 것이다. 이와 같이 순수한 저항에 바탕을 두는 소극적 목적은 적보다 오래 지연시킴으로써 적을 기진맥진하게 만드는 자연적인 수단이다.

여기에 바로 전쟁의 전 영역을 지배하는 근원적 구분으로서 공격과 방어의 차이가 있다. 소극적 목적으로부터 방어는 전투의 모든 이점과 보다 효과적 형태를 끌어낸다는 것이며, 또한 그로부터 성공의 크기와 가능성 사이의 역동적 관계를 명백히 밝힌다는 것이다.

만일 모든 수단을 순전히 저항하는데 투입하는 소극적 목적이 전쟁에서 우월성을 띤다면 그 우월성은 적이 보유한 어떠한 우세도 상쇄시킬 만큼 충분해야 한다. 그렇게 되면 결국 적은 정치적 목적이 전쟁비용의 가치를 상실하게 되므로 전쟁정책을 포기하게 될 것이다. 확실히 적을 피로하게 만드는 이런 방법은 약자가 강자에 저항하려 하는 여러 경우에 적용될 것이다.

프레드릭 대왕은 7년전쟁에서 오스트리아를 타도할 만큼 결코 강력하지 않았었다. 만일 그가 찰스 12세의 방식으로 싸우려 했다면 그는 자신을 패망시키고 말았을 것이다. 그러나 그는 7년간 교묘히 그의 전력을 절약하고 동맹국들로 하여금 예상보다도 훨씬 과대한 비용이 필요함을 알게 하였다. 그 결과 그들은 강화를 하게 되었다.

우리는 전쟁에서 성공하는 데는 여러 가지 방법들이 있으나 그것들이 모두 적을 완전히 패배시키는 것으로 결부되지 않음을 알 수 있다. 그 방법 가운데는 적 군사력의 격멸, 적 영토 점령, 일시적 점령 또는 침략, 정치적 목적의 음모, 적 공격에 대한 소극적 기다림 등이 있다. 이 가운데 어느 것이든 적의 의지를 타도하는 데 사용할 수 있으며 방법의 선택은 상황에 따라 다를 수 있는 것이다.

목표에 이르는 지름길로써 언급할 가치가 있는 또 다른 종류의 행동은 논쟁거리가 되겠지만 인간적 요소가 있다. 인간사의 영역 가운데 과연 인간관계가 작용하지 않거나 정신활동의 불꽃이 모든 실질적 고려를 뛰어 넘지 않는 곳이 있을까? 정치가와 군 지휘관의 성격은 대단히 중요한 요소이기 때문에 무엇보다도 전쟁에서 그것을 간과해서는 안 된다. 그에 대한 체계적 분류는 현학적인 것이 되고 말 것이다. 그러나 확실한 것은 성격과 인간관계의 문제가 정책 목표에 도달하는 가능한 방법의 숫자를 무한히 증가시킨다는 점이다.

우리는 이러한 지름길들을 예외로 간주하거나 또는 전쟁수행에서 그것들의 차이를 최소화하면서 과소평가하여서는 안 된다. 우리는 그러한 과오를 피하기 위해서는 전쟁을 일으키는 정치적 원인의 다양성을 염두에 두어야 할 것이다. 즉 구별하자면 한편으로는 정치적 생존을 위한 투쟁인 섬멸전이 있는가 하면 다른 한편으로는 마지 못해 정치적 압력 때문에 또는 더 이상 국가의 진정한 이익을 도모할 수 없음에도 불구하고 동맹관계 때문에 선언되는 전쟁이 있음을 고려하여야 한다. 이 극단적 양자 사이에는 수많은 단계가 있는 것이다. 만일 우리가 이들 단계

중 하나를 이론적으로 부정하면 모든 단계를 부정하는 셈이 되고 그 결과 현실 세계를 부정하는 것이 되고 말 것이다.

전쟁수단은 단 한가지가 있을 뿐이며 그것은 전투다. 전투가 아무리 여러 가지 형태를 취하더라도, 또한 증오와 적개심에서 나오는 격투와 아무리 차이가 있더라도 또한 싸움이라고 볼 수 없는 여러 가지 요소를 아무리 많이 포함하고 있더라도 결국 전쟁개념에 내재하는 모든 현상은 전투에 근원을 두고 있다는 것이다.

현실이 아무리 다양한 형태를 취하여도 전쟁이 전투에 근원을 두고 있음은 쉽게 증명할 수 있다. 전쟁에서 발생하는 모든 것은 무장병력으로부터 유래한다. 그런데 무장병력, 즉 무장된 개개인이 사용되는 경우에는 전투의 개념이 존재하기 마련이다. 전쟁행동은 전투병력과 관계되는 모든 것, 즉 그 창설, 유지, 사용 등을 포함한다.

병력의 창설 및 유지는 수단이고 그 사용은 목적에 속한다. 전쟁에서 전투는 개개인의 싸움과는 다르다. 그것은 여러 부분으로 구성된 전체인데 크게 두 가지 단위로 구별할 수 있다. 하나는 주관적으로 결정된 단위이고 다른 하나는 객관적으로 결정된 단위이다.

군대란 다수의 전투원이 끝없이 새로운 단위부대를 편성하고 그들은 다시 대 단위부대를 편성하는 것이다. 각 단위부대의 전투행동은 각기 독립된 특성을 지니게 된다. 더구나 전투 자체는 독립된 단위가 되며, 그 목적도 단위 별로 다르다.

싸우는 과정에서 각각 구별되는 그러한 단위부대의 투쟁행동을 전투라고 부르는 것이다. 전투의 개념이 모든 전투병력의 사용을 의미한다고 하면 그것은 일련의 단위부대 전투를 계획하고 편성하는 것에 불과하다.

따라서 모든 군사적 행동은 직접적이든 간접적이든 전투와 관계되는 것이다. 병사를 모집하고 피복을 제공하고 무장하고 훈련시키는 목적,

또 병사를 재우고 먹이고 입히게 하고 행진시키는 모든 목적은 단순히 그가 적시 적소에서 싸우게 하는 데 있는 것이다.

모든 군사적 행동이 단위부대 전투로 이어지고 그 전투와 전투서열을 정할 때 우리는 모든 것을 장악하게 되는 것이다. 군사적 행동의 결과는 전투서열과 그 실행의 결과이지 결코 다른 조건에 의하여 생기는 것이 아니다. 전투에서 모든 것은 적 군사력 격멸에 집중하는 것이 본질적 개념이므로 적 군사력 격멸은 언제나 전투목적을 달성하기 위한 수단이 되는 것이다.

전투의 목적은 적 군사력의 격멸이라고 하지만 반드시 그럴 필요는 없으며 전혀 다른 경우도 있다. 전쟁의 다른 목적들이 존재할 때는 군사력 격멸만이 정치적 목적을 달성하는 유일한 수단이 아닌 것이다. 다른 목적들도 특별한 군사작전의 목적이 될 수 있고, 또한 전투의 목적이 될 수 있다. 종속적인 전투가 직접 상대방 군사력 격멸을 꾀하더라도 그러한 격멸을 반드시 1차적 목표로 삼을 필요는 없는 것이다.

우리가 군의 복잡다양한 구조와 여러가지 운영요소를 고려해보면, 또한 그런 군의 전투행동은 복잡한 조직과 기능의 분화 및 결합 등이 영향을 받지 않을 수 없음을 이해할 수 있을 것이다. 각각의 단위부대는 확실히 적 군사력 격멸과는 관계없는 임무를 부여받기도 할 것이다. 그들은 적 손실을 증대시킬지 모르지만 그것은 어디까지나 간접적인 것에 지나지 않을 것이다. 만일 1개 대대가 어떤 고지, 교량 등으로부터 적을 축출하라는 명령을 받았다면 이 경우 진정한 목적은 그 지점을 점령하는 것이다.

그리고 적 병력 격멸은 목적을 위한 하나의 수단으로서 2차적인 문제에 지나지 않는 것이다. 만일 단순한 시위를 통해서 적으로 하여금 진지를 포기하게 할 수 있다면 그것으로 목적은 달성되었다고 볼 수 있는 것이다. 그러나 일반적으로 고지나 교량을 점령하기 위해서는 적에게 보다 큰 손실을 입혀야 하는 것이다. 이러한 것이 작은 전투장에서 일어나는 경우에 대하여 말한 것이라면 더 큰 전투지구에서 양군·양국가, 양국민간에 벌이는 싸움에서는 그런 현상이 더욱 두드러지게 나타날 것이며, 이때 가능한 상황과 대안은 더욱 증가되고 부대배치도 더욱 다양하게 이루어지게 될 것이다. 그리하여 지휘계통의 여러 단계에서 순차적인 목표들은 궁극적인 목적과 최초의 수단을 더욱 더 분리시키는 결과를 초래하기 쉬울 것이다.

이와 같이 여러가지 이유에 의하여 어느 전투의 목적은 직접 우리와 대치하고 있는 적 병력의 격멸에 있지 않은 경우가 있다. 격멸은 단순히 어떤 다른 목적을 위한 수단으로 끝나는 경우가 있다. 그런 경우 적의 완전한 격멸은 중요한 것이 될 수 없으며, 전투는 단지 적의 군사력을 측정해 본 것에 불과할 것이다. 그렇다면 전투 그 자체는 의미가 없으며, 전투의 의미는 그 결과 즉 승패를 결정하는데 지나지 않을 것이다.

어느 한편의 전력이 다른 편에 비하여 훨씬 강력할 때는 미리 평가하여 봄으로써 충분하기 때문에 전투는 발생하지 않을 것이다. 즉 약자는 곧 굴복하고 말 것이다. 전투의 목적이 반드시 적 군사력 격멸에 있지 않고, 그 목적이 전투를 전혀 하지 않고 단지 상황 평가에 의해서만 달성될 수 있다는 사실은 결국 실질적 전투가 큰 역할을 하지 않음에도 불구하고 전쟁이 큰 전역으로만 치러질 수 있음을 설명하는 것이다.

이는 전쟁사에서 수많은 사례를 통하여 증명되었다. 여기서 우리의 관심은 가능성에 대한 증명이지 그것이 얼마나 적절한가에 대하여는 물을 필요가 없을 것이다. 다시 말하면 전투를 하는 것이 전반적인 목적과 일치되지 않는지, 또는 그러한 전역의 명성에도 불구하고 비판의 대상이 되지 않는지 하는 것은 다른 차원의 문제가 된다.

전쟁에서 유일한 수단은 전투다. 그러나 전투의 다양한 형태는 우리를 다양한 목적과 다양한 방법으로 끌고 가기 때문에 우리의 분석은 큰 진전을 보지 못하는 것처럼 보인다. 그러나 결코 그렇지는 않다. 유일한 수단이 존재할 뿐이라는 사실은 거미줄과 같은 군사활동을 이해하게 하는 실마리가 되며, 모든 군사활동을 함께 묶어 주기 때문이다.

우리가 증명한 것은 적 군사력 격멸은 전쟁에서 추구하는 여러가지 목적 가운데 하나라는 것이다. 그러나 그것의 다른 목적에 대한 상대적 중요성에 대해서는 고찰하지 않았다. 그것은 상황에 따라 다르겠으나 일반적으로 그 중요성은 명확히 밝힐 필요가 있다.

전투는 전쟁에서 유일한 효과적인 수단이다. 그 목표는 그 이상의 목적달성을 위한 수단으로써 적 군사력을 격멸하는 것이다. 이는 실제로 전투가 발생하지 않더라도 변함이 없다. 왜냐하면 그것은 전투를 하게 되면 적을 격멸해야 한다는 가정을 전제로 한 것이기 때문이다. 적 군사력 격멸은 모든 군사활동의 기초가 되며 모든 계획은 그것을 초석으로 삼는다.

마치 건축물의 아치가 받침대로 지탱되는 것과 같다. 결과적으로 모든 군사행동은 궁극적인 무력행동이 실제 발생한다면 그 결과는 아군에게 유리할 것이라는 믿음 속에서 행해진다. 전쟁에서 모든 대소의 작전 가운데 결전은 마치 상거래에 있어서 현금지불과 같은 것이다. 양편의 관계가 아무리 복잡하고 또한 해결이 실제로 드물게 발생하더라도 결전은 완전히 없어질 수는 없다.

전투에 의한 결판이 모든 계획과 작전의 기초라고 하면 적은 성공적인 전투를 통해서 아군의 모든 것을 좌절시킬 수 있다는 것을 이해하여야 한다. 이것은 상대방이 우리측 계획의 핵심적인 요소에 영향을 줄 때뿐만이 아니고 충분한 정도의 승리를 거두었을 때 발생하는 것이다. 적 격멸을 통한 모든 중요한 승리는 모든 다른 가능성에 영향을 미치기 때문이다. 이는 마치 액체가 넘쳐 흘러서 새로운 수위를 갖게 하는 것과 같은 것이다.

이와 같이 적 군사력 격멸은 언제나 기타 다른 모든 수단에 비하여 보다 우세하고 효과적인 수단인 것이다.

그러나 물론 기타 다른 조건들이 동등하다고 전제할 때만 적 군사력 격멸이 가장 효과적이라고 말할 수 있을 것이다. 맹목적인 돌진이 기술적으로 신중을 기하는 편에 대하여 언제나 승리한다고 결론을 내린다면 그것은 큰 잘못이다. 맹목적인 공격은 방어를 파괴하는 것이 아니라 공격 그 자체를 파괴하는 것으로서 이것은 우리가 의도하는 것이 아니다. 보다 효과가 큰 것은 수단과 관련된 것이 아니고 목적과 관련된 것이다. 여기서 우리는 단지 서로 다른 결과의 효과를 비교하는데 지나지 않는 것이다.

적 군사력 격멸을 말할 때 강조해야 할 것은 그것이 물질적 군사력만이 아니고, 정신적 군사력이 포함되어 있다는 사실이다. 양자는 완전히 상호작용하므로 떼어서 생각해서는 안되는 것들이다. 우리가 이미 언급한 것은 큰 승리와 같은 엄청난 파괴행동이 모든 기타 행동에 미치는 영향이었다. 그런데 이때 정신적 요소는 모든 요소들에 가장 손쉽게 영향을 주는 것이다. 적 격멸은 다른 수단들에 비하여 확실한 이점이 있지만 그것은 비용과 위험을 수반하게 되어있다. 그래서 그러한 위험성을 피하기 위해서는 다른 정책을 채택하게 되는 것이다.

적을 격멸하는 것이 비싼 대가를 지불하는 것은 이해할 수 있을 것이다. 왜냐하면 다른 조건들이 동등하면 우리가 적을 격멸하려는 의도를 강하게 가질수록 그만큼 우리의 노력은 많아야 하기 때문이다.

바로 그런 방법의 위험성은 우리가 추구하는 승리가 크면 클수록 그것이 만일 실패할 때 손실도 그만큼 커진다는 것이다. 하지만 이것도 쌍방이 똑같이 행동하고 거의 같은 방법을 추구한다고 전제할 때 통하는 말이다. 만일 적이 주요 결전에 의한 결판을 추구한다면 그것은 우리 편을 본의와 달리 적과 똑같은 방식으로 강요하게 될 것이다.

그렇게 되면 전투의 결과가 경정적인 것이 된다. 그러나 분명히 다른 조건이 동등하다면 우리편이 전반적으로 불리하게 될 것이다. 왜냐하면 아군의 계획과 제반 수단은 다른 목적을 지향했던 것에 비하여, 적은 그렇지 않았었기 때문이다. 두 가지 상이한 목적은 서로 배척하기 마련이다. 전투력은 동시에 상이한 두 개의 목적에 사용될 수 없으며, 따라서 한 지휘관이 주요 결전을 통하여 결판을 내려고 하는데 비하여 상대편 지휘관은 다른 정책을 추구하고 있다면 이때 승리의 가능성은 거의 전자에게 확보될 것이다. 반대로 다른 수단을 적용하려는 지휘관이 있다면 그것은 그의 상대가 똑같이 결전을 택하려 하지 않을 때에만 그렇게 할 수 있을 것이다.

여기서 다른 목적을 지향하는 의도와 수단에 대하여 언급해 온 것은 사실상 적 군사력 격멸 이외의 적극적 목적에 관계되는 것이다. 적극적 목적이란 적 전투력을 고갈시키는 목적을 둔 순수한 저항활동을 의미하는 것은 아니다. 그럴 때 아군은 적의 기도를 좌절시키거나 다른 목적으로 전환하지 못하도록 활용할 뿐인 것이다.

여기서 우리는 적 군사력 격멸과 다른 소극적 측면, 즉 아군의 군사력 보존의 문제에 대하여 검토하여야 한다. 이 두 가지 노력은 언제나 함께 이루어지고 상호작용하는 성질의 것이다. 두 가지는 똑같은 목적을 위하여 서로 보충하는 통합적 부분들이다. 따라서 우리는 어느쪽이 지배하는가에 따라 그 결과가 어떻게 되는가를 고찰하면 되는 것이다. 적 군사력을 격멸하려는 노력은 적극적 목적을 갖는 것이며, 반면에 아군의 군사력을 보존하는 것은 소극적 목적이다. 적극적 목적을 갖는 정책은 파괴활동을 진행시키고, 소극적 목적의 정책은 그것을 기다리는 것이다.

그렇게 기다리는 태도가 어느 정도 허용될 것인가. 기다리는 정책이란 것이 결코 수동적으로 인내하는 것만이 아니며, 거기에 포함된 활동들도 적 군사력 격멸 또는 기타의 목적을 추구한다는 점이다. 소극적 목적은 처음부터 적 격멸보다는 출혈없는 해결책을 선호한다고 생각하면 그것은 근본적으로 잘못된 생각이다. 물론 매우 소극적인 노력은 그런 길을 택할 수 있으나 적절한 방법이 아니기 때문에 위험성을 안고 있다. 그 적절성 여부는 아군의 조건에 달린 문제이다. 반대로 그런 정책이 특별한 상황에 부응하지 못하면 아군을 파멸상태로 빠뜨릴 것이다. 과거의 많은 지휘관들은 이런 오류를 범하여 실패한 적이 많았다.

소극적 정책 때문에 생기는 한 가지 확실한 결과는 결전을 지연시키는 것이다. 다시 말하면 결정적 순간이 올 때까지 행동을 바꾸어 놓는 것이다. 이는 통상 공간이 적절하고 상황이 허락되는 범위 내에서 시간적으로 공간적으로 행동을 연장시키는 것을 의미한다. 그러나 더 이상 기다려 사태가 불리할 정도의 시간이 다가온다면 소극적 정책의 이점은 이미 사라진 것으로 봐야 할 것이다. 이때 적 격멸은 그때까지 지연되었을 뿐 다른 목표에 의하여 대치되지 않은 목표로서 다시 등장하게 되는 것이다.

우리는 이상에서 정치적 목적 달성을 위한 목표에 이르는 데는 여러 가지가 있으며, 또한 전투는 유일한 수단이라는 점을 살펴보았다. 전쟁에서 모든 것은 최고의 법칙, 즉 무력에 의하여 결정된다는 법칙을 따른다. 상대가 전투를 원하면 이 수단은 결코 거부할 수 없는 것이다. 결전 아닌 다른 전략을 선호한다면 이 경우에 지휘관은 먼저 적이 결전의 방법에 호소하지 않거나 또는 결전의 방법을 택하더라도 결국 패배하리라는 것을 확신해야 한다.

우리는 위기의 폭력적 해결, 즉 적 군사력을 섬멸하려는 기도가 전쟁에서 가장 중요한 것이라는 사실을 반드시 명심하여야 한다. 만일 정치적 목적이 시시하고 동기가 약하고 긴장상태가 낮으면 신중한 지휘관은 큰 위험부담이나 결전을 피하는 길을 찾고 상대방의 정치·군사적 전략의 약점을 활용하여 최종적으로는 협상을 모색할지도 모른다. 물론 그의 판단이 옳고 성공이 보장되면 그를 비판할 이유가 없다. 그러나 그가 잊어서는 안될 것은 그는 천재의 신이 언제 그를 습격할지도 모르는 우회로를 걷고 있다는 사실이다.

4. 전쟁의 속성

전쟁에서 위험을 전혀 겪어보지 못한 사람은 전쟁을 겁내기보다는 오히려 그것을 매력적인 것으로 생각하는 경향이 있다. 감격에 도취될 때는 총탄과 죽음을 무시하고 적진을 돌진한다.

전투지역에 신병을 데리고 나갈 때 우리가 경험하게 될 것을 상상해 보자. 전투지역에 접근함에 따라 포성은 점차 커지고 포탄이 날아가는 소리를 듣게 됨으로써 그 신병은 거기에 주의를 집중할 것이다. 포탄이 우리 주위를 때리기 시작하면서 우리는 서둘러 지휘관과 그의 참모들이 위치한 언덕으로 올라간다. 여기서도 여러 차례 포탄이 떨어지고 파편이 날자 그 신병은 상상했던 것 보다 훨씬 더 심각하게 목숨에 대하여 생각하게 된다. 갑자기 한 전우가 쓰러지고 한 조각의 파편이 참모들이 있는 곳에 떨어진다. 일부 장교들이 약간 이상하게 행동하고 우리들은 크게 동요하고 심지어 용감한 장병들도 동요하기 시작한다. 이제 우리는 하나의 장관이 보이는 치열한 전투지역에 들어가 전방지휘관에게 접근한다. 총탄이 우박처럼 쏟아지고 포성 때문에 혼란은 가중된다. 더 앞에 있는 부대로 가본다. 이때 증대되는 위험을 확실히 알려주는 소음, 즉 포탄이 지붕과 지상에 쏟아지는 소리가 들린다. 포탄이 사방으로 날아가며 소리를 내고 총알 날아가는 소리가 귓전을 때린다. 조금 더 나가면 사격선에 이르는데 이곳에서 보병은 장시간의 사격전을 놀라울 정도로 강력하게 버티어 내고 있다. 여기서 대기는 총알이 머리를 스치며 날아갈 때 생기는 날카로운 소리로 가득차 있다. 최종적인 충격은 병사들의 부상을 입고 죽어가는 장면을 볼 때이며 이때 우리는 심장이 찢어지는 듯한 고통을 느끼게 된다.

신병은 그와 같이 심각하게 위험한 상황을 제대로 극복하기 위해서는 먼저 인식해야 할 사실이 있다. 즉 그러한 곳에서는 이성의 빛살이 학구적인 사고 때와는 아주 판이한 각도로 굴절된다는 점이다. 만일에 그러한 경험을 처음으로 겪으면서도 신속한 결단력을 내릴 수 있다면 그는 그야말로 비범한 사람이다. 익숙해지면 강렬한 인상은 곧 무디어지고 한 시간도 채 못되어 주위에 대하여 무관심해지는 것도 사실이다.

이 경우 보통 사람은 정신상태가 정상적인 탄력성을 유지하는 냉정한 마음을 결코 되찾지 못한다. 여기서 다시 우리는 평범한 자질만으로는 충분하지 않다는 것을 인식하게 된다. 책임 영역이 클수록 그러한 확신은 더욱 큰 야심과 위험에 대한 오랜 숙달 등 이런 모든 것을 충분히 갖추고 있어야 그런 어려운 상황에서 행동을 취할 때 비로소 성공을 거둘 수 있는 것이다. 위험은 전쟁에서 일종의 마찰이다. 위험에 대한 정확한 개념없이 우리는 전쟁을 이해할 수 없다.

혹한으로 추위에 떨거나 더위와 갈증으로 무기력하거나 또는 기아와 피로로 좌절된 상태에서만 군사작전에 대한 어떤 견해를 내놓을 수 있게 한다면 객관적으로 정확한 판단을 내리기란 어려울 것이다. 그러나 그러한 견해들은 최소한 주관적으로는 옳을 것이다. 왜냐하면 그것은 정확히 경험에 의한 판단이기 때문이다. 특히 전투참여자가 작전실패에 대하여 견해를 달리하고 편협된 관점에서 이야기하는 것을 볼 때 그것을 느끼게 된다. 이는 육체적 피로가 얼마나 영향을 주는지 그리고 그

것이 판단에도 지대한 영향을 끼친다는 사실을 보여주는 것이다.

전쟁에서 측정할 수 없는 여러 요인 가운데 가장 중요한 것은 육체적 노력이다. 그러나 중요한 것은 마치 강한 팔힘을 가진 궁수가 활을 최대로 당기는 것처럼 강한 정신력을 가진 지휘관만이 군대의 전력을 최대로 발휘할 수 있다. 참패한 군대는 사방에서 위기를 맞고 무너지는 벽돌처럼 와해되어 극단적인 육체적 노력을 통하여 탈출을 추구하게 된다.

한편 승리한 군대는 사기가 왕성하고 지휘관의 장악하에 의욕적인 수단으로 남아있게 된다. 똑같이 육체적 노력을 수반하지만 전자의 경우는 기껏해야 동정심을 자아내지만 후자는 유지하는데 훨씬 힘들어도 감탄과 찬사를 얻게 된다.

지금까지 우리는 지휘관이 부하들에게 요구하는 육체적 노력, 다시 말하면 그러한 요구를 하는 용기와 그것을 유지하는 기술에 대하여 알아보았지만 잊어서는 안될 것은 육체적 노력은 지휘관 자신에게도 요구된다는 것이다. 이렇게 전쟁분석을 성실하게 하여 왔음을 감안할 때 이제 나머지 부분에 대해서도 다루지 않을 수 없다.

여기서 육체적 노력을 말하는 것은 앞에서 다룬 위험과 마찬가지로 그것은 전쟁에서 마찰을 일으키는 주요 원인이 되기 때문이다. 육체적 노력에 대하여 그것을 측정하는 정도가 불확실한 것은 마치 마찰 정도를 측정하기 어려운 탄력성 물체와 유사한 것이다.

그런데 전쟁의 장애요소에 대한 이러한 고찰이 남용되는 것을 방지하는 본성적 지표와 같은 것이 우리의 의식활동에는 잠재하고 있다. 만일 어떤 사람이 모욕이나 부당한 대우를 받았을 때 신체적 결함을 변명한다고 하여 그가 결코 동정받는 것은 아닐 것이다. 그러나 그는 방어하거나 복수하고 나면 그때는 자기의 결함에 대하여 털어 놓을 수도 있을 것이다. 마찬가지로 지휘관은 위험, 고생, 육체적 피로 등을 변명한다고 해서 패배의 오점을 씻을 수는 없다. 그러나 승리한 후에는 그러한 것을 거창하게 말할 수 있다. 이와 같이 전쟁에서는 때로는 고차원적 판단으로 발전하는 우리의 감정 때문에 명백히 공정한 언급을 하는 것도 어려운 법이다.

전쟁을 개인적으로 체험하지 않은 사람은 지금까지 언급한 전쟁에서의 어려움이 정말로 어디에 존재하는가, 또 지휘관이 왜 비상한 능력을 지녀야 하는가에 대하여 이해하기 어려울 것이다. 모든 것은 외형상으로는 간단해 보인다. 필요한 지식이 특별해 보이지 않고 전략적 선택도 너무 쉽고 분명하게 보인다. 이에 반하여 고차원 수학은 아무리 간단한 문제라도 학문적 권위가 대단한 것 같은 인상을 준다. 그러나 전쟁을 일단 경험해보면 그 어려움을 이해하게 될 것이다. 그럼에도 불구하고 그러한 관점의 변화를 가져오는 보이지 않으면서도 모든 분야에서 작용하는 요인을 설명하기란 매우 어려운 일이다.

전쟁에서는 모든 것이 단순하다. 그러나 가장 단순한 것일수록 많은 어려움을 내포하고 있다. 그 어려움은 누적되고 전쟁을 체험하지 않은 사람은 도저히 상상할 수 없는 마찰을 생성해 낸다. 예컨대 한 여행자가 오후 늦게 결심하기를 해 떨어지기 전에 두 개 역을 더 지나 목적지에 가기로 했다고 생각해 보자. 좋은 도로로 역마를 이용하여 가면 4~5시간 걸리니 그것은 아무 문제도 안될 것이다. 그러나 두 번째 역에 도달해 보니 역마가 없고 또는 있어도 쓸만한 게 없다고 가정해 보자. 거기다 첩첩히 산이며 길도 나쁘고 날이 저물었다고 가정하자. 그는 갖은 고생 끝에 겨우 목적지에 도착하여 초라한 숙박시설을 발견하고 그런대로 크게 기뻐할 것이다.

전쟁에서도 그와 마찬가지 일이 생긴다. 예상하지 못한 헤아릴 수 없이 많은 사소한 사정 때문에 능률이 떨어지고 결국 예상목표 달성에 훨씬 못 미치고 말 것이다. 강철 같은 의지력은 이러한 마찰을 극복하고 각종 장애물을 봉쇄할 수 있다. 그러나 그것은 물론 아군을 망가뜨릴 수 있다. 모든 도로가 모아지는 광장 가운데 우뚝 서 있는 철탑이 지배하는 것처럼 지휘관이 자부심 넘치는 강력한 의지는 전쟁기술을 지배하는 것이다.

마찰이란 실제 전쟁과 탁상의 전쟁을 구분하는 요인들과 일치하는 유일한 개념이다. 군사적 기계, 즉 군대와 그에 관련된 모든 것은 근본적으로 매우 단순하고 다루기 쉬워 보인다. 그러나 명심해야 할 것은 구성요소 가운데 어느 것도 독립적인 것은 없으며, 각 부분을 구성하는 개개의 분자는 각기 마찰이 있다는 것이다.

이론적으로는 다음과 같이 움직인다면 그럴듯해 보인다. 즉 대대장이 명령을 집행하는데 양호한 군기에 의하여 대대가 한 덩어리로 결속되어 있으며 또한 대대장이 능력을 인정받고 있는 경우이다. 그러면 대대장을 중심으로 대대의 움직임은 마치 큰 기둥이 철축을 중심으로 마찰없이 잘 회전하는 것과 같이 그럴듯하게 움직일 것이다.

그러나 현실은 다르다. 이론상 모든 과오는 전쟁이 일어나면 즉각 드러나게 되어있다. 대대라는 것은 개개인이 모아진 집단이기 때문에 최말단의 병사 중에 대대의 행동을 지연시키고 또는 잘못된 방향으로 끌고 갈 수 있는 것이다. 전쟁에 수반되는 위험과 육체적 고통은 문제를 악화시키는 가장 주요한 원인이 될 수 있다.

이러한 엄청난 마찰은 기계에서와 마찬가지로 몇 가지 사항에만 제한되지 않는다. 그것은 모든 곳에서 우연성과 직면하는 곳에는 언제나 생기기 마련이며 우연성 때문에 도저히 미리 헤아릴 수 없는 결과를 야기시키기도 한다. 예를 들면 날씨를 들 수 있다. 안개가 끼어 있으면 우리는 그것 때문에 제때에 적을 발견하지 못하고 적시에 사격을 못하고 또한 지휘관에게 보내는 보고도 제때에 도달하지 못할 것이다. 비가 내리면 3시간 행군거리로 8시간 걸리니 대대가 제대로 목적지에 도착할 수 없고 기병은 진흙밭에서 제대로 움직이지 못하여 돌격을 실시할 수 없을 것이다.

전쟁에서 행동이란 저항체 속에서의 운동과 같은 것이다. 마치 가장 쉽고 자연스러운 운동인 걷기가 물속에서는 쉽게 안되는 것처럼 전쟁에서도 정상적인 노력만 가지고서는 중간 정도의 성적을 내기도 어렵다. 진짜 이론가는 수영교사와 같다. 수영교사는 학생들에게 물속에서 취할 동작을 일단 육상에서 연습을 시킨다. 수영을 생각하지 않은 사람들에게 그런 동작은 괴상하고 과장된 모습으로 보일 것이다. 이와 마찬가지로 몸소 전쟁을 체험하지 못하였거나 또는 체험한 바를 일반화시킬 줄 모르는 그러한 이론가는 비현실적이고 우스꽝스러운 것이다. 그들은 이미 알려진 상식, 즉 보행법 따위만을 가르치는 정도에 불과하다.

더구나 모든 전쟁은 나름대로 특별한 일화로 꽉 차 있다. 각각은 암초가 많은 미지의 바다와 같다. 그러나 지휘관은 암초를 직접 보지 않고도 그것이 존재할 가능성을 생각하면서 어둠 속을 항해하여야 하는 것이다. 만일 역풍이 불고 어떤 큰 사건이 발생한다면 그는 최선의 기술과 육체적 노력, 그리고 최대의 침착성을 발휘하여야 한다. 아마 멀리서 보는 사람에게는 그러한 지휘관의 전심전력이 별로 어렵지 않게 진행되는 것처럼 보일지 모른다. 마찰을 이해하는 것은 훌륭한 장군이라면 보유해야 할 특출한 전쟁감각 가운데 중요한 부분에 속한다. 그러나 마찰의 개념을 잘 알지만 그것을 지나치게 걱정하는 자는 훌륭한 장군이 아니다.

훌륭한 장군은 어려움을 극복하기 위하여 마찰을 이해하여야 하는 것이며 또한 마찰 때문에 어려운 작전에서는 무리하게 큰 성공을 기대하지 않기 위하여 그것을 이해하여야 하는 것이다. 더구나 그것을 이론적으로 아주 정확히 알 수 있는 것도 아니다. 설사 가능하다고 하여도 직감과 재치가 요구되며, 일종의 판단은 중요한 결정적인 일보다는 오히려 헤아릴 수 없이 사소한 일로 꽉 찬 전투장소에서 더욱 필요하게 되는 것이다.

그리고 중요한 일에 대해서는 심사숙고하게 되고 또는 다른 사람들과 논의를 한 다음에 결정하게 될 것이다. 마치 처세에 능한 사회인의 경우 직감이 습관화되어 언제나 적절히 행동하고 말하는 것처럼 경험있는 장교는 큰일이건 작은 일이건 전쟁의 맥박이 있는 곳에서는 적절한 결단을 내려야 할 것이다. 그는 실수와 경험을 통하여 어느 것이 가능하고 어느 것이 불가능한가를 분별할 줄 알아야 한다. 그리하여 그는 거의 중대한 실수를 하지 않겠으나 만일 실수한다면 신뢰와 기반을 잃고 매우 위험한 상태에 빠지게 될 것이다.

경험과 습관은 커다란 노력을 기울여야 할 때 신체를 강건하게 하고, 위기에 처하였을 때 강심장을 갖게 하고, 최초의 강렬한 전투장면을 목격하고도 올바른 판단을 하게 한다. 습관은 기병이나 소총병사로부터 장군에 이르기까지 귀중한 자질과 침착성을 길러주며 이는 결국 총사령관의 과업을 용이하게 해준다.

사람의 눈이 어둠 속에서 동작하는 것과 같은 방식으로 전쟁에서 경험있는 군인은 행동한다. 동공은 확대되어 작은 빛을 흡수하고 어느 정도 물체들을 식별하다가 그런 다음 결국 그것들을 확실히 보게 되는 것이다. 이와 반대로 신병들은 캄캄한 밤을 헤매기 마련이다.

어떤 장군도 자기 군대를 당장 전쟁에 익숙하게 할 수는 없다. 평시의 연습은 전시의 실제 작전에 대한 빈약한 대체물에 지나지 않는다. 그러나 그것은 판에 박힌 기계적인 제식훈련만 하는 군대에 비하면 큰 이점이 된다. 마찰적 요인을 포함시켜 장교의 판단력, 상식, 결단력 향상을 도모하는 훈련은 경험없는 사람들이 생각하는 것보다는 훨씬 가치가 있을 것이다.

계급고하에 관계없이 군인은 전쟁에 처음 나섰을 때 당황하는 모습을 보여서는 안된다. 물론 전에 혼란스러운 전투장면을 경험하였다면 그는 곧 익숙해질 것이다. 육체적 단련도 중요하지만 전투환경에 익숙해지기 위해서는 정신적 훈련은 더욱 중요하다. 지휘관에게 특별한 노력이 요구될 때 경험이 없는 사람은 그것을 상급사령부의 실책, 오산, 혼란 등으로부터 생긴 것으로 생각하기 쉽다. 그 결과 사기가 두 배로 떨어질 것이다. 만일 연습을 통하여 노력의 준비가 되어 있으면 결코 그런 일은 발생하지 않을 것이다.

평시에 전쟁에 숙달케 하는 다른 방법으로 비록 제한적이지만 유용한 것은 전쟁경험을 한 외국인 장교를 초빙하는 것이다. 지금까지 전쟁이 없었던 시기는 없다. 오랫동안 평화를 누린 국가는 전쟁을 경험하고 공적이 뚜렷한 외국인 장교를 초빙하려 노력하여야 할 것이다. 아니면 자국 장교를 외국에 파견하여 작전을 관찰하고 실정에 대하여 배워오도록 하여야 할 것이다.

이런 장교의 숫자가 군 전체적으로 볼 때 극히 소수일지라도 그들의 영향력은 실로 크게 나타날 것이다. 그들의 경험, 통찰력, 성숙한 성격 등은 동료 및 하급장교들에게 큰 영향을 줄 것이다. 그들이 고위직에 있지 않더라도 그들은 상대국에 정통한 사람으로 고려될 것이고 어떤 사건이 일어날 때마다 자문으로 활용될 것이다.

제2장 제1차 세계대전

1. 제1차 세계대전의 원인

1) 개요

제1차 세계대전은 1914년 7월 28일부터 1918년 11월 11일까지 4년 3개월간 32개국이 참전한 최초의 세계대전으로서 그 원인에 대해서는 각국의 입장과 시대에 따라 각각 다른 주장을 하며 서로 적국에 그 책임을 전가하고 있다. 그러나 제1차 세계대전 발발의 원인은 어느 한나라나 정부에 있다기보다 이 시기의 시대적 배경과 각국의 제국주의 정책에 따른 이해관계의 대립에 있다고 하겠다.

장기적으로 볼 때 전쟁을 가능하게 만든 뚜렷한 원인은 독일과 이탈리아의 통일이었고, 이 두 국가의 탄생이 유럽체제 내의 세력균형을 변경시키고 말았다. 즉 이들 신흥세력과 그들의 기득권을 주장하는 기성세력간의 알력은 결국 각기 자국의 국력의 성장과 국위의 선양을 위해, 또 영토확장을 위해 계속 투쟁하게 했다. 그러나 19세기 후반기에 들어오면서 유럽 전역에는 국민주권의 원리가 확립되고 대부분의 국가가 이젠 병합될 수 없는 독립국가로 대우받게 되고 국제문제를 조정할 목적으로 처리될 만한 영토는 거의 없었다. 이렇게 되자 결국은 아프리카, 아시아 등 저개발국가가 치열한 경쟁의 와중에서 열강세력에 분할되고 말았다.

이러한 경쟁에 보조를 맞추기 위하여 열강은 동맹과 협상을 양자택일함으로써 어느 편으로 가담하지 않을 수 없었다. 그렇기 때문에 20세기 초기에는 독일, 오스트리아, 헝가리 및 이탈리아의 3국 동맹측과 프랑스, 영국, 러시아 등의 3국 협상측의 두 개의 대립된 진영이 존재하게 되어 당시의 상황으로는 어떤 위기라도 전쟁으로 이끌어갈 수밖에 없었고 사라예보(Sarauevo)의 사건도 그 중의 하나였을 뿐이다. 이와 같은 상태의 국제적 상황을 영국의 자유주의자인 디킨슨(Sickinson)은 국제적 무정부상태라 명명했는데, 이는 고도로 조직화된 적대관계여서 이 적대관계를 중지시킬 만한 고위권력기관이 없었다는 의미이지 결코 혼란은 아니었다.

1888년 이후 독일은 빌헬름 II세(Wilhelm II)의 치하에 있었는데, 혹자는 이 독일황제가 전쟁을 피하고자 노력했다고 주장하고 있지만, 1888년부터 1914년에 이르는 결정적인 기간에 그는 애국적 팽창주의의 투지 만만한 공격적 지도자였으며, 그의 국민을 영광으로 이끌어간 "백기사"였다. 독일국민은 자신들의 야욕과 불안 때문에 영국에 대한 강한 증오를 느꼈고 열등의식과 증오감은 부유하고 품위있는 행운아들인 영국의 상류사회에 집중되어 전쟁이 일어나기 전부터 독일해군의 장교식당에는 "그날(Der Tag)"이라는 간소한 토스트가 메뉴에 포함되어 있을 정도였다. 그날이란 다름 아닌 독일과 영국이 선전을 포고할 그 날임은 누구나 다아는 일이다.

한편 영국도 아직은 그들이 유럽에서 최고의 지위에 있었지만 영국인들도 이러한 독일인의 증오에 응수하기 시작했고, 해가 계속됨에 따라 영국과 독일은 막대한 비용이 드는 해군 군비경쟁을 계속하였고 사사건건 독일과 영국의 외교관들은 대립하였다. 또 영국인들은 날로 방자해 가는 독일인에게 호된 교훈을 주어야겠다고 생각했고, 더욱이 자기들의 번영과 영도적 지위에 불안을 느끼기 시작했다.

프랑스 역시 영국에서와 같이 국제문제에 대한 여론이 비등하였고, 1870년 보불전쟁에서 패전한 것에 대한 복수의 기회를 노려 그들이 잃은 알사스-노렌지방을 수복하기를 원했고, 프랑스 외교관들은 독일에 대항하는 연합국체제를 계속 유지 강화하려 하였다.

1914년 사라예보사건의 역사적 과정은 프랑크푸르트 조약에서 비롯되었는데 이 조약으로 프랑스는 알사스 로렌지방을 신생독일제국에 넘겨주지 않을 수 없었다. 당시 이 과정의 주역을 담당한 자가 바로 철혈재상으로 이름난 비스마르크였고, 약 20년 동안 비스마르크는 외교상 프랑스를 고립시키기 위하여 독일, 러시아 및 오스트리아를 결속시킨 3국 동맹이라는 비밀조약을 체결했고, 1882년에는 독일 오스트리아, 헝거리 및 이탈리아 간의 유명한 3국 동맹을 결성하는 등 위험스러운 세력균형을 유지했다. 1890년 젊은 황제 빌헬름 Ⅱ세는 비스마르크를 해임하고 러시아가 요구하는 재보장 조약을 거부함으로써 비스마르크가 그렇게도 저지하기에 고심하던 사태가 드디어 벌어지고 말았다. 결국 러시아는 수차에 걸친 협상 끝에 프랑스와 1894년 동맹을 체결하기에 이르렀고, 이로써 대륙 내에서 프랑스의 고립상태는 종지부를 찍었다.

그러나 아직도 영국만은 대륙의 어느 나라와도 공식적인 동맹관계를 기피하고 오랫동안 대륙문제에 대해 불간섭주의를 채택해 왔다. 이때 독일국력의 발전, 특히 함대의 건설은 영국에 직접적인 위협이 되었으며, 치열한 건함경쟁은 마침내 영국으로 하여금 소위 명예로운 고립정책을 버리고 영불해군협정 및 영로해군협정을 체결하게 했고, 이러한 해군력의 경쟁과 아울러 양국의 식민지 획득열은 3B정책과 3C정책으로 날카롭게 대립되었으며, 유럽전역은 3국 동맹과 3국 협상의 대립관계에 놓이게 되었다. 이러한 전운의 소용돌이 속에 전쟁의 위협을 느낀 각국은 전쟁준비를 하느라 여념이 없었다. 이와 같이 유럽의 6대 강국이 전쟁준비에 열중하고 있을 때 슬라브 민족과 게르만 민족이 뒤섞인 발칸 반도는 바야흐로 터키의 압제하에서 벗어나 민족국가형성을 위한 몸부림을 치고 있었으며, 이곳으로 세력학장을 꾀하는 러시아와 오스트리아는 민족문제로 날카롭게 대립하게 되었다.

이와 같이 유럽 각국의 제국주의적 팽창을 위한 대립 및 첨예한 민족문제 등 언제 어디서 전쟁이 터질지 모르는 일촉즉발의 위기는 보스니아(Bosnia)의 수도 사라예보에서 울린 한 세르비아(Serbia)청년의 총성은 화약고에 불을 질렀다. 1914년 6월 28일 오스트리아 황태자 페르디난트(Ferdinand)부처가 열병식에 참석하기 위하여 사라예보에 왔을 때 세르비아의 비밀결사단에 속해 있던 한 청년의 손에 암살된 것이다. 이러한 사건을 기다렸다는 듯이 오스트리아는 황제 프란쯔 요셉 I세(Franz Joseph I)의 친서를 독일황제 빌헬름 II세에게 보내어 지원을 약속 받고 7월 23일, 48시간 시한으로 10개 조항의 최후통첩을 세르비아에 보냈다.

영국은 세계 제1차대전의 위험을 회피하기 위하여 세르비아에 대하여 이 조항의 수락을 권고하였다. 세르비아는 타 조항은 모두 수락할 수 있으나 제6항의 6·28사건의 범행가담자 재판에 오스트리아 대표를 참석시키라는 것은 세르비아의 주권을 침해하는 것이라 하여 수락을 거부하였다. 이에 대해 오스트리아는 무조건 승인 아니면 전면거부라고 단정하여 국교단절을 선언하였다. 이리하여 세르비아국왕 피터 1세(Peter I)는 7월 25일에 동원령을 발령하고 오스트리아는 사건 1개월 후인 7월 7일에 대 세르비아 선전포고를 하였다. 이러한 시기에 양국의 분쟁이 확대되느냐 않느냐 하는 것은 러시아가 세르비아를 어느 정도 지원하는가에 달려있었다.

러시아는 오스트리아의 대 세르비아 최후통첩을 받고 7월 24일 오스트리아에 대해 회답기한의 연장을 요구하였으나 이것마저 거절 당하자 29일에는 부분 동원령을, 30일에는 총 동원령을 발행하기에 이르렀다.

독일은 전쟁에 개입하지 않을 수 없을 것을 인식하고 7월 31일 밤 러시아와 프랑스에 각각 최후통첩을 보내고 러시아에 대해서는 8월 1일에 프랑스에 대해서는 8월 3일에 각각 선전포고를 하고, 8월 4일에는 작전계획에 따라 영세중립국인 벨기에에 침입함으로써 영국은 이에 대 독일 선전포고를 하였다. 따라서 7월 28일 오스트리아의 대 세르비아 선전포고 후 불과 1주일 동안에 유럽의 전 열강은 전쟁의 회오리바람에 말려들게 되었다. 다만 이탈리아는 오스트리아의 대 세르비아 개전을 침략적이라고 규정하여 3국 동맹이 의무를 포기하고 8월 3일 중립을 선포하여 1915년 5월 24일 대 오스트리아 선전포고시까지 중립을 견지하였다.

2) 각국의 전쟁준비

(1) 독일군

독일의 군사제도는 대륙의 주요국가들과 같이 징병제도에 기초를 두었다. 20세에 달하면 모든 청년은 징병검사를 받게 되는데 이중 50~55%의 장정들이 합격되고, 이들은 현역으로 입대되어 장교 및 부사관으로 구성된 간부 밑에서 2년간 훈련을 받았다. 이 훈련이 끝나면 5년 6개월간 예비역에 편입되어 단기훈련의 소집대상이 되었다. 그 후 39세까지는 민방위에 편입되었다. 이와 같이 독일군은 현역, 예비역 및 민방위로 구분되며 그밖에 보충역을 편성하고 있었다.

이렇게 구성된 독일군은 전쟁이 일어나자 8개의 야전군에 총 병력 200만 명에 달하고 있었다. 18,000명의 병력을 가진 보병사단이 기본이고, 사단은 2개의 보병여단과 1개의 포병여단으로 구성되며, 지원부대로서는 공병, 통신, 의무, 보급부대 등으로 편성되어 있었다. 또 보병여단은 각 3개 대대를 가진 2개 연대와 77미리 직사포 54문 및 105미리 곡사포 18문을 보유한 1개 포병여단으로 되어 있었다. 1914년 독일군의 군단은 통상 2개 사단과 직할부대로 편성되어 1개 군단은 총 병력이 약 42,500명이었다. 또 이외에 독일군은 훈련이 잘된 기병부대를 보유하고 있었다.

독일군의 전투력은 주로 정규장교 및 부사관으로 된 성실하고 근면

한 간부들에 의해 이루어졌는데, 이들에 의해 훈련된 독일군은 전투력에 있어 프랑스군을 놀라게 했다. 독일군의 훈련은 로일전쟁에서 얻은 교훈으로 야전축성, 방어진지의 편성 및 전술적 기관총 사용에 대해 강력한 훈련을 실시해 왔었다. 무기면에 있어서는 1903년형 스프링 필드총과 꼭 같은 모젤(Mauser) 연발총을 보병의 기본무기로 장비했으며 다른 국가에서 경시해오던 중포를 발전시켜 420미리 곡사포로 편성된 기동공격부대는 리에즈(Liege) 요새전에서 그 효력을 충분히 발휘했다.

(2) 프랑스군

프랑스는 독일보다 인구가 적기 때문에 매년 20세에 달하는 장정의 80%를 징집했다. 그리고 프랑스군 역시 현역, 예비역 및 민방위의 3종으로 구분되어 있었지만 동일제대의 독일군에 비해 선발에 있어 신중을 기하지 못했기 때문에 노년층과 중년층이 많이 포함되어 있었다. 편성 및 장비에 있어 프랑스군은 독일군에 비해 열세했다. 그리고 프랑스군 장교단은 정치가들로부터 냉대를 받았다. 그러나 상당수의 장교들이 식민지전쟁에서 전투경험을 쌓았으며 병사들의 전술적 훈련은 상당한 수준에 있었다.

프랑스군은 전통적으로 공격력에 대해 지나친 신념을 갖고 있었기 때문에 방어전술을 등한시 했다. 예를 들면 야전축성, 방어편성 및 기관총 사용에 미숙했다. 화기는 보병의 기본화기가 단발 구형 칼빈총이었고, 포병에 있어서 프랑스군의 경포병은 체계적으로 우수했고, 이 경포병은 현대포병의 대표적 모형이 되어 왔다. 이 포는 기동성이 좋고 연발사격 및 원거리에 정확한 장점이 있었다. 전쟁이 개시되자 프랑스군의 병력은 165만에 이르렀고, 프랑스군의 전투의 특성과 전투력은 독일군지휘부에 새로운 인식을 주었다.

(3) 러시아군

1904년 대일본 전쟁에서 굴욕적인 패배를 한 러시아군은 그 후 광범위한 개혁을 단행했다. 그러나 1914년의 러시아군은 독일군이나 프랑스군에 비해 너무나 미약했지만 러시아는 무수히 많은 인적자원을 보유하고 있어 서방연합군은 러시아의 대병력에 크게 기대하고 있었다.

전투력 면에서 볼 때 일반참모부는 빈약하기 짝이 없었고, 타국에 비해서 화력에 있어서도 열세했다. 그리고 러시아군의 2/3이상이 무학이며 부사관들도 대부분 단기간 훈련을 받았을 뿐이었다. 1914년 당시 러시아군은 아직 편성 중에 있었고, 어느 정도 완성이 되기까지는 시일을 요했다.

(4) 영국군

영국군은 대륙 내의 타군에 비해 소병력이었다. 이는 영국이 전통적으로 강력한 해군을 필요로 했고, 육군은 외침을 방어할 수 있을 정도로 편성되어 있었기 때문이다. 그 결과 전쟁 발발 당시 영국군은 불과 7개 사단 밖에 없었다. 그러나 그들은 지원제도에 의해 선발되었고, 고도로 훈련되었으며 전문적인 장교들에 의해 지휘되고 있었기에 전투력에 있어서는 대륙의 어느 군보다도 우수했다.

편성은 전반적으로 대륙군대와 비슷했으나 영국군은 사단에 연대가 없고 4개 대대로 된 3개 여단으로 되어있었다. 또 영국군은 보어(Boer) 전쟁에서 좋은 교훈을 얻어 훌륭한 사격훈련이 되어 있었다. 전쟁에 참가한 영국군은 125,000명 정도였지만, 사기가 왕성하고 군기가 엄격하며 강인한 인내력을 갖고 있어 눈부신 역할을 할 수 있었다.

2. 독일의 전쟁계획

1) 슐리펜 계획과 몰트케의 수정

1891년 독일군 참모총장에 취임한 슐리펜 장군(Alfred Graf von Schlieffen)은 전쟁이 임박했음을 예견하고 작전계획수립에 착수하였다. 당시 국제 정세는 독일로 하여금 2개의 전선에서 전쟁을 하게 할 것이 명백하였다. 따라서 그는 불리한 양면전쟁에서 내선작전의 이점을 살려 적을 격파한 "프레드릭" 대왕의 전례, 특히 "7년 전쟁사"를 연구하였으며, 적군의 철저한 격파를 위하여 "한니발"의 칸내(Cnnae)전투를, 그리고 측. 배면공격 방법으로서 로이텐(Leuthen)전투를 연구하여 그의 작전계획의 기초로 하였다.

즉 그는 "우세한 적에 대해서 민활하고 신속하게 내선작전을 행하여야 하며, 각개격파를 철저히 하여 적에게 다대한 타격을 주지 않으면 안 된다. 그리고 이 목적을 달성하려면 과감한 결심과 견고한 의지를 가지고 주력으로써 적의 약점, 즉 적의 후측면에 공격함을 요결로 한다"라고 강조하였다. 이것이 슐리펜계획의 근간이 된 사상이 되었다. 이러한 기초 위에 그는 러시아군의 동원이 느린 점을 감안하며, 오스트리아의 지원을 받는 최소한의 병력으로써 러시아군을 저지하면서 더 위험한 적인 프랑스를 먼저 분쇄하려고 한 것이다.

프랑스와의 단기결전을 위하여 프랑스의 벨당(Verdun)－투울(Toul)－에삐날((Epinal)－벨포트(Belfort)요새를 연결하는 벨포트 능선을 회피하고, 리에즈(Liege)－부르셀(Brussels)－아미앙(Amiens)－파리(Paris) 서방으로의 비교적 평탄하고 경미한 저항이 예상되는 북방을 우회하여 프랑스군의 좌익을 포위 공격하는 것이었다. 한편 멧츠(Metz) 남방에서는 방어 혹은 전략적 후퇴로 프랑스군을 유인하였다가 프랑스군 좌익과 배후의 포위가 이루어지면 반격하여 알사쓰 로렌과 스위스국경의 산악지대에 몰아넣어 섬멸하려는 것이었다.

이렇게 하기 위하여 그는 멧츠 지방에 5개군(35개군단)과 예비군 6개군단(6 Ersats Corps), 멧츠 남방에 2개군(5개군단)을 두어 멧츠를 회전축으로 하는 북쪽과 남쪽에 7대 1의 병력비율로 배치하였다. 따라서 그 남익은 칸네전투에서의 중앙군의 역할을 하며, 북익은 기병대 및 측군의 역할을 하게 하는 것이었다. 이렇게 하여 6주일 내에 프랑스군을 섬멸하고 주력을 동부로 전용하려는 것이었다. 1905년 이 계획을 완성하고 12월에 그는 신병으로 인하여 참모총장직을 사임하였다.

슐리펜 계획

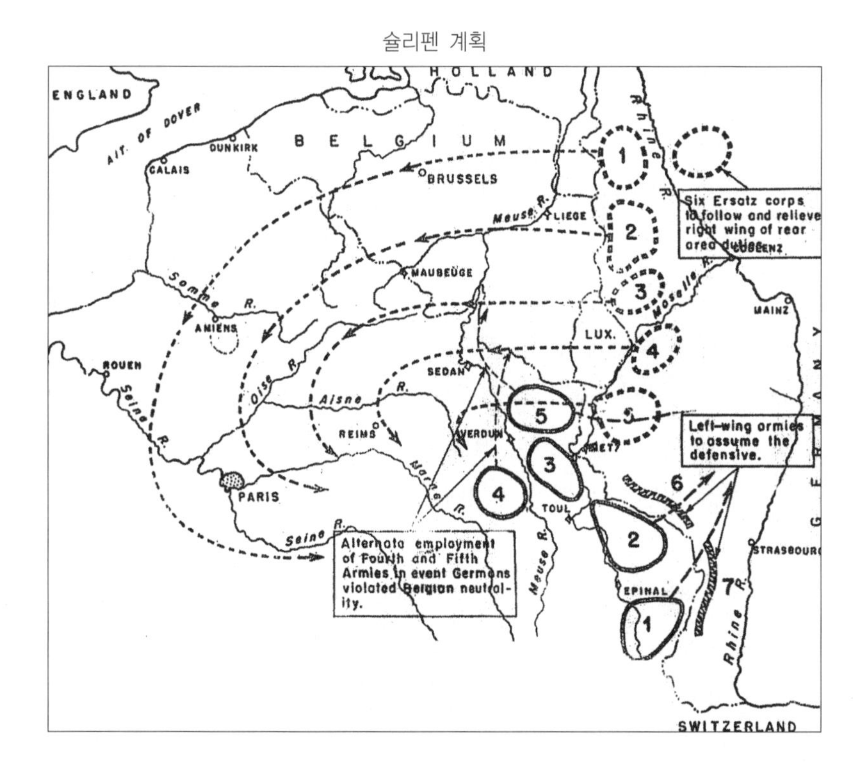

뒤를 이어 참모총장이 된 몰트케 장군(Helmuth von Moltke)은 슐리펜과 의견을 달리하여 1911년에 이 계획을 수정하였다. 그 주요 수정안은 ① 네덜란드의 중립을 존중한다. ② 좌익군의 반격을 가능케 하기 위하여 우익병력을 돌려 좌익을 증강한다. ③ 우익보다 좌익을 지원할 수 있는 위치에 6개 예비군단을 포진시킨다. ④ 우익병력의 일부로써 동부전선의 방어부대를 증강시킨다는 것이었다. 따라서 우익과 좌익의 병력비는 7대 1에서 3대 1로 감소되었다. 이로써 몰트케는 집중함으로써 얻을 수 있는 이점을 버리고 양면작전을 하게 되었으며, 슐리펜 계획보다 우익을 약화시키고, 오히려 좌익을 강화시켜 슐리펜이 파놓은 함정을 묻어버렸다고 볼 수 있다.

슐리펜은 적이 침을 흘리고 있는 알사쓰-로렌으로 강대한 병력으로서 진격해 올 것을 예상하면서도 적을 섬멸하겠다는 하나의 목적을 위하여 과감하게 좌익을 희생시킨데 반해 몰트케는 우익과 좌익을 전부 중시함으로써 "내가 요구하는 장소에서 적을 격파한다"는 슐리펜의 입장에서 "적을 발견한 곳에서 격파한다"는 입장이 되어 결국 적에게 전투의 시기와 장소의 결정권을 위임하게 되었다.

이러한 수정의 근거는 "만일 프랑스군이 국경지대의 요새에 잠복대기하고 있다면 벨기에 평원으로의 대우회도 아무런 소용이 없게 된다. 왜냐하면 거기에는 공허한 평원이 있을 뿐이며 적을 격파할 기회는 없게 된다. 그러므로 만일 적이 요새지대에 칩거해 있을 경우에는 주 전장을 알사쓰 방면으로 택할 것이며 만일 적이 벨기에 방면으로 공격해 올 경우에는 우익으로 이를 격파하겠다"는 것이었다.

그런데 사실은 프랑스군은 멧츠 이남지방에서 공격해 올 경우에도 독일군의 우익이 계속적으로 진격해 오면 프랑스군은 후방차단의 위협을 느껴 결국 후퇴하지 않을 수 없었을 것이다. 그리고 승리를 위하여 위험을 감수할 용기가 부족하여 열세한 병력으로 우세한 적을 견제해야 할 요새지역을 강화시키고 결전을 담당한 주력을 약화시켰다. 몰트케는 슐리펜처럼 단기결전을 위하여 동 프러시아 및 알사쓰-로렌의 상실을 감수할 용기를 가지고 있지 못하였던 것이다.

2) 마르느(Marne)강 전역

한편 프랑스군사령관 죠프르 장군은 우익에서 차출 가능한 전 병력으로 좌익을 보강하고, 1914년 9월 3일 파리 참호선 내에서 제6군을 새로 편성하여 독일 우익군을 공격하기로 결심하고 전투준비에 심혈을 기울였다. 특히 이 기간에 죠프르 장군은 지휘체계에 대한 대폭적인 재편성을 단행했는데, 그는 직무에 부적합하다고 생각하는 지휘관은 어떠한 장관급 장교라도 친분이나 정치적 배경을 불문하고 면직시켜 유능하고 새로운 지휘관으로 갱신했는데 그들 중 가장 걸출한 자는 뻬땡(Petain) 장군이었다.

죠프르 장군은 일반명령 제6호를 하달하여 ① 제6군은 마르느강 북방을 향하여 9월 6일 새벽 울크(Ourcq)강을 도하한다. ② 영국군(B.E.F)과 제5군은 몽미랠(Montmirail)시를 향하여 북방으로 공격하며, ③ 제9군은 북방, 제3, 4군은 서북방으로 공격하고, ④ 제1, 2군은 낭시부근의 방어진지를 고수하도록 명령하였다.

이 명령은 마르느강 선에서의 총 반격 명령이었다. 이 명령에 따라 9월 6일의 공격지점을 향하여 울크강을 도하하여 동진중인 프랑스 제6군과 마르느 남방으로 진출한 본대를 따라 남진 중인 독일 제4 예비군단(Gronau)이 발시(Barcy)부근에서 조우하게 되었다. 이 조우전으로 죠프르 장군의 반격계획이 폭로되었으며, 이 연락을 받은 클루크 장군은 그로나우 군단을 구출하기 위하여 최소한의 병력(2개 군단)으로 마르느강 너머로 다시 북상시켰으며, 남은 주력으로서 영·불군의 추격을 강행하였다. 그런데 9월 7일 전군을 북상시켜 우익을 보호하라는 명령과 아울러 마르느강 북방의 프랑스군에 관한 정보를 획득하여 비로소 프랑스 제6군(Maunory)의 위협을 제거할 뿐 아니라 이를 완전히 섬멸시켜 버리려고 결심하여 그의 전군을 마르느 북방 프랑스 제6군의 정면으로 집결시켰다.

마르느강 전역

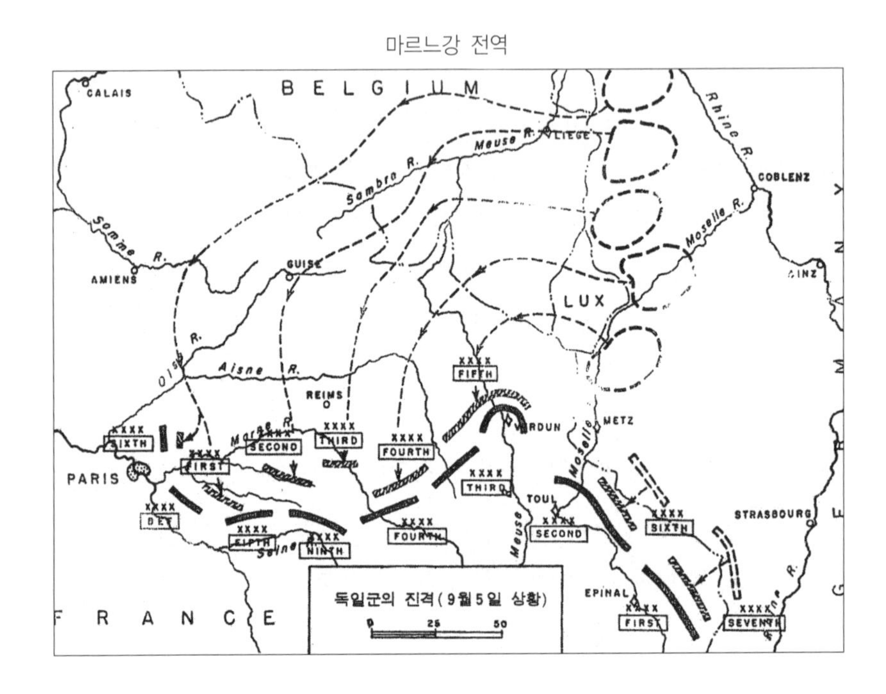

이 결과로 독일 제1군(Kluck)과 제2군(Bulow)간에는 약 40km의 넓은 간격이 생겨 돌이킬 수 없는 상태에 이르렀다. 그리고 이 간격은 단지 2개의 기병사단에 의하여 방어되고 있을 뿐이었다. 독일군의 잘못된 기동으로 발생한 이 치명적인 간격으로 영국군(B.E.F)은 약 10 대 1의 우세한 병역으로 서서히 북상하여 곧 제1군의 배후로 진출할 수 있게 되었고, 프랑스 제5군은 독일 제2군의 우익을 포위하면서 반격을 시작하였다. 이로 인하여 독일 제2군의 우익은 후퇴하지 않을 수 없었으며 제1군과 제2군은 분단될 위기에 놓이게 되었다.

그러나 프랑스군이 이 전역을 승리로 이끌기 위해서는 아직도 두 가지 조건이 요구되었다. 모누리 군이 클루크 군을 저지하는 것과 포쉬(Foch) 장군의 신편 제9군이 뷔로우군의 좌익과 하우센 군(제3군)의 우익의 돌파기도를 분쇄하여야 하는 것이었다. 포쉬 장군은 9일까지 뷔로우군의 좌익과 하우센 군의 우익의 공격을 받았으나 붕괴 직전에서 독일군의 공격을 저지하였다.

이러한 시기에 몰트케는 제1, 2군 사이의 간격에 배치된 기병사단장이 뷔로우에게 보내는 전신을 포착하여 독일군 우익에 중대한 사태가 발생되고 있음을 인식하고, 정확한 상황파악을 위하여 9월 8일에 그의 정보참모 헨취(Hentsch) 중령을 전선에 파견하였다. 그때까지 그는 후퇴를 결심하지 않았으나 상황에 따라 단거리 철수를 용인할 권리를 헨취 중령에게 위임하였다.

당일 제2군사령부에 도착한 헨취 중령은 제1, 2군 사이에 위험한 큰 간격이 있으며, 이 간격으로 영·불군이 북상하기 시작하였고, 이 진출이 계속되면 독일군의 전 우익이 위험한 상태에 놓이게 될 것을 인식하였다. 따라서 마르느강 북방으로 철수하려고 하는 뷔로우장군의 결정을 묵인하였다. 이후 그는 곧 약 80km 떨어진 제1군사령부에 도착하였다.

제1군사령관 클루크 장군은 프랑스 제6군에 대하여 포위공격을 기도하고 있었다. 한편 그의 좌익은 마르느강을 건너 북상하는 영국군의 포위망을 피하기 위하여 철수하지 않을 수 없었다. 이러한 위험에 처하여 헨취 중령은 상황을 설명하고 계속적인 공격을 주장하는 1군 참모장 쿨(Khul)에게 자기의 직권으로 적의 함정에 빠지기 전에 철수할 것을 명하고 본부로 귀환하였다. 몰트케는 9월 10일 헨취 중령으로부터 상세한 보고를 받고 사태가 심각함을 깨달아 개전 후 처음으로 전선을 시찰하고, 우익의 전군은 노용-벨당 선으로 철수할 것을 명령하는 한편 슐리펜의 유훈에 따라 좌익의 공격이 무위함을 인식하여 제6군의 공격을 중지시키고, 제7군은 급히 우익으로 이동하게 하였으나 마르느에서 전세를 만회하기에는 벌써 시기가 너무 늦고 말았다. 이 철수로 독일군은 절박한 위기를 해소하였다. 그러나 이 철수가 독일의 전쟁계획을 산산히 부수고 결국 패전으로 가게 될 줄은 몰트케나 뷔로우나 클루크나 헨취는 꿈에도 생각하지 못하였다.

이와 같이 마르느 회전에서 독일군은 결코 패배 당한 것이 아니라 그들의 잘못된 기동으로 발생한 상황을 비관적으로 판단함으로써 스스로의 결정에 따라 자진 철수한 것이다. 9월 14일까지 독일군은 예정된 철수 한계선에 도착하여 재편을 완료하였으며, 이로써 마르느 회전은 종결되었다. 이날 몰트케는 해임되고 육상 팔켄하인(Falkenhyn) 장군이 그 후임으로 임명되었다. 몰트케의 중대한 과실은 슐리펜식 견해에 의하면 주력을 너무 약화시켜 결정적 시기에 병력부족현상이 발생하였고, 제1군과 제2군 사이에 치명적인 간격이 발생하게 되었으며, 파리 서방으로 우회할 병력의 여유는 더욱이 없게 되었다. 또 각군 간의 협조가 잘되지 않았으며, 더욱이 몰트케는 각 사령관에게 필요한 정보를 제공하여 서로 긴밀한 협조를 이루도록 하지 못하고 시간을 허송하고 있었다. 따라서 군사령관은 통신기가 미비하였다는 핑계가 있겠지만 그들의 계획을 보고하지 않고 임의대로 실천하여 최고사령부에서는 전체적인 상황을 판단하지 못하였다.

다음은 정보기구의 무능으로 개전 이후 프랑스군의 반격준비를 정확히 파악하지 못하고 전술적인 승리를 과대평가하여 프랑스군의 전투력이 격파된 것처럼 인식하였다. 이 전역 이후 쌍방은 서로 적의 측면을 포위하기 위해 전선을 북해까지 연장시키는 해안으로의 경주를 하게 되고, 이 결과 전선은 스위스에서 북해까지 약 1,000km의 참호선을 이루어 교착상태에 빠지게 되었다. 따라서 독일은 그들이 가장 꺼리던 지구전을 초래하여 패배의 징조가 보이기 시작하였다.

3. 탄넨베르크(Tannenberg) 전투

서부전선에서 전선이 교착상태에 빠진 상황하에서 동부전선에서는 현대판 칸내(Cannae)라 부를 수 있는 탄넨베르크(Tannenberg) 전투에서 독일군은 러시아군 4개 반 이상의 군단을 거의 전멸시키는 경이적인 대승리를 거두었다. 러시아는 독일에 대하여 동시에 공세를 취하자는 프랑스의 요구에 호응하여 동원이 채 완료되기도 전에 식량·탄약 및 연료의 충분한 준비도 없이 서부집단군사령관 찌린스키(Jilinsky)휘하의 2개군을 투입하였다. 이들 중 레넨캄프(Rennenkampf)의 제1군은 인스켈불크로 진출하여 독일 제8군을 동북방에서 견제하여 이를 전선에 고착시키고, 삼소노프(Samsonov)의 제3군은 남방으로 우회하여 북상함으로써 그 병참선을 차단하고 배후로부터 공격을 실시하기로 하였다. 당시 독일 제8군사령관 프리트빗츠(Prittwitz)는 슐리펜계획에 따라 러시아군의 진격을 저지, 지연시킬 임무를 부여받고 있었다.

개전 초 러시아군은 의외로 신속히 동원하여 동프러시아 방향으로 진격해 왔다. 1914년 8월 18일부터 레넨캄프군의 공격을 받은 독일군은 맹장 폰 프랑스와(Von Francois) 장군이 지휘하는 제1군단이 스타루포텐(Stalluponen)과 굼비넨(Cumbinen) 전투에서 효과적으로 이를 저지하였다 그러나 프리트빗츠의 우둔한 전술 때문에 승리의 기회를 상실해 버리고 말았다. 따라서 승기를 놓친 프리트빗츠는 삼소노프군이 남방 깊이 우회하고 있으므로 매우 초조하여져서 비스툴라(Vistula)강으로 후퇴할 것을 몰트케에게 보고하기에 이르렀다.

이에 몰트케는 프리트빗츠의 해임을 결심하고, 그의 후임으로 당시 67세의 강직한 노퇴역 장군인 힌덴부르크(Hidenburg)를 임명하고, 그를 보좌할 참모장으로서 젊고 재능이 뛰어나며 리에즈 요새 공격에서 수훈을 세운 루덴돌프(Ludendorff)를 선임하였다. 그런데 이 두 사람은 이후 잘 어울리는 부부와 같이 그들의 임무를 성공적으로 수행하였다.

한편 제8군의 작전참모 호프만(Hoffman) 중령은 러시아군이 독일군보다 비스툴라강선에 이미 120km나 더 가까이 접근해 있음을 인식하고 독일군이 비스툴라선으로 철수할 경우 삼소노프군과의 충돌을 피할 수 없다는 점을 간파하고 우선 삼소노프군을 격파하기 위하여 다음과 같은 작전계획을 수립하였다. ① 제1군단과 제3예비군단을 레넨캄프 군의 전면에서 차출하여 철도수송으로 제20군단의 우익을 보강하며, ② 이동안 제20군단은 삼소노프군 간의 접촉을 피하고, ③ 제17군단과 제1예비군단은 서방으로 행군할 것이며, ④ 레넨캄프의 즉각적인 추격이 없을 경우 남방으로 전진할 수 있도록 준비한다. ⑤ 그리고 제1기병사단만이 단독으로 러시아 제1군과 대치하여 그 진격을 저지한다는 것이었다. 이 계획은 참모장과 사령관의 승인을 얻어 1914년 8월 20일 늦게 각 군단에 하달되었다. 이에 따라 실시된 이 기동은 탄넨베르크 섬멸전의 기초가 되었다. 그러나 이러한 사실은 몰트케에게 보고하지 않았으므로 몰트케는 제8군이 비스툴라선으로 급속히 후퇴하고 있는 것으로 판단하고 있었다.

한편 8월 22일 밤에 코브렌츠에서 전입신고를 마친 루덴돌프 장군은 48시간 전 프리트빗츠 장군이 보고한 상황을 분석하며 신임사령관의 동의를 얻기 전이라도 시급히 명령을 하달해야 할 필요성을 인식하여, 제8군사령부를 거치지 않고 직접 전선의 각군단장에게 기동명령을 하달하였다. 그런데 루덴돌프 장군의 이 새로운 기동명령은 2일 전 호프만 중령의 기동계획에 의하여 이미 진행 중이던 명령과 완전히 일치하는 것이었다. 이런 사실은 비록 그것이 우연의 일치였다고 하더라도 매우 주목할 만한 일이며, 독일군 일반 참모의 전반적이 우수성을 보여주는 것이다. 루덴돌프 장군은 코브렌츠에서 꼭 3시간 동안 지체하다가 동부전선으로 출발하였으며, 8월 23일 새벽에 하노바에서 힌덴부르크 장군과 처음으로 회견하고, 이날 14시에 이들 유명한 두 장군은 그들의 사령부가 있는 마리엔부르크에서 참모들을 접견하였다. 여기서 루덴돌프 장군은 비스툴라선으로 급속히 퇴각 중에 있을 것으로 예측했던 각 군이 의외로 그의 명령(실은 호프만의 기동계획)에 따라 이미 순조롭게 기동하고 있음을 보고 매우 기뻐하며 승리를 확신하였던 것이다.

탄넨베르크 전투

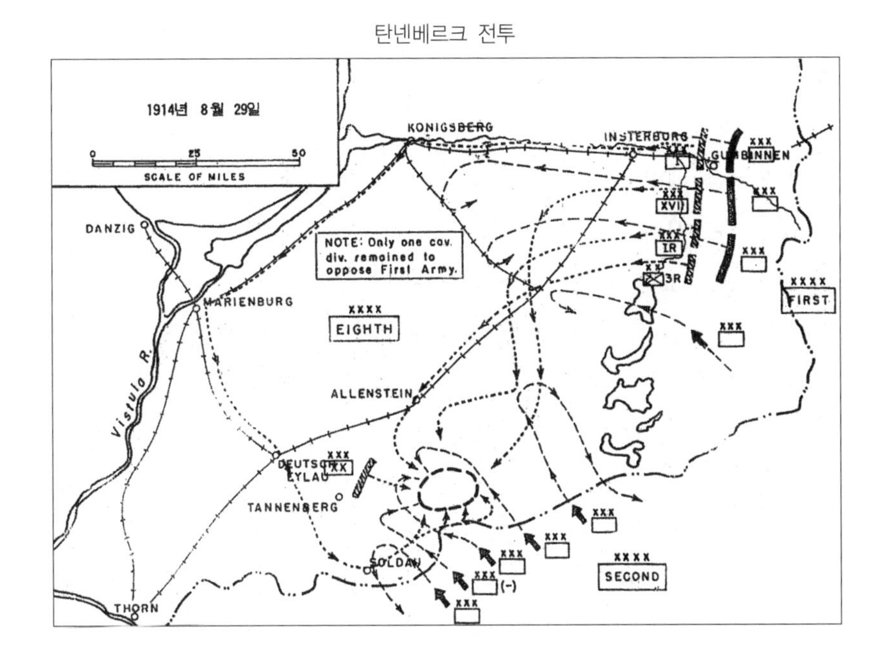

한편 레넨캄프는 20일 밤에 독일군이 굼빈넨에서 철수한 것을 알고 승리에 도취하여 그곳에 주저앉아 거의 3일을 허송하였다. 그리하여 독일군의 기동을 전혀 알지 못하면서 독일군이 비스툴라 선의 방어를 위하여 황급히 철수하고 있거나 쾨니히스베르크(Konigsberg)요새 안의 안전지대로 도피하고 있으리라고 추측하여 사실인 것처럼 찌린스키에게 보고하였다.

남방의 삼소노프 군은 국경으로부터 평균 8~9일의 행군거리에 달하는 비브르쨔(Biebrza)강의 상류와 비알리스토크(Bialystock)에 집결하였다. 찌린스키는 처음부터 전쟁에 뛰어들려는 열의에서 삼소노프 군으로 하여금 행군준비가 완료되기도 전에 기동을 시작하도록 하고, 피로에 지친 병사들의 전진을 독촉하였다. 철도와 도로는 물론 오솔길조차 그 수가 매우 적은 동 프러시아 국경지대의 불모지에서 8월의 작열하는 때양볕을 받으며 삼소노프군은 8~9일간 쉬지 않고 행군을 계속하였다. 그 결과 제2군의 14개 사단, 약 20만의 대 병력은 병과 낙오로 감소되고 피로에 지치고 병참조직이 파탄되어 후방으로부터 아무런 보급을 받지 못하여 예비식량마저 고갈된 채 당시 세계에서 가장 잘 훈련되었고 장비와 급식이 충분한 독일군과 싸우기 위하여 황량한 벌판을 방황하게 되었다. 그래서 8월 23일 졸다우와 오켈스벨그 사이의 호안 지역에서 국경을 넘은 삼소노프군은 적과 접촉이 임박했음에도 불구하고 적에 대한 정찰을 하지 않은 채 퇴각하는 적의 후방으로 접근하고 있다는 낙관적인 생각을 가지고도 막연한 전진을 계속하였다.

8월 25일에는 찌룬(Zielun)의 기병진지로부터 비쇼프스부르크(Bischofsburg)를 연결하는 약 144km의 광정면 전선에 분산 · 전개되었으며 양 측면에는 각각 고립된 1개 군단이 있었다. 뿐만 아니라 러시아군의 치명적인 약점은 암호에 익숙치 못하여 모든 연락을 평문으로 하고 있었다는 점이다. 따라서 독일군은 러시아의 무전을 세밀히 청취하여 힘들이지 않고 러시아군의 상황과 기도를 파악하였다. 26일 새벽에 삼소노프는 오스테로드 알렌스타인 선을 향하여 진격할 것을 명령하였다. 이 동안 레넨캄프군은 서방으로 극히 완만한 속도로 전진하여 25일에서야 삼소노프군의 우익으로터 약 64km나 떨어진 알렌부르크(Allenburg)에 도달하였다. 그리고 이들은 26일 일몰까지도 알렌부르크 이북으로는 진출하지 않을 계획이었다. 이러한 상황과 계획도 물론 독일군 측에 상세히 알리어졌다.

삼소노프와 레넨캄프는 상호지원거리 밖에 떨어져 있으면서 협조작전을 할 생각조차 하지 않고 그들의 위치와 계획을 독일군에게 폭로함으로써 힌덴부르크와 루덴돌프가 현대의 한니발이 되도록 테렌디우-바로(Terentius Varro)와 같은 운명을 자초하였다. 독일군의 원래의 계획은 삼소노프군의 좌측면만 공격하려는 것이었으나 레넨캄프군의 고착과 삼소노프군의 위치는 힌덴부르크와 루덴돌프로 하여금 전사상 가장 대담한 결심을 하도록 하였다. 즉 레넨캄프의 전면에 제1기병사단만을 남겨 두고 제17군단과 제1예비군단을 전용하여 삼소노프군의 좌우 양측면을 동시에 포위공격하게 한 것이다. 이리하여 8월 24일 밤 남방으로 전향하여 강행군을 시작한 제17군단과 제1예비군단은 8월 26일에 삼소노프군의 좌익 제6군단을 기습 격파하여 이들을 전선으로부터 32km나 떨어진 오텔브부르크(Ortelsburg)의 동남부로 퇴각시키고 삼소노프군 주력의 우측과 배후의 통로를 개방하였다.

한편 제20군단의 우측에서 전투준비를 완료한 폰 프랑스와의 제1군단은 8월 26일 졸다우(Soldau)부근에서 공격을 개시하여 삼소노프군의 좌익 제1군단을 남방으로 퇴각시켜 삼소노프군 주력의 우측면을 폭로시켰다. 이리하여 삼소노프군이 주력 제15, 13군단은 좌우 양측면과 배후가 노출되어 포위될 위험에 직면하였다. 그러나 이러한 사실은 알지 못하고 있던 삼소노프는 28일 그의 중앙군(제15군, 제13군단)에게 독일 제20군단을 공격하라고 명령하였다. 그러나 이날은 지금까지 수세를 취해

오던 제20군단도 좌우양익의 포위부대와 보조를 맞추어 총 반격을 시작하였다.

러시아군은 28일에 줄곧 후퇴하였으며 29일에는 부대와 마차, 마필이 뒤섞이어 울창한 산림을 통하여 후퇴하는 동안 건제부대조차 구별할 수 없게 되어 버리고 말았다. 이 날밤 선제권을 장악한 프랑스와장군은 동방으로 계속 진격하여 빌렌부르크(Willenburg)까지 전선을 형성하여 퇴각하는 러시아군 주력의 남방퇴로를 완전히 봉쇄하였다. 그리고 독일 3개 군단은 동서북의 3방면에서 포위망을 압박하여 현대판 칸네를 이루었다.

29일 늦게야 예하부대의 비참한 상황을 알게 된 삼소노프는 자기가 만들어놓은 파멸을 더 볼 수 없어 자살하고 말았다. 탄넨베르크 전투 중 러시아군의 손실은 포로 90,000명을 포함한 병력 125,000명과 포 500문이었다. 이에 반해 독일군은 10,000~15,000명이 경미한 손실을 입었을 뿐이다. 이 전투로 인하여 연합국의 러시아군에 대한 기대는 완전히 동요되었고 환희의 절정에 오른 독일국민은 힌덴부르크와 루덴돌프 장군을 국민적 영웅으로 추대하였다. 이리하여 삼소노프군을 격파한 독일군은 이제 그들의 눈을 레넨캄프군에 돌렸다. 몰트케가 서부전선에서 보내준 2개 군단과 1개 기병사단으로 증강된 제8군은 4개 군단으로써 마주리아호 북방에서 레넨캄프군을 견제 공격하고 2개 군단을 호반 남방과 그 중간지대에서 포위공격하게 함으로써 레넨캄프군을 기습하여 다시 120,000명 이상의 손실을 주고 패퇴시켰다.

이 패배로 러시아군은 동부전선에서 완전히 주도권을 상실하고 이 피해를 회복하지 못한 채 결국에는 전선에서 이탈하게 되었다. 이 전역에서의 교훈을 살펴보면 서부와 동부로부터 독일에 대하여 동시에 진격하라는 프랑스와군의 생각은 건전한 것이었지만 보급 및 수송지원이 전혀 준비되어 있지 않았던 러시아 제1, 2군에 대하여 집결이 완료되기도 전에 동프러시아로 진격을 독촉한 것은 무리였다. 대도시의 인구와 대등한 1개 군을 보급 지원한다는 것은 무경험자로서는 감당하기 어려운 것이다. 군이 기동할 지역에는 강력한 지원수단이 요구되는데 장비의 정비와 함께 식량, 연료, 피복, 마필, 차량, 탄약 및 통신, 의무, 수송 등 모든 것이 전투를 계속하는데 있어서 중요한 것이다.

또 전투나 행군에 있어서 경계 및 정찰을 태만히 하여 적정을 몰랐다는 것은 러시아군이 패배한 가장 큰 이유의 하나이었다. 그리고 보편적인 방첩조치조차 취하지 못하고 모든 작전상황을 평문으로 송신하여 독일군이 도청하게 한 것도 그들의 과오 중의 하나다. 즉 근본적으로 러시아는 오스스트리아와 독일에 대하여 동시에 싸울 수 있는 2개 군을 장비할 능력이 없었던 것이다. 예를 들면 제2군의 경우 군에 유선중대가 1개에 전화기 25대밖에 갖고 있지 않았다. 따라서 그들은 주로 무선에 의지하였고 대부분의 부대가 암호조작능력을 가진 훈련된 인원이 없어 유선 사용이 불가능하게 되자 메시지를 평문으로 송신할 수밖에 없었다.

여기에 비해 독일군은 힌덴부르크, 루덴돌프 및 호프만 같은 우수한 지휘관을 보유하고 있었으며, 훈련 및 장비에 있어서도 러시아군에 비해 압도적으로 우세하였다. 한마디로 탄넨베르크 전투는 통신 및 수송 등 지원수단과 지휘관의 능력이 전투의 승패에 얼마나 지대한 영향을 미치는가를 보여주는 좋은 예이다.

4. 미국의 참전

러시아의 전선이탈을 전후하여 전쟁의 성격과 정세를 변화시키는 대사건이 일어났으니 이것이 곧 미국의 참전이다. 미국은 개전이래 중립을 선포하고 해양의 자유를 주장하며 무역을 활발히 하여 경제적 발전을 크게 이룩하였다. 그러나 영국이 제해권을 장악하고 있으며 또 민족적 동류의식을 느껴 차츰 친 영국으로 기울어 지게 되니까 1915년에 독일은 잠수함으로써 그 통상을 위협하기 시작하였다. 1915년 2월 4일 독일은 영국근해 전역을 해전구역이라고 규정하고, 이 구역 내에 들어있는 선박은 국적을 불문하고 격침할 것을 선언하였다.

이와 같은 독일 잠수함의 활약으로 식량의 대부분을 수입에 의존하고 있던 영국의 식량사정은 악화되기 시작하였으며 물가는 나날이 폭등하였다. 독일 잠수함에 의하여 격침된 연합국 및 중립국의 선박은 점차 증가되었다. 이로 인하여 미국이 참전케 되었으니 독일로서는 돌이킬 수 없는 대실책이었다고 하지 않을 수 없다. 국제법규에 의하면 전시금수품을 실은 선박은 먼저 이를 점검하고 선원을 안전한 장소에 이동시킨 후에 격침하게 되어 있으며, 해군의 전통으로는 비록 적국의 선박이라고 할지라도 상선을 격침, 포획하는 것은 용납될 수 없는 일이었다. 하물며 중립국 선박을 포획, 격침하는 것은 모든 해상생활자들을 격분케 하는 일로서 이로 인하여 독일해군은 해적군 이라는 비난을 받게 되었다.

미국은 1915년 2월 독일이 잠수함전을 선언한 즉시 독일정부에 대하여 공해상에 있어서 미국인의 생명과 재산의 안전을 보장하라고 경고하였다. 미국의 이러한 경고에도 불구하고 독일은 무경고 격침을 그치지 않았다. 그러던 중 1915년 5월 영국선박 루지타니아호가 격침되고 이때 130여 명의 미국인이 익사했다는 보도가 있자 미국의 여론은 격앙되었다. 이에 몬로주의에 입각하여 전쟁 불개입을 고수하던 윌슨 대통령까지도 최후까지 평화론을 주장한 국무장관 브라이언을 해임하고 독일에 대하여 강경히 항의하였다.

이에 독일은 무경고 격침을 중지할 것을 약속하였으나 연합군의 해상봉쇄로 독일도 또한 심한 타격을 받고 있었으므로 1916년 2월 29일에 또다시 무장한 상선은 군함으로 간주되므로 이를 격침시키겠다고 발표하고 상선의 무장해제를 요구하였다. 이 발표가 있은 지 약 1개월 후인 3월 24일에 영국의 무장상선 석세스호가 격침되었으며, 이때 또다시 다수의 미국인 승객이 익사하였다. 이에 미국의 여론은 또다시 격분되고, 그 항의도 더욱 강경하였다. 이번에도 미국의 참전을 두려워한 카이젤은 잠수함전을 주장하던 틸핏트(Adam Von Tirpitz)를 해임하고, 중립국선박에 대해서는 공격하지 않을 것을 약속하였다. 그러나 1916년 5월 유틀랜드 해전 이후 해상에서의 결전의지가 꺾이고 해상돌파가 불가능해졌으며, 연말에 내놓은 강화제의에 대하여 연합국이 냉담한 반응을 보이자 국면타개에 고심하던 독일은 1917년 1월 30일을 기하여 무제한 잠수함전을 또다시 시작하였다. 그리고 2월 4일에는 이를 정식으로 선언하고 잠수함의 활동구역을 대서양과 북해뿐 아니라 지중해 방면까지 확대하였다.

독일수뇌부는 이 무제한 격침이 필연적으로 미국을 참전케 할 것을 알았으나 미국의 전쟁준비가 완료되기 이전에 영국의 산업을 고갈시켜 굴복시킬 수 있을 것이며, 또한 미국이 참전하여도 잠수함으로 대서양을 유린하여 미국의 병력과 물자의 수송을 방해할 수 있을 것이라는 결론에 도달하였던 것이다. 잠수함 200여 척의 활약을 믿고 1억 2천만의 인구와 무진장한 물자, 그리고 방대한 전쟁 잠재능력을 가진 미국을 적국으로 만들어도 승산이 있다고 판단한 것은 독일 참모본부의 가장 큰 오판 중의 하나이었다. 독일은 또 한편으로는 주 멕시코 대사를 통하여 멕시코로 하여금 동맹국 측에 가담하여 텍사스, 뉴멕시코와 아리조나주를 병합하도록 권유하고 있었다 이러한 사실이 폭로되자, 잠수함에 의한 미국 상선의 격침으로 폭발직전에 있던 미국의 적개심은 드디어 폭발하였다.

1916년 말 "전쟁으로부터 우리를 보호했다(He Kept us out of war)."는 구호로 개전을 주장하던 공화당 후보 루즈벨트를 물리치고 재선된 윌슨 대통령도 4월 2일에 의회에 대독일 선전포고를 제안하고 4월 6일에 가결 을 얻어 독일과 전쟁상태에 돌입하였다. 이때 미국은 1916년부터 5개년계획으로 정규군을 220,000명 주방위군을 450,000명으로 증강시키기로 된 국가 방위법이 통과된지 불과 1년밖에 되지 않았으므로 그 병력 및 전쟁준비는 보잘 것이 없었다. 그러나 미국은 연합군의 사기를 고취시키기 위하여 전비가 갖추어지기 전이라도 우선 1개 사단을 편성하여 6월에 프랑스로 급송하였으며, 해외 원정군사령관에는 멕시코원정에서 명성을 떨친 퍼싱(Pershing) 장군을 임명하였다. 미국은 정복이나 지배 등 이기적인 목적에서가 아니라 민주주의 옹호와 세계평화 및 국민의 권리와 자유수호를 위하여 참전한다고 참전목적을 천명하고 독일 및 그 동맹국을 제국주의의 침략국가로 규정하였다.

원래 제1차 세계대전은 열강의 이해관계의 충돌에서 발단된 것이었으나 이제는 군국주의와 제국주의의 악명은 동맹국 측만이 뒤집어 쓰게 되고, 미국을 비롯한 연합국 측은 민주주의와 세계평화의 수호자로 자처하게 되었다. 연합국은 독일의 잠수함으로부터의 피해를 줄이기 위하여 호송선제를 채택하였는데 이 제도는 연합국의 손실을 급격히 감소시켜 종전시까지 약 200만의 대병력과 많은 물자를 별다른 손실없이 대서양 너머로 수송하였다. 이리하여 미국은 연합국의 승리에 결정적인 역할을 하였다. 이렇게 하여 유럽 자체내의 혼란으로 와해되었던 유럽의 질서가 이 비 유럽국가가 개입하여 새로운 질서로 회복되었다. 이로 인하여 이시기에는 어느 누구도 잘 인식하지 못하였으나 미국은 장차 세계의 주도권을 장악할 길을 터놓게 된 것이다.

5. 휴전 및 총평

1) 휴전

루덴돌프는 연합군의 반격이 진행중 이던 1918년 10월 2일, 전차와 예비병력의 부족으로 승리는 불가능하며 이 이상 무의미한 희생을 당하지 않기 위하여 연합군과 강화할 것을 정부에 건의하였다. 이에 독일 정부는 윌슨 대통령의 14개 조항을 검토하고, 이를 토대로 한 평화를 윌슨 대통령에게 제의하였다. 이런 문제가 해결되고 있는 도중에도 전투는 계속되어 이탈리아는 10월 29일에 총공세를 시작하여 오스트리아군을 몰아내는 등 사태는 절망적으로 되어 루덴돌프는 그의 직책에서 해임되기에 이르렀다.

이때 독일해군사령부는 지상군에 협력하기 위한 결사적인 방편으로 유틀랜드 해전 이후 오랫동안 침체상태에 있던 해군의 일대결전을 시도하였다. 그것은 2개 순양함대가 출동하여 도바 해협과 데임즈강 하구를 강습함으로써 스카파프로에 있는 영국 함대를 유인하여 전 잠수함으로 하여금 어뢰로 공격하게 하고, 그 다음에 대양함대가 출동하여 네덜란드해안에서 해상결전을 하려는 것이었다.

그러나 4년간의 침체상태에서 이미 전의를 상실한지 오래이며 패전의지와 공산주의사상에 빠진 병사들은 이러한 작전은 무익한 자결에 불과하다고 보고 그들에게 주어진 임무를 거부하고 11월 4일 키일군항을 중심으로 폭동을 일으켰다. 키일 군항은 순식간에 붉은 기를 휘날리는 폭도의 지배하에 들어갔으며, 이 폭동은 불안과 염전사상에 빠진 국민과 사회주의자들의 동조를 얻어 3일 이내에 독일서북부의 중요도시가 전부 점령되었다. 수병들은 볼세비키와 비슷한 병사 수병위원회를 조직하였으며 폭동은 뮌헨과 베를린에도 전파되었다. 이에 카이젤은 네덜란드로 망명을 하고 정권은 에벨트를 중심으로 한 사회당에 넘어가 독일공화국이 선포되었다.

포쉬는 독일정부 대표와 휴전회담을 하라는 명령을 받고 11월 7일 저녁 백기를 달고 전선을 넘어온 독일 외상 엘쯔베르거(Erzberger) 일행을 맞아 꽁삐뉴 부근의 야전사령부에서 휴전회담을 시작하였다. 3일간의 회담을 거친 뒤 엘쯔베르거는 포쉬의 휴전조건을 수락하여 1918년 11월 11일 오후 11시를 기하여 전 전선에서 포성이 멈추어졌다. 조인된 휴전조항은 사전에 연합국 정부대표로부터 승인을받은 것으로 그 중 군사관계만 열거하면 다음과 같다.

① 2주일 이내에 점령지역으로부터 철수할 것.
② 1개월 이내에 라인강 좌안으로부터 철수할 것. 그리고 그 동안에는 6마일의 비무장지대를 설치할 것. 마인츠 코브렌츠 및 코로뉴에 있는 3개의 교두보를 연합국에 인도할 것.
③ 연합국의 전 전쟁포로를 즉시 송환할 것.
④ 포 5,000문, 기관총 25,000정, 비행기 1,700대, 기관차 5,000대, 철도차량 150,000량 및 트럭 5,000대를 연합국에 인도할 것.
⑤ 전 잠수함을 인도할 것.
⑥ 전함 16척, 순양함 8척, 구축함 50척은 중립국 또는 연합국에 억류할 것.
⑦ 브레스트.리코브스크 조약 및 부카레스트 조약을 파기할 것.

이상의 조항은 독일 육군으로부터 그들의 주병기와 수송수단을 박탈하고 해군으로부터 그들의 전 선박을 빼앗으며 연합군에게는 라인강 동부에 거점을 확보하게 하려는 것이었다. 독일은 그 영토가 점령당하지는 않았으나 이제 전쟁을 재개할 여지가 없게 되었다. 이후 연합군은 독일군에게 질서있는 철수를 할 시간적 여유를 주고, 연합군 자체의 병참문제를 해결하기 위하여 6일 동안 전선에서 휴식하고, 11월 17일에 기동을 개시하여 월말까지 전 피점령지역을 탈환하고 12월 1일부터 독일본토로 진주하여 12월 9일에는 영국군은 코로뉴에서, 미군은 코브렌츠에서, 프랑스군은 마인츠에서, 각각 라인강을 도하하였고 수일 내에 반경 28km의 교두보를 확보하였다.

그런데 휴전 후에도 전면적 강화협정을 완료하는 데는 5개월이 더 걸렸고, 국제연맹의 의결에 따라 독일은 해외 식민지를 박탈당하고 영토의 13%, 인구의 10%가 타민족의 지배하에 들어갔고, 독일군비를 제한하기 위해 육군은 병력 10만으로 장교 4,000명, 부사관 40,000명, 병 56,000명으로서 일반참모부와 지원병제도를 폐지하고 군사교육을 금하도록 하였다. 또 해군은 병력이 15,000명에 108,000톤의 선박으로 제한하고 잠수함은 보유하지 못하게 했다. 그리고 항공기 보유의 금지, 전차, 중포, 대공포, 독개스 보유의 금지와 전쟁물자 생산도 엄격히 제한했다. 이렇게 하여 연합국은 독일에게 장기간 군사행동을 못하게 했고 장비는 경찰 정도로 제한하는 등 독일민족에 치욕을 안겨주었다.

이와 같이 연합군은 베르사이유 조약에서 민족자결의 원칙을 패전국에 불리하게 적용함으로써 포쉬는 "평화가 아니다. 20년간의 휴전이다"라고 말했으며 막스웨버는 "앞으로 10년 이내에 우리는 다시 군국주의가 될 것이다"라고 예언하였다.

2) 총평

제1차 세계대전은 오스트리아가 세르비아에 대하여 선전포고한 이래 1914년 7월 28일부터 휴전된 1918년 11월 11일까지 4년 3개월간 계속되었다. 이 전쟁에서 독일이 패전하게 된 원인은 무엇보다 믿을 수 있는 동맹국을 갖지 못하였으며, 자국의 제한된 자원에 비추어 반드시 준수해야 할 단기결전을 하지 못하고 독일이 가장 꺼리던 지구전과 양면전쟁을 수행할 수 밖에 없었다는 점이다. 이것은 슐리펜 계획에 숨겨진 전략적 기도를 이해하지 못하고 불필요한 수정을 함으로써 자초한 것이다. 따라서 독일은 대부분의 전투에서 승리하였으나 이러한 전술적인 승리의 누적이 전략적 승리 즉 궁극적인 승리로 연결되지 못하고 말았다.

반면 연합국은 동맹결성을 굳게하고, 전쟁 초기부터 우세한 해군력으로 독일해안을 봉쇄함으로써 독일을 경제적으로 고립시키고 후방국민을 기아상태에 몰아넣어 염전사상을 불러 일으키는 한편, 독일로 하여금 무제한 잠수함 전을 수행하지 않을 수 없도록 강압하였다. 이러한 연합국의 해상봉쇄를 타개할 만한 해군력이 없는 독일은 무제한 잠수함 전으로 한때 영국에게 극심한 타격을 주었으나 영국과 미국간에 있을 수 있던 마찰을 완화시키고 오히려 미국을 연합국 측에 가담하게 함으로써 치명적인 결과를 초래하였다.

미국의 참전은 독일을 더욱 고립무원의 상태에 빠뜨리고 전쟁의 성격을 변경시켜 독일로 하여금 세계여론의 지탄을 받게 하였다. 그리고 증강되는 미군의 병력은 예비병력이 부족한 독일로부터 승리의 가능성을 빼앗고 말았다. 1918년에 와서 독일은 군사령관에서 병사들에 이르기까지 전쟁의 결과를 비관한 나머지 그들의 작전에 자신을 잃게 되었다. 따라서 키일 군항의 반란이 없었더라도 독일은 조만간 패망할 수 밖에 없었다.

사상 초유의 세계대전인 이 전쟁의 두드러진 성격은 총력전으로서 형식상으로는 전투원과 비 전투원의 구별이 있었으나 실질적으로는 전 국민과 전 자원이 총동원된 전쟁이었다. 이 전쟁을 통하여 가스・기관총・화염방사기・탱크・항공기 등 많은 신무기가 발달하여 대량살상을 가능케 하였고, 후티어 전술과 꾸로전술 등 신 전술이 발달하였으며,

특히 후티어 전술은 제2차 세계대전시 전격전의 모체가 되었다.

그리고 이 세계대전은 미국으로 하여금 세계무대의 중앙에 등장케 하는 한편 러시아에서는 공산주의혁명을 유발하게 하였다. 전후 문제의 처리에 있어서, 파리강화회의는 인류의 앞날에 다시는 이같은 참혹한 전쟁을 없애기 위하여 국제연맹을 결성케 함으로써 인류의 장래에 서광을 비추어 주는 듯 하였으나 평화를 갈구하는 인류의 여망과는 달리 패전국에게 가혹하기 짝이 없는 조항들을 베르사이유 조약에서 강요함으로써 제국주의적 성격을 벗어나지 못하였다. 또 미국이 국제연맹에 가입을 하지 않았기 때문에 세계평화를 위하여 조직된 국제기구도 허수아비와 같은 격이 되었다. 결국 배상의 의무를 전면적으로 부인하는 나치정권이 성장하게 되었으며 드디어는 제2차 세계대전을 일으키는 씨앗을 잉태하는 결과가 되었다.

제3장 제2차 세계대전

1. 제2차 세계대전의 배경

1) 개요

제1차 세계대전이 막을 내린 후부터 제2차 세계대전이 발발하기 직전까지의 약 20여 년에 걸친 시대는 여러 가지 사상과 각양 각색의 민족주의가 돌출하여 미묘한 국제관계를 형성하고 있었을 뿐만 아니라 각국마다 내부적으로는 집권세력과 이상주의자들 간에 이념과 정책상의 대립이 고조되어 필연적으로 군사적 모험이 잦을 수밖에 없었던 시기였다. 그런데 이와 같은 군사적 모험들이 인류에게 커다란 재앙을 안겨다 준 세계대전으로 비화한 것은 그러한 불씨가 잉태되고 자라난 배경으로부터 비롯된 것인 만큼, 이 시대의 세계정세를 살펴보는 일은 우리에게 제2차 세계대전의 불씨가 무엇이었는가, 이 전쟁의 성격은 어떤 것인가 하는 의문점들에 대하여 좋은 해답을 가져다 줄 것이다. 따라서 여기서는 우선 유럽과 아시아가 당시 처해 있었던 국제정세부터 음미해 보고자 한다.

제2차 세계대전은 연합국의 입장에서 볼 때 2개의 분리된 전쟁이었다고 할 수 있다. 하나는 독일과의 전쟁이고 다른 하나는 일본과의 전쟁이다. 독일과의 전쟁은 1939년 9월 1일 독일의 폴란드 침공으로 시작되어 1945년 5월 8일 독일의 항복으로 막을 내렸는데, 이 전쟁은 성격상 제1차 세계대전의 연속이었다. 유럽의 주도권을 쟁취하고 나아가서 전 세계에 절대적인 강국으로 군임하고자 한 독일의 국가적 목표는 실로 제1차 세계대전과 제2차 세계대전의 성격상 공통된 흐름이었기 때문이다.

한편 태평양전쟁은 1941년 12월 7일 일본의 진주만 기습으로 시작되어 1945년 8월 15일 일본의 무조건항복으로 종식되었으며 일본의 목표는 극동에서 일본의 주도권을 확립하려는 것이었다.

"전쟁은 다른 수단에 의한 정치의 연속"이라고 갈파한 클라우제비(Carl Von Clausewitz)의 말대로 무릇 전쟁이란 정치의 한 수단이고 외교 정책상 하나의 도구임에 틀림없다. 제2차 세계대전도 예외는 아니었다. 그러나 여기에는 또한 종래의 전쟁에서는 도저히 찾아볼 수 없었던 호전적이고도 인간성마저 부정한 잔인한 음모가 개재되어 있었다. 그렇기 때문에 온 인류는 세계대전이 가져온 파괴의 아픔보다도 오히려 음모자들이 꾸몄던 인간성 말살의 비극을 더욱 뼈저리게 기억하고 있는 것이다. 그렇지만 그러한 비극은 단순히 우연에 의해 빚어진 것일까? 물론 아니다. 독은 그것을 잉태시키고 배양하는 거름에 의하여 살이 찌는 법이다.

2) 유럽의 정세

제1차 세계대전의 결과 유럽의 판도상 두드러진 변화의 하나는 오스트리아(Austria), 헝가리(Hungary) 제국의 붕괴였다. 오스트리아, 헝가리는 독특한 방식에 의하여 중남부유럽 일대에 그 나름대로의 정치적 · 경제적 안정을 유지해 왔었지만 제1차 세계대전에서 패함에 따라 그 영토가 갈기갈기 찢겨 나갔다. 한편 제1차 세계대전 중 제정 러시아가 늙은 거목처럼 쓰러진 이후 그 혼란의 먼지 속에서도 새로운 움직임들이 드러났다. 짜르(Czar)의 뒤를 이어 러시아를 장악한 볼쉐비키 정권이 혼란을 수습하는 틈을 타서 폴란드, 리트아니아(Lithuania), 라트비아(Latvia), 에스토니아(Estonia), 그리고 핀란드가 독립을 되찾을 기회를 맞이했으며, 루마니아는 벳사라비아(Bwssarabia) 지방 점령의 호기를 포착했던 것이다.

그동안 지도상에서 찾아볼 수 없었던 새로운 나라들이 탄생하기 시작했고, 억눌려 지냈던 나라들이 다시금 일어나게 됨에 따라 여러 인종 간에 각각의 민족자결권이 주창되기 시작했으며, 이들 간에 충돌이 잦아지게 되었다. 사실 서로 다투는 군소국가들이 밀집해 있는 상황은 경제적 및 정치적 측면에서 볼 때 안정성이 자칫 결핍되기 쉬운데 오스트리아, 헝가리 및 제정러시아의 붕괴 이후 유럽의 상황이 꼭 그러하였다. 유고슬라비아와 이탈리아, 폴란드와 체코슬로바키아, 리트아니아와 폴란드, 그리스와 불가리아 사이에 해결되지 않은 국경분쟁이 머리를 쳐들었으며, 아울러 신생국 등은 내부적 긴장상태를 면치 못하고 있었다. 즉 체코슬로바키아는 세르비아인(Serbs)과 슬로베이나인(Slovenes)은 크로아티아인(Croats)과의 갈등이 고조되어 가고 있었던 것이다.

이와 같은 혼란을 온상처럼 이용한 것이 공산주의라는 종기였다. 혁명 후의 여파로 일시 아시아 쪽으로 밀려 났던 소련은 1926년 스탈린(stalin)이 정권을 잡은 이후 대 숙청으로 전제권력을 공고히 다지는 한편, 일찍이 어떤 짜르정부도 해내지 못했던 강력한 강제동원체제에 의하여 군대를 육성하고 산업을 촉진시켜 국력을 배양하였으며, 국력이 정비되어 감에 따라 차츰 혁명의 수출에 관심을 쏟게 되었다.

그러나 유럽 각국에서는 공산주의자들의 폭동이 내정의 불안요소로 간주되었기 때문에 거부반응이 일어났다. 뿐만 아니라 유럽 전역에 혁명을 교시하려 한 공산주의의 부단한 침투는 결과적으로 나치즘(Nazism)과 파시즘(Fascism)의 성장에 거름 역할을 하였고, 마침내는 대립되는 이들 사상 간에 갈등이 고조되어 갔다.

이처럼 군소국가들 간의 갈등, 내정상의 문제점들, 또는 공산주의와 나치즘 및 파시즘 간의 투쟁 등등 심각한 혼란요소들이 전후 유럽을 휩쓸고 있었지만 유럽의 정세에 무엇보다도 가장 암영을 던지고 있었던 존재는 역시 패전 당사국인 독일이었다. 제1차 세계대전의 뒤처리를 위하여 모였던 파리 강화회의는 한결같이 영구적 평화를 외쳤지만 독일에 대한 증오심으로 인하여 독일에게 엄격한 책임을 부과시킴으로써 새로운 불씨를 잉태시키고 말았다.

독일대표의 참석이 거부된 채 일방적으로 강요된 베르사이유(Versailles) 조약은 한마디로 독일의 입장을 노예화의 길로 전락시킨 올가미였다. 베르사이유 조약이 규정한 바에 의하여 독일은 모든 해외식민지를 상실했고 국토의 대부분이 비무장상태로 남게 되었으며, 일찍이 19세기에 정복했던 알사쓰 로렌(Alsace Lorraine)과 쉴레스비히 홀쉬타인(Schleszig Holstein)은 프랑스와 덴마크에 각각 귀속되었다.

그리고 자아르(Saar)지역의 국제화 및 라인란트(Rhineland)의 중립화와 더불어 벨기에와 경계선에 있는 작은 국경지역도 빼앗기고 말았다. 그러나 독일로서 무엇보다도 견딜 수 없는 굴욕은 동부지역의 영토적 변경이었다. 비스툴라(Vistula)강 연변의 독일영토를 폴란드에게 내어 줌으로써 발틱(Baltic)해를 향한 독일의 출구가 봉쇄당했을 뿐만 아니라 동프러시아가 고립된 것이었다.

또한 비스툴라강 하구에 위치한 단찌히(Danzig)는 자유도시화하여 국제연맹이 지정한 나라의 장악하에 들어가도록 되었는데, 실제로 이 도시의 제도 및 대외관계를 관할하게 된 나라는 폴란드였다. 이보다 남쪽에서는 실레지아(Silesia)가 역시 폴란드에 넘어갔는데, 일부는 국민투표 결과에 의하여, 다른 일부는 폴란드군의 점령에 의하여 넘어가고 말았다.

피 점령지에 남겨진 패전국 국민들은 뿔뿔이 흩어지기 시작했다. 폴란드에 남겨진 독일 및 오스트리아 인들은 이탈리아의 북쪽인 남부티롤(Tirol)지방 또는 체코의 수데텐란트(Suentenland)로 가서 정착하게 되었으며, 마찬가지로 헝가리인들은 체코와 루마니아 쪽으로 이주해갔다. 이와 같은 인구이동이 얼마 되지 않아 분쟁의 씨앗으로 등장한 것은 결코 우연이 아니었다.

이상 열거한 영토의 상실 이에도 독일은 300억 불의 전쟁배상금을 전승국들에게 물어야 했는데, 독일국민의 증오심을 불러 일으킨 직접적인 동기는 바로 이것이었다. 아울러 독일로부터 영구히 전쟁도발 능력을 제거하기 위해 강력한 군비제한조항도 첨부되었다.

이처럼 독일에게 강요된 베르사이유 조약이 얼마나 터무니 없이 가혹하였는가는 연합국 측 지도자들의 몇몇 발언을 통해서도 자인되고 있다. 프랑스의 포쉬(Foch) 원수는 회의석상에서조차 "이것은 평화가 아니다. 단지 20년간의 휴전일 뿐이다"라고 말하였으며, 미국의 군인 외교관 블리스(Tasker H. Bliss) 장군 역시 "30년 이내에 다시 전쟁이 일어날 것이라고 예언하였다." 처칠(Winston S. Churchill)도 베르사이유조약의 경제조항이 "악의적이며 우매한 짓"이었다고 지적한 바 있다.

이러한 와중에서도 제1차 세계대전 후의 유럽에 그 나름대로의 안정을 부여할 것으로 기대되었던 2개의 힘이 있기는 하였다. 하나는 국제연맹(League of Nations)이었고, 다른 하나는 프랑스를 중심으로 한 군사동맹체제였다. 그러나 국제연맹에는 발의국인 미국이 참여하지 않았기 때문에 국제적인 분쟁 해결능력은 애초부터 없었다고 해도 과언이 아니다. 더구나 강대국들은 일반적으로 자국의 이익에 영향이 없는 한 국제연맹에 그다지 열의를 보이려 하지도 않았다. 말하자면 국제연맹은 "고양이 목의 방울" 신세가 된 셈이었다.

한편 프랑스를 핵심으로 한 군사동맹체제는 독일의 재기를 두려워한 프랑스가 제1차 세계대전의 결과 영토적 이득을 취한 유고, 체코, 루마니아, 폴란드 등과 맺은 것으로 독일에 대한 봉쇄정책의 일환으로서 추진된 것이었다. 그러나 이것 역시 이미 언급한 바와 같은 군소국가들 간의 이해상충으로 말미암아 겉모습만 그럴 듯한 "종이사슬"에 불과했다.

국제연맹의 권위가 얼마나 허구에 가득 찬 것이었는지는 무쏠리니(Mussolini) 치하의 이탈리아가 1935년 12월 5일 이디오피아(Ethiopia)에 침략한 사태로 백일하에 들어났다. 이탈리아가 상대도 되지 않는 이디오피아를 짓밟고 있는 동안 유럽 각국과 미국은 수수방관한 채 대안의 불을 바라보듯 하였다. 국제연맹회원국이었던 이디오피아가 마침내 굴복하고 만 1936년 5월 5일은 국제연맹의 정치적 기능에도 종지부를 찍은 날이 되고 말았다. 물론 이보다 앞서 일본의 만주침략에 대해서도 속수무책이었던 바와 마찬가지로 국제연맹의 처벌조항이나 빗발치는 세계의 여론 따위는 전쟁광이 되어버린 전체주의자들에게 메아리 없는 함성에 불과했던 것이다.

이처럼 명분 없는 침략행위가 전혀 제재를 받지 않았다는 사실은 당시의 유럽이나 미국의 상황이 평화를 마치 깨지기 쉬운 유리 공 다루듯이 하고 있었다는 점에 크게 기인하고 있다. 연합국만 해도 1,000만 명 이상의 인명피해와 막대한 재산상의 손실을 입은 제1차 세계대전의 참상을 상기할 때 영국과 프랑스는 도저히 또 하나의 세계대전을 치룰 염두도 낼 수 없었으며, 미국은 격변하는 국제정세로부터 멀리 떨어져서 스스로 자제하고 있었던 것이다. 결국 당시의 상황으로 볼 때 평화는 어떠한 대가를 치르고라도 지켜져야만 될 지상과제였기 때문에 이디오피아 문제 정도로 긁어 부스럼을 낸다는 것은 우매한 것으로 간주되었을 뿐이다.

이것이 바로 장차 연합국 측이 동맹국 측에게 드러내었던 허약하기 이를데 없는 유화정책의 시발이었고 이에 고무된 전체주의자들은 이로부터 정복을 위한 탐욕의 눈길을 돌리기 시작하였다.

3) 아시아의 정세

유럽에서 잿더미 속에 묻힌 전쟁의 불씨가 점차 뜨거워지는 동안에 지구의 다른 한쪽에서는 일본의 제국주의가 서서히 그 윤곽을 나타내기 시작하고 있었다.

일본은 이미 1894년 청일전쟁에서 그들의 공격적이고 팽창주의적인 욕구를 드러낸 바 있다. 그 뒤 국제적 압력에 의해 요동반도를 포기했던 일본은 유럽세력과의 첫 번째 전쟁이었던 로일전쟁(1904~1905)을 승리로 이끈 결과 요동반도의 점유권을 재차 탈취하고 러시아세력을 중국으로부터 추출하는데 성공했다. 이어서 1910년에는 한국을 강제로 병합하였다.

제1차 세계대전에 명목상으로만 참전했던 일본은 마침내 이전에 독일의 세력권이었던 산동반도와 케롤라인(Crroline)반도, 마아샬(Marshall)군도, 괌(Guam)을 제외한 마리아나(Mariana)군도 등의 점유권을 주장하기에 이르렀고, 국제연맹은 이 섬들에 대한 일본의 위임통치권을 부여하고 말았다. 그러나 미국과 영국은 일본의 이러한 팽창야욕을 우려한 나머지 1921년 워싱턴회의(Washington Conference)를 열어 중국의 영토적 존엄성을 확인한다는 명분을 내세움으로써 일본으로 하여금 산동반도로부터 철수하도록 압력을 가했다. 일본이 이러한 압력에 굴복하고 워싱턴해군군축협정에서 미국·영국·일본의 주력함 비율을 5:5:3으로 규정하는 안에 승복한 것은 일본 내의 군벌세력에 견제를 가했던 자유주의적 정권의 등장에 배경을 두고 있다.

그러나 육군을 주축으로 하는 군벌세력은 1920년대 말부터 전세계를 휩쓴 공황으로 말미암은 일본내의 경제적 불황과 사회적 동요에 편승하는 한편, 1931년 봉천사변(Mukden Incident)을 계기로 권력을 장악하는데 성공했다.

당시 일본의 관할 하에 있었던 봉천~하르빈 간 철도폭파사건으로 비롯된 봉천사변 이후 일본은 중국에 대한 그들의 침략의도를 백일하에 드러내기 시작했다. 즉, 중국은 자체내에서 마적을 통제할 능력이 없다는 구실을 내세워 만주일대를 석권하기 시작했으며 1932년 2월 18일에는 드디어 그들의 괴뢰국인 만주국을 수립했던 것이다. 국제연맹이 이 문제에 대해 항의를 제기하자마자 일본은 기다렸다는 듯이 즉각 국제연맹을 탈퇴함으로써 국제연맹에 최초의 치명적 상처를 입히고 말았다.

한편 중국은 반일 보이콧으로 이에 대응했는데 특히 상해에서 극심하여 유혈사태까지 빚게 되었고, 일본은 이를 진압한다는 구실로 일본군 7만 명을 상해에 상륙시키기도 했다. 그 뒤 4년간에 걸쳐서 일본은 제홀(Jehol)을 병합하는 등 집요하게 북중국 일대를 괴롭혔다.

장개석의 중국중앙정부는 초기에 내란으로 분열된 중국을 단일화하는데 급급해서 일본의 이러한 침략행위에 조직적 저항을 할 수 없었지만 점차로 군사력을 정비해 감에 따라 대일본 자세가 굳어지기 시작했다. 이로부터 일본군과 중국군 간에는 긴장이 팽배하여 일촉즉발의 상태가 되었다.

마침내 일본은 무력을 사용하기로 결심했다. 일본이 강압에 의하여 중국을 손아귀에 넣고자 했던 중일전쟁, 이것이 바로 태평양전쟁의 시발이었고 실질적인 제2차 세계대전의 시작이었다.

이상에서 유럽과 아시아의 전전상황을 개괄하였는데 결국 당시의 유럽 및 극동을 포함하는 세계적 상황은 한마디로 미국의 고립주의(Isolationism), 영국의 평화주의(Paxifism), 프랑스의 패배주의(Defeatism), 그리고 소련과 일본의 팽창주의가 뒤얽힌 일대 파노라마였다고 할 수 있다.

이러한 그늘에서 독일은 은밀히 복수의 칼을 갈고 있었으며, 이 칼이 일단 히틀러라는 광인의 손에 들어감으로써 서구 문명은 갈가리 찢어질 운명에 놓이게 되었다. 역시 마찬가지로 극동의 이단자 일본도 비록 한 개인의 전체주의적 욕망은 아니었다 할지라도 소수의 전체주의자들에 의하여 동양의 고요한 하늘에 암운을 몰고 온 존재가 되었으니 이로써 전세계의 인류는 다시 한번 세계대전의 뜨거운 불길에 휩싸이게 되고 말았다.

4) 전쟁으로의 길

제2차 세계대전을 히틀러의 전쟁이라고 부르는 사람도 있다. 사실 히틀러라는 인물 없이는 독일이 제2차 세계대전을 벌릴 수 없었을지도 모른다. 이 전쟁의 원인이 그렇게 간단한 것이 아니라고 할 수 있지만, 한 가지 확실한 사실은 전쟁의 원인이 되는 불씨 위에 기름을 부은 사람이 바로 히틀러라는 점이다.

히틀러가 정권을 잡기까지의 과정, 그리고 정권을 잡은 후 그가 차츰 전쟁의 문을 향하여 다가간 일련의 교활하고도 치밀 대담한 정책과정은 반드시 열어보고 넘어가야 할 제2차 세계대전의 서막인 것이다.

1922년 아돌프 히틀러(Adolf Hitler)는 당시 미미한 군소정당 중의 하나였던 국민사회당(National Socialist Party), 곧 나치당의 당수가 되었다. 패전으로 인한 국민의 피로와 경제적 궁핍 때문에 독일이 점차 공산주의의 침투에 스며들어가고 있을 무렵인 1923년 11월에는 폭력에 의하여 정권을 탈취할 목적으로 뮌헨(Munchen)에서 폭동(Beer Hall Putsch)을 일으켰으나 실패로 그치고, 1925년까지 감옥생활을 하였다. 루덴돌프(Ludendorff) 장군을 등에 업고 결행했던 이 폭동이 바로 나치즘의 실질적인 발단이었던 것이다.

감옥생활 중 그는 나의 투쟁(Mein Kampf)을 저술하여 장차 실천할 모든 과업을 그 속에 표명하였다. 그는 폭동에 의하여 정권을 탈취하려는 기도가 위험천만한 경거망동임을 인식하고 차후부터는 조직을 통한 보다 합법적인 운동에 의해 정권을 장악하고자 결심했다.

이로부터 나치는 모든 정치활동에 있어서 표면상으로는 합법을 표방하였고, 다만 가장 강력한 적이며 모든 정당이 공동의 적으로 여기고 있었던 공산당에 대해서만은 무자비한 테러를 감행하면서 차츰 세력을 뻗쳐 나가기 시작했다.

이러한 시기에 독일국민을 심리적으로 유혹한 2개의 사이비 이론이 떠돌고 있었다. 하나는 "배후로부터의 중상이론(stab in the back theory)으로서 제1차 세계대전에서 독일이 굴복한 것은 군대가 패배했기 때문이 아니라 독일 내에 잠복한 비 독일적인 요소, 즉 사회주의자 및 공산주의자, 자유주의자, 그리고 유태인 등이 전쟁수행을 방해하고 내응했기 때문이라는 주장이다.

사실 대다수의 독일국민이 패전의 원인을 석연치 않게 여기고 있던 터라 이 이론은 급속하게 대중 속으로 파고 들어갔다. 왜냐하면 제1차 세계대전이 종결될 때까지 독일군은 계속 승리하고 있었으며 적의 영토 안에서만 싸웠고, 국토는 조금도 적에게 유린당하지 않은 채 어느날 갑자기 패배했다는 발표가 나왔기 때문이었다.

또 다른 하나의 사이비 이론은 생활권 철학이었다. 원래 이 철학을 도출해 낸 장본인은 칼 하우스호퍼(Karl Haushofer)로서, 그는 영국의 지정학자 맥킨더(Halford Mackinder)의 대륙중심 지정학에 교묘한 탈을 씌워, 지리를 지리학적인 사실의 분석으로서 아니라 하나의 정신적 무기로서 생각하기 시작했다. 예컨대 이 지구상에는 인력이 작용하는 중심적 지역이 있는데 이곳을 장악하는 종족이 지구상의 지배권을 장악할 수 있다는 것이다. 그리고 이와 같은 중심지역에 생활권을 마련한다는 것은 경제적 관점에서 볼 때는 바로 자급자족체제의 달성을 의미한다. 생활권 철학은 1919년 이후 거의 20년 이상이나 독일 내의 환상주의자들을 몽상 속에서 헤매게 하였고 마침내는 전세계를 재난에 빠뜨린 신기루가 되고 말았던 것이다.

여하튼 이러한 사이비이론의 난무, 전후의 불경기와 악성인플레, 막대한 배상금의 부담, 각종 정치 및 사회단체간에 벌어진 테러와 폭동사태, 그리고 이와 같은 문제점들을 치유하기에는 너무도 힘이 모자랐던 정치적 불안정 등등은 한마디로 이 시대의 사회상을 압축해 놓은 조감도였다.

이렇게 되면 사람들은 허울 좋은 자유보다는 이를 포기하는 한이 있더라도 권위에 의탁하여 안정을 얻고자 하는 강렬한 욕구가 생각나게 마련이다.

생활권 및 자급자족체제, 그리고 대제국에의 영광을 약속하면서 권위의 위임을 호소한 나치의 선전은 독일국민을 매혹시키기에 충분하였던 것이다. 더욱이 1929년부터 세계를 휩쓴 대공황은 히틀러에게 결정적인 행운을 안겨주었으니 절망할 대로 절망한 독일국민은 마침내 나치당에 그들의 운명을 내맡겨 12석의 소수정당에 불과했던 나치당에게 1932년 7월 선거에서 무려 1,400만 표를 던져주었다.

드디어 독일의회의 제1당이 된 나치당의 당수 히틀러는 1933년 1월 힌덴부르크 대통령에 의해 숙원이던 독일수상에 임명되었다. 샤이데만(Scheidemann)의 표현을 빌린다면 바이마르(Weimar) 공화국은 우단과 자단에서 동시에 불타고 있는 양초였는데 히틀러는 우단의 불꽃에 부채질을 함으로써 그의 목적을 달성할 수 있었던 것이다.

이로부터 히틀러는 오래 꿈꾸어 온 대제국에의 망상을 용의주도한 방법에 의해 실천에 옮기기 시작했으니, 그것이 이른바 "piece meal tactics"였다. 이는 목표를 일괄적, 급진적으로 달성하는 것이 아니라 부분적, 점진적으로 추진하되, 제한된 소규모의 무력이나 압력을 지속적으로 투입하여 성과를 계속적으로 획득, 누적하는 것이었다. 따라서 궁극에 가서는 기도했던 목표를 달성하는 전술이며, 히틀러는 이 전술을 사용함에 있어서 무력, 또는 압력을 가하는 강약 정도 및 진퇴의 시기를 결정하기 위하여 국제정치상의 상황변동에 극히 민감한 대응조치를 취했을 뿐만 아니라 교묘한 정치적 기동까지도 병행시켰다.

히틀러의 행동은 1933년 10월 국제연맹 및 군비축소위원회의 탈퇴를 통하여 개시되었다. 그리고 1934년 1월에는 폴란드와의 불가침조약에 서명하여 그 자신을 이성적인 인물로 대외에 부각시켰을 뿐만 아니라 프랑스가 기도한 대독일 봉쇄망에 최초의 구멍을 뚫어 놓았음은 물론, 폴란드군이 아직도 독일군보다 우세했던 시기 동안 내내 아무런 행동도 취하지 못하게 했다.

전략적 요지이며 철광이 풍부한 자아르 분지는 1935년 1월 국민투표 결과 90%의 찬성으로 독일에 복귀되어 나치의 위신을 크게 고양시켰으며, 그 해 3월 16일에는 무쏘리니의 이디오피아 침공에 의해 조성된 위기상황을 틈타 베르사유 조약의 군비제한조항을 일방적으로 폐기시켰다. 이것은 사실상 독일 군대를 확충하겠다는 공식 성명이었다. 이제 독일 국방군은 이미 젝트가 마련해 놓은 기반 위에서 급속도로 팽창되기 시작했다. 아울러 영국과 맺은 해군 협정으로 인하여 독일은 영국으로부터 해군의 확충을 인정받게 되었는데, 이로 말미암아 영·불 양국간의 유대에는 균열이 생기게 되었으며 이에 놀란 프랑스는 소련과의 동맹관계를 모색하기에 이르렀다.

히틀러는 이 기회를 놓칠세라 프랑스의 행동이 독일에 대한 명백한 위협이라는 구실을 붙여 1936년 3월 7일 로카르노(Locarno)조약을 비난 폐기함과 동시에 라인란트(Rheinland)에 진주, 이 지역을 무장화했다. 이 조치는 사실 일종의 투기였다. 당시 프랑스는 히틀러를 분쇄시킬 수 있는 충분한 힘이 있었지만 프랑스나 영국 그 어느 쪽도 행동을 취하지 않았다. 평화를 위해서 냉정을 유지한다는 표시를 하는 정도로 그치고 만 것이다. 히틀러는 그가 취한 조처로서 연합국이 결속해 있지 않음을 확인한 셈이었다.

한편 1936년 7월 18일부터 1939년까지 벌어진 스페인 내란 중 독일은 이탈리아와 더불어 국민파인 프랑코(Francisco Franco) 장군을 지원한다는 구실로 새로운 무기와 전술을 실험하고 실전경험도 얻게 되었다. 스페인 내란은 한마디로 미래전의 예고편임과 동시에 그 연습장이었던 것이다.

이 무렵 전비확충도 본 궤도에 올라 어느 정도 자신을 갖게 된 히틀러는 1938년 3월 돌연 오스트리아를 합병하였으며, 같은 해 9월에는 체코의 주데데란트(Sudetenland)에 거주하는 300만 독일인을 해방시킨다는 명목을 내세워 이를 점령하고, 뮌헨 협정을 통하여 영·불로 하여금 이 사실을 승인토록 하였다. 이 회담에서 영국과 프랑스는 평화를 보장받으려는 희망 때문에 또 한번 굴복하고 만 것이다. 체코는 이제 유럽의 고아가 되어 1939년 드디어 체코가 넘어가자 독일은 스코다(Skoda) 조병창에서 생산되는 우수한 장비들을 획득할 수 있게 되었음은 물론 폴란드를 3면으로부터 포위할 수 있게 되었다.

이제부터 히틀러의 슬로건은 독일인의 통일로부터 생활권으로 바뀌었다. 다음 목표는 명백하게 폴란드뿐 이었다. 이에 따라 단찌히(Danzig)와 폴란드 회랑을 양도하라는 강력한 압력이 폴란드에 가해졌다. 영국과 프랑스를 비롯한 연합군은 비로소 히틀러의 야망이 무엇인가를 깨닫게 되고, 뒤늦게나마 맹렬한 항의를 제기하는 한편 유사시 폴란드 지원을 공약하고 나섰다. 그러나 이미 히틀러를 견제할 수 있는 아무런 사슬도 나와 있지 않았다. 지난 6년간에 걸친 히틀러의 전쟁준비에 대해 유화정책으로만 일관해온 연합군이 이 시점에서 후회해 보았자 때는 이미 늦은 것이다. 더구나 히틀러는 1939년 8월 23일 스탈린과 불가침조약을 체결하여 상호중립과 비적대행위를 약속하였다. 역사상 가장 많은 인류에게 전율과 공포를 안겨준 두 범죄자는 엉큼한 속마음을 감투고 서로를 무마시키기 위해 잠정적인 화해에 도달한 것이다. 이로 말미암아 독일은 양면전쟁의 위험을 일시적으로나마 면하게 되고, 오로지 더욱 침략적인 미래의 계획을 위해 준비에 열중할 수 있게 되었다. 독소불가침조약이야말로 제2차 세계대전의 대 서막 중 히틀러가 마련한 마지막 무대장치였다.

이제 아무 거리낄 것도 없는 히틀러는 마침내 1939년 9월 1일 폴란드를 노리고 잔뜩 웅크린 충성스런 군대의 고삐를 풀어놓고야 말았다. 2일 후 영국과 프랑스도 연약한 평화에의 환상에서 벗어나 대 독일 선전포고를 하기에 이르렀다.

2. 추축국의 공격

1) 독일의 폴란드 침공

히틀러가 지금까지의 "piece meal tactics"를 벗어나 생활권을 향한 그의 결심을 최초로 실천하고자 했을 때, 그는 혈전이 불가피함을 인식하고 있었다. 그러나 본격적인 대전투를 치르기 전에 그는 독일군의 위력을 시험해 보고자 했다. 되도록 짧은 기간 내에 전투력의 테스트를 겸한 작전이 필요했던 것이다. 그 결과 히틀러의 구미를 당긴 먹이로 폴란드가 선택되었다.

히틀러가 폴란드을 공격하기로 결심한 이면에는 대략 다음과 같은 상황판단이 작용하고 있었다. 첫째, 폴란드는 독일에 의해 3면으로 포위된 상태이기 때문에 공격이 용이하고 단시일 내에 작전이 종료될 수 있으며, 폴란드가 격멸될 때까지 영국이나 프랑스는 군사행동을 취할 준비가 되지 않을 것으로 보았다. 즉 독일은 폴란드와 1,250마일이나 되는 국경을 접하고 있는데다가 체코슬로바키아의 점령으로 그 길이는 500마일이 더 늘어났다. 이로 인하여 폴란드는 마치 독일의 딱 벌린 입에다 머리를 들이 밀고 있는 형세가 되었던 것이다.

둘째, 서쪽의 프랑스에 대한 공격은 마지노선(Maginot Line)이 너무 완강할 뿐만 아니라 당시 독일군의 힘으로써는 프랑스 공격이 시기상조로 보였다. 그러나 만일 독일이 폴란드를 공격하고 있는 동안에 서쪽으로부터 연합군이 공격해 오는 경우에는 서부방벽으로 저지가 가능할 것으로 판단했다.

마지막으로 폴란드에서의 신속한 승리는 장차 루마니아, 유고슬라비아 및 헝가리 등에 대한 작전 시 커다란 도움을 가져올 것으로 믿었다. 이상과 같은 판단은 이미 폴란드에 대하 공격 5개월 전인 3월 말 경에 이루어지고 있었다.

독일군은 1853년의 징병제 부활 이후 급격한 팽창을 거쳐 1939년 9월에는 150만의 병력으로 총 120개 사단을 편성하고 있었다. 그리고 폴란드 전역을 위해서는 약 125만(60~70개 사단)의 가용병력을 보유하고 있었다. 이 가운데는 중 장갑사단 5개, 경 장갑사단 4개, 차량화 사단 4개 있었고, 나머지는 우마수송에 의존하는 전형적인 3각 편제의 보병사단이었다. 즉 1개 보병사단은 3개 보병연대와 1개 포병연대로 구성되었고, 보병연대는 3개 대대, 대대는 다시 3개 중대로 편성되어 있었으며, 1개 사단 총 병력은 15,150명이었다. 각 중대는 12문의 중기관총과 6문의 80미리 수류탄 발사 총을 갖고 있었다. 사단 포병연대는 4개 대대로, 대대는 3개 포대로 구성되어 있었으며, 연대가 보유한 포는 105미리 곡사포 3문과 150미리 곡사포 8문이었다.

공군은 총 4천대의 항공기를 보유하고 있었으며 그 중 40~50%에 해당하는 1,500~2,000대가 폴란드 전선에 투입되었다. 독일의 공군과 해군은 완전히 육군으로부터 독립되어 있었지만, 폴란드 전역에 투입된 해·공군의 각 부대는 협동과 통제의 원활을 기하기 이하여 육군사령관 폰 브라우히취(Von Brauchitsch) 장군 휘하에 통합 운용되었다. 3군이 분리된 독일군의 편제상 특이한 점은 대공포와 낙하산부대가 공군에 소속되었고, 해안방어는 해군의 담당이었다는 점이다.

한편 폴란드의 평시 병력은 약 280,000이었고 2,500,000의 예비군이 동원 가능한 것으로 추산되었다. 그러나 개전시까지 폴란드는 약 600,000을 동원했을 뿐 독일군이 철도망을 조기에 파괴한 관계로 그 이후의 동원에 차질을 빚어 종전시까지 동원된 총 병력은 100만 미만이었다. 당시 폴란드 군은 30개 보병사단, 12개 기병여단, 1개 기갑여단으로 편성되어 있었으며, 공군은 약 500대의 항공기를 보유하고 있었다.

폴란드군의 무기와 장비는 독일군에 비해 너무도 구식이었으며, 다만 병사들과 초급장교들의 훈련도 및 인내심만이 폴란드군을 지탱하고 있는 요소였다. 폴란드의 지형은 일반적으로 평탄하여 기계화 부대 작전에 대체로 적합하였다. 비록 남부 국경지대에 표고 8천피트를 오르내리는 타트라(Tatra) 및 카르파티아(Carpathia) 산맥이 장애물로서 버티고 있었지만, 여기에도 몇 개의 주요한 통로들이 있었으며, 그 중 야블룽카(Jablunka) 통로가 가장 중요하였다.

또한 폭이 넓고 흐름이 완만한 비스툴라(Vistula), 나레브(Narew), 산(San) 및 바르타(Warta) 강 등은 무시할 수 없는 장애요소였지만, 이것 역시 1939년 가을의 유별난 가뭄 때문에 수심이 얕아져서 심지어 비스툴라 강까지도 도섭이 가능한 상태였으며, 무더위로 인해 대부분의 습지가 메말라 기계화부대 작전에 매우 유리하였다.

먼저 독일군의 공격계획을 보면 슐리펜의 고전적인 섬멸전 사상에 입각하여 복합적 양익포위를 실시한다는 것이었다. 즉 최초의 양익포위는 바르샤바(Warsaw) 동쪽에 집중하여 서부국경지대에 배치된 폴란드군 주력이 천연적 방어진지인 마레브-비스툴라-산강 선으로 후퇴하기 전에 포착, 섬멸하는 것이었으며, 만일의 경우 최초의 양익포위가 실패할 때를 대비하여 비스툴라 및 산강 동부 고지대를 연하는 2차 포위망을 설정해 놓았다. 그리고 서부에서 영국과 프랑스가 개입을 기도할 경우에 배후를 경계할 수 있도록 약 20개의 현역 및 예비사단을 서부방벽에 배치하여 소극적인 방어에 임하도록 하였다.

이와 같은 작전개념을 실현하기 위하여 독일군은 공격부대를 2개의 집단군으로 편성하였다. 하나는 복크(Fedor von Bock) 장군의 북부 집단군이었으며, 다른 하나는 룬드쉬테트(Gerd von Rundstedt) 장군의 남부 집단군이었다. 우선 북부 집단군 예하 2개군 중 쿠에흘러(Georg von Juechler) 장군의 제3군은 양익포위의 북쪽을 공격, 바르샤바를 향해 남하하는 한편, 일부를 서쪽으로 벌려 4군을 맞아들이기로 하였다. 클루게(Guenther von Kluge) 장군의 제4군은 폴란드 회랑의 남부지역을 곧바로 횡단하여 이를 차단함으로써 동프러시아와 접촉을 하는 한편 북쪽으로는 기디니아(Gdynia)를 점령하기로 계획하였다. 그리고 일단 폴란드 회랑이 점령되면 북부 집단군의 전 병력은 바르샤바 방면으로 집중될 예정이었다.

반면에 남부 집단군은 북부보다 더욱 중요시되어 3개 군으로 편성되었다. 그 중 라이헤나우(Walte von Reichenau) 장군의 제10군은 주공으로서 바르샤바를 향해 진격하고, 블라스코비쯔 (Johannes Blakowitz) 장군의 제8군은 로쯔(Lodz) 방면으로 전진하여 제10군의 좌익을 엄호하며, 리스트(Wilhilm List) 장군의 제14군은 크라코프(Cracow) 방향으로 진격하면서 제10군의 우익을 엄호하기로 되어 있었다.

이처럼 북부와 남부가 증강됨으로써 생기는 중앙부의 약점은 오데르요새지역(Oder Quadrilateral Fortified Area)의 방어진지로 대치하였으며, 국경선 방어부대가 이를 보완하고 있었다.

한편 해군의 임무는 폴란드 해안을 봉쇄하고, 단찌히 및 기디니아(Gdynia)와 헬(Hel)을 공격, 압박함으로써 독일본토와 동프러시아 간의 해상통로를 확보하는 것이었다. 그러나 독일 해군력의 대부분은 프랑스와 영국의 위협에 대비하여 북해 및 대서양지역에 잔류해 있었다.

끝으로 공군에게는 제공권 장악과 교통통신망 파괴, 그리고 적의 지휘소 및 군수산업시설을 폭격하는 임무가 하달되었으며, 특히 지상군의 작전을 근접지원 하도록 강력히 지시되었다.

한편 폴란드의 입장에서 볼 때 그들이 독일군의 공격에 효과적인 대처를 하기 위해서는 나레브-비스툴라-산강 선으로 철수하여 연합국이 지원을 개시할 때까지 그 지역을 고수하는 계획이 바람직하였다. 그러나 이러한 계획은 폴란드의 서부에 집중되어 있는 산업시설과 인구밀집지역을 그대로 포기하는 것인 만큼 궁극적인 패배를 의미하는 것이나 다름없어 보였다. 이리하여 폴란드군 사령관 스미글리 리쯔(Edward Smigly Rydz) 장군은 가용병력의 대부분을 여섯 개의 방어집단으로 나누어 국경선을 따라 배치하고 말았다.

이것은 사실상 제1차 세계대전 때와 같은 전투양상을 예상하고 세운 방어계획이었으며, 국경선에서 독일군의 진격을 지연시키는 동안에 예비군 동원을 완료할 심산이었다. 그러나 독일공군의 공습으로 동원체제가 허물어지자 폴란드는 예비대가 거의 결핍된 상태에서 전쟁을 수행하지 않으면 아니 되었다. 돌이켜 보면 폴란드의 방어계획은 애당초 그 인구 구성상 특징에서 근본적인 약점을 잉태하고 있었으며, 독일의 체코점령으로 인하여 결정적인 혼란에 빠지고 말았던 것이다. 그리고 스스로의 군사력에 대한 과신 및 서구연합국의 지원을 기대한 망상 또한 올바른 판단을 저해하였다.

대개의 침략행위가 그렇듯이 독일의 폴란드 침공도 조작된 시나리오에 의해 각색되어 있다. 침략 하루 전, 즉 전쟁개시를 명한 지령 제1호(Directive No.1)에 히틀러가 서명을 한 8월 31일 밤에 친위대소속의 수개 부대들은 국경선 지역을 연하여 사변을 연출해내도록 명령 받고 있었다. 그 중에서도 가장 악랄한 예는 실레지아(Silesia)지방의 글라이비츠(Gleivitz : Gliwice)에 있는 라디오 방송국 습격사건이었다. 친위대의 지령을 받은 한 범죄집단이 폴란드군으로 가장하여 독일의 장악하에 있던 이 방송국을 습격, 점령하고는 폴란드 말로 독일을 비방하는 방송을 내보냈다. 이는 폴란드가 먼저 위기를 조성했다는 날조된 증거를 만들어 독일의 침략행위를 숨겨 보자는 얕은 술책이었던 것이다.

폴란드 전역

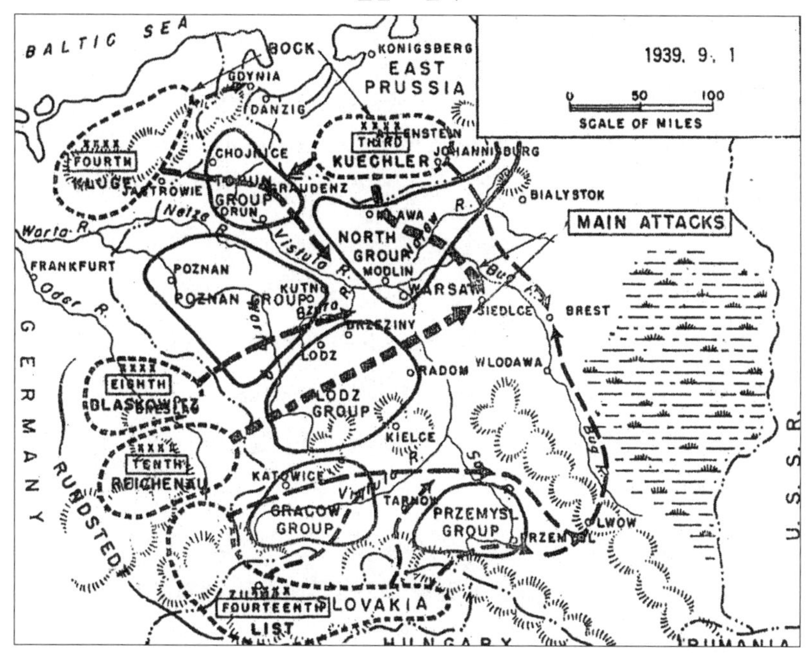

1939년 9월 1일 04시 40분 마침내 독일군은 선전포고 없이 국경선을 넘기 시작했다. 전쟁 전의 오랜 긴장 상태에도 불구하고 독일군의 침공은 완전한 기습이었다. 조기경보망도 없었고 대공방어시설도 허술하였으며, 분산이나 위장조차 되어 있지 안았던 폴란드 공군은 공격개시 수 시간만에 대부분이 지상에서 괴멸되고 말았다. 또한 독일공군은 제5열이 제공하는 정확한 정보에 의하여 폴란드군 사령부가 이동하는 곳마다 따라가면서 폭격을 가했으므로 폴란드군의 통신망는 조기에 파괴되었고, 스미글리 리츠 장군은 예하부대에 대한 효과적인 통제력을 상실해

버렸다.

독일군 공격의 제1단계인 돌파는 대략 9월 5일경에 완료되었다. 북부 집단군 예하 제4군은 이 기간 중 폴란드 회랑을 횡단하여 차단 완료하는 한편, 제3군은 남동쪽으로 맹진격하여 9월 7일에는 벌써 그 일부가 바르샤바 북쪽 25마일 지점인 나레브 강가에 도달하였다. 남쪽에서의 진격도 눈부시게 전개되었다. 9월 7일까지 제10군의 선두부대는 바르샤바 남서쪽 36마일 지점에 도달하였고, 8군과 14군도 착실히 전진하여 전선의 균형을 맞추었다. 그러나 폴란드군의 저항이 결코 약한 것만은 아니었다. 기병이 탱크를 향해 돌격하는 모습이 전선의 도처에서 보였으며, 이것은 폴란드군의 용감성을 단적으로 나타낸 좋은 본보기였다. 그렇지만 기병이 탱크의 상대가 될 수는 없었다. 폴란드 정부는 급기야 9월 6일에 바르샤바를 떠나 루블린(Lublin)으로 철수하였다.

폴란드군을 전멸상태에 빠뜨린 전과확대 단계는 9월 6일 이후 14일까지 전개되었다. 이 기간 중 독일군은 각처에서 폴란드군을 차단 분리하는 한편 폴란드군의 주력이 비스툴라강 동쪽으로 탈출할 것에 대비하여 부그(Bug)강 배후 쪽에 계획된 제2의 포위망을 형성하였다. 이즈음 쿠트노(Kutno) 근방에서 포위되어 있던 포즈난(Pznan)군이 바르샤바 방면으로 탈출하고자 급작스러운 맹공격을 가해 왔다. 이 반격으로 독일 제8군은 한때 고전을 면치 못했으나, 제4군의 지원 및 바르샤바 쪽으로 향하던 제10군의 방향전환으로 폴란드군의 필사적인 탈출을 저지하는데 성공했다. 그 이후 독일군은 작전의 마지만 단계인 섬멸단계로 접어들었다. 섬멸전 단계는 9월 19일에 완료된 쿠트노 지역의 소탕으로 절정을 이루어 여기에서만도 100,000명의 포로가 잡혔는데 실질적으로 폴란드군 주력부대에 의한 저항은 이로써 소멸된 셈이었다.

이후는 단지 도처에 분산 와해된 폴란드군을 수집하는 일이 남아 있을 뿐이었다. 그런데 설상가상으로 9월 17일 소련군이 동부로부터 밀어

닥쳤다. 원래 소련은 8월 23일의 독소간 비밀합의에 의해 나레브-산-비스툴라 동쪽을 점령하기로 되어 있었으며, 9월 3일에 독일로부터 행동개시를 요구 받았지만 시기가 무르익을 때까지 기다리고 있었던 것이다. 그렇지 않아도 지리멸렬사태에 빠져있던 폴란드는 배후로부터의 강타에 의하여 극도의 혼란에 빠졌으며, 적어도 217,000명으로 추산되는 병력이 소련군의 포로가 되었다.

이제 폴란드은 동과 서로부터 완전히 찢기고 말았다. 그러나 그들의 저항이 이것으로 끝난 것은 아니었다. 바르샤바 및 모들린(Modlin) 지역에서의 처참한 항쟁이 기아와 장티푸스 만연으로 종막을 고한 것은 각각 9월 27일과 28일이었고, 북쪽에 고립된 해안요새인 헬(Hel)은 공군의 폭격과 중포 및 함포사격에도 불구하고 10월 1일 까지 버텼으며, 마지막으로 콕크(Kock)가 함락된 것은 10월 6일이었다. 이리하여 9월 19일에 이미 결판이 난 폴란드전역은 35일 간의 처절한 전투로서 막을 내렸다. 독일은 단지 13,981명의 실종자와 30,322명의 사상자만으로 폴란드 군 694,000명을 패배시키고 승리를 거둔 것이다.

돌이켜 보면 독일군의 승리는 병력의 수, 훈련, 사기, 장비, 지휘 등 모든 면에서의 압도적 우세로부터 기인하였을 뿐만 아니라, 제5열의 눈부신 활동, 그리고 공세, 기습, 집중, 기동 등 전쟁의 원칙을 최대한으로 구사함으로써 승리한 것이었다.

사실 독일의 폴란드 정복작전은 당시로서는 전혀 상상조차 할 수 없을 만큼 신속하고도 압도적인 것이었으며, 이것은 장차 벌어질 서방제국과의 극적인 전쟁을 암시하는 조짐이기도 하였다. 그러나 영국이나 프랑스 그 어느 쪽도 공격이 전장의 왕좌에 재차 군림하게 되었다는 사실을 깨닫지 못했다.

반면에 독일은 이 전역을 통하여 공군과 기갑부대간의 협동에 약간의 취약점을 발견해서 보강하는 한편, 기갑부대는 도시나 요새지역을 우회해야 한다는 교훈을 얻음으로써 전격전전술을 더욱 강력하게 다지게 되었다.

그러나 폴란드 전역이 남겨준 보다 귀중한 교훈은 기동성 있는 공격력에 대하여 선방어는 전혀 무력하다는 사실이 입증되었다는 점, 그리고 독일군이 보여준 공군운용을 통해서 전술공군의 임무가 무엇인가 하는 새로운 교리상의 실마리가 잡히기 시작했다는 사실 등이다.

2) 독일의 프랑스 공격

(1) 일반상황 및 작전지역의 특성

영국과 프랑스는 1939년 대 독일 선전포고를 한 이후에도 전쟁을 치르기 위한 군사적, 정신적 준비가 거의 되어있지 않았다. 동원은 극도로 느렸고 군수산업 또한 본격적인 궤도에 오르지 못하고 있었다.

또한 영국과 프랑스 양국은 제1차 세계대전의 경험 대문에 방어제일주의라는 열병에 걸려있었다. 독일을 봉쇄하여 차츰차츰 교살한다면 독일은 불가불 공세를 취하게 될 것이며, 진지로부터 먼저 뛰쳐나온 쪽이 패배할 것이라는 제1차 세계대전식의 전쟁개념을 상정하고 있었던 것이다.

결국 영·불 양국은 선제권 장악에 관해서는 처음부터 염두에 두지도 않았다. 프랑스는 마지노선이라는 방벽을 쌓고는 독일의 공격이 이 요새에 부딪쳐 산산조각이 날 것이라는 달콤한 환상에 젖어 있었다. 그러는 가운데서도 영국은 1939년 9월부터 고트(Gort) 장군 휘하에 해외원정군을 유럽대륙에 파견하기 시작했다.

한편 히틀러는 핀란드 전역이 끝난 직후인 1939년 10월 6일 영국과 프랑스에 대하여 화의를 요청했으나 묵살된 바 있다. 히틀러는 11월 중순에 서부전선에서 공세를 취하고자 했으나 악천후의 연속, 준비의 불충분, 육군장성들의 반대 등으로 수차 연기되다가 이윽고 1940년 봄을 맞은 것이다. 이제 전쟁기운은 무르익어 바야흐로 칼자루를 쥐고 있는 독일이 언제 어디로부터 어떠한 방식으로 공격할 것이냐 하는 문제만이 남아 있을 따름이었다.

작전지역의 중요한 특징을 보면, 벨기에(Belgium)의 동남지역은 룩셈부르크(Luxembourg)와 프랑스의 국경 사이에 위치하고 있는데 그 지역은 험악하고 산악이 많으며 깊은 계곡으로 되어있을 뿐만 아니라 울창한 아르덴느(Ardennes)산림으로 덮여있다. 아르덴느산림의 서쪽으로는 긴 능선이 벨기에와 프랑스 국경 배후에서부터 멀리 영・불해협의 깔레(Calais)와 볼로오뉴(Boulogne)까지 연장되어 있다. 이 산맥은 벨기에와 북부 프랑스간의 분수령을 형성한다. 그리고 이 능선의 동단과 아르덴느 산악과의 사이에는 폭이 겨우 5백야드 미만의 좁고 깊은 뮈즈(Meuse)계곡이 가로놓여 있다. 뮈즈강의 폭은 요새지인 세당(Sedan)과 메찌에르(Mezieres)부근에서 약 70야드 정도밖에 안되지만 골짜기가 깊고 유속이 급하여 도하가 어렵다.

벨기에와 북부프랑스에 있는 강들은 복잡한 운하시설과 더불어 중대한 군사적 의의를 지니고 있다. 그 중 특히 중요한 것은 폭이 넓은 벨기에의 알베르(Albert)운하로서 이것은 앙트워프(Antwerp)로부터 리에즈(Liege)까지 뻗쳐있다. 이 운하는 수송과 방어의 두 가지 목적을 겸해서 제1차 세계대전 후에 건설된 것이다. 이 밖에 프랑스의 중심부에는 지류가 많은 센(Seine)강이 흐르고 있으며, 네덜란드의 저지대와 해안지대 일부의 습지를 제외한다면 대부분의 지형은 기계화 부대의 기동에 매우 알맞은 평탄한 지형이다. 또한 인구가 조밀한 이 작전지역은 밀집되고 양호한 철도망이 거미줄처럼 얽혀 있었다. 따라서 독일군의 경우 대부분 자동차 수송에 의존했기 때문에 이 철도망이 제1차 세계대전시와 같이 중요하게 여겨지지는 않았지만 연합군에게는 매우 중요한 기동수단으로 간주되었다.

(2) 양군의 작전계획 및 병력

연합군의 전쟁계획은 주로 영구 요새에 크게 의존하는 방어전략이었다. 그 중에서도 가장 대표적인 것이 프랑스의 마지노선으로서 이것은 스위스 국경지대로부터 몽메디(Montmedy)까지 연결된 요새지대이며 빵레브(Painlev)국방상 때에 구상하여 1839~1934년 사이에 구축되었다. 그러나 몽메디에서 해안까지의 벨기에, 프랑스 국경지역에는 연결된 요새가 아닌 띄엄띄엄 고립된 소규모의 축성진지들이 있을 뿐이었다. 특히 아르덴느산림 배후지역에는 요새시설이 거의 없었으며 프랑스는 수풀이 우거져 있는 산악지대와 뮈즈계곡을 큰 방어물로 여기고 있었다.

프랑스인들이 철벽이라고 믿고 있었던 마지노선 방어개념이란 강력한 국경수비대를 유지하여 독일의 어떠한 공격도 여기에서 지연시키는 동안 국내에서 동원을 완료하고 이어서 반격을 한다는 제1차 세계대전식 개념에 입각한 것이었다. 프랑스국민들은 과장된 안전의식 속에서 살게 되었다.

그러나 이러한 마지노 사상에 대해서 전혀 반대가 없었던 것도 아니었다. 특히 드골(De Gaulle) 장군은 1940년 1월 26일에 프랑스군 최고사령부에 보낸 건의서에서 마지노선은 무기력한 자의 환상에 지나지 않는다고 통박하면서 마지노선은 붕괴되고야 말 것이라고 예언하였다. 또한 그는 독일군을 물리치기 위해서 프랑스는 기계화 부대를 창설해야 하며 공격전선을 부활시켜야 한다고 주장했다. 그러나 과거의 망상에 안착해 있었던 수뇌부에서는 드골의 건의를 전혀 고려의 대상으로 조차 삼지 않았다.

한편 벨기에의 전방방어선은 알베르 운하와 뮈즈강을 따라 전개되어 있었는데, 독일군의 진격을 저지시킬 목적보다는 지연시킬 것을 더 큰 목적으로 하고 있었다. 따라서 알베르 운하선을 상실할 경우에는 앙트워프로부터 쉘데(Schelde)와 디일(Dyle) 양강을 따라 남쪽으로 내려온 뒤 나무로(Namur)근방에서 뮈즈강과 연결되는 소위 디일선에서 방어하기로 계획하였다. 이러한 2중의 방어선 가운데 중요한 요새지는 역시 리에쥬와 나무르였는데 벨기에는 1914년 독일군이 리에쥬 북방을 돌파했을 때와 같은 비극을 되풀이 하지 않기 위해서 뮈즈강과 알베르 운하가 연결되는 지점에 에벤 에마엘(Eben Emael) 요새를 새로이 구축하여 보강했다.

네덜란드의 방어진지는 3중으로 되어 있었는데 주로 특유의 지리적 특성을 살려 북쪽의 쭈이더 쩨에(Zuider Zee)를 비롯한 저지대를 침수시키는 방어체제였다. 최전방진지는 지연진지였고 중앙에 있는 그레베-피일선(Grebbe-Peel Line)이 주 방어진지였으며 최후로 로데르담, 헤이그, 암스테르담을 지키기 위한 네덜란드 요새가 있었다. 그러나 이 모두가 영구진지는 아니었다.

이처럼 서부유럽의 각국이 독일의 침공에 대처하여 그들 나름대로의 방어준비를 하고는 있었지만 문제는 동일한 위협에 대한 각국간의 통일되고 협조된 준비가 없었다는 점이다. 즉 벨기에와 네덜란드가 엄격한 중립을 고집함으로써 연합군은 명확한 방어계획을 수립하기가 매우 곤란했다. 독일이 침략을 개시할 경우에는 마지노선에 대한 정면공격을 회피하고 저지대로 통해서 올 것이 확실시 되었음에도 불구하고, 영국과 프랑스 양국이 독일의 공격 이전에 벨기에나 네덜란드에 개입한다는 것은 이들 국가의 중립을 연합국측에서 스스로 짓밟는 행위라고 생각하였던 것이다.

1940년 5월 10일 이전에 연합군의 작전계획은 수차례나 변경되는 혼란을 면치 못했다. 1939년 9월의 작전계획은 단순히 프랑스를 방어하는 것이었다. 그리고 만일 벨기에가 침략당한다면 지원군을 에스코(Escaut)강선까지 파견할 예정이었다. 이것이 E계획(Plan E)이었다. 그러다가 영국 해외원정군이 점차 증강됨에 따라 계획도 차츰 대담해져서 디일선까지 깊숙이 기동하여 방어하기로 변경하였다. 이것이 D계획(Plan D)이었다.

D계획에 의하면 주방어선은 디일선으로 하되, 벨기에군은 앙트워프와 루벵(Louvain)간을 담당하고, 영국 원정군은 루벵과 와브르(Wavre)간을 방어하며, 프랑스군 가운데 가장 강력하고 기계화된 제1군은 와브르와 나무르 간의 소위 젬블루 틈새(Gembloux Gap)를 방어하도록 하고, 두 번째로 강력한 부대인 프랑스 제7군을 예비로 확보하여 연합군 좌 후방에 위치시키도록 되어 있었다. 그리고 2급 야전군인 프랑스 제9군은 독일군의 공격력이 비교적 경미하리라고 예상되는 나무르와 세당 간을, 또 하나의 약체부대인 프랑스 제2군은 세당과 마지노선 사이의 다리역할을 하도록 배치하였다.

그 후 D계획의 일부를 변경하여 제7군을 네덜란드의 브레다(Breda)까지 진출시킴으로써 독일군의 진격을 측면에서 강타하도록 하였다. 연합군의 방어계획은 이처럼 혼란을 거듭하여 프랑스 제7군이 브레다로 기동하는 도중에 독일군의 공격이 개시되고 말았다.

이상과 같은 방대한 방어계획을 실행에 옮기기 위해서 연합군은 다음과 같은 규모의 병력을 동원했다. 우선 전쟁발발 당시 유럽에서 최강으로 인정되고 있었던 프랑스군은 동북전선(스위스-영불해협)에 총 92개 사단을 보유하고 있었으며, 그 밖에 이탈리아와 대치한 동남방 전선에 7개 사단, 북아프리카 전선에 8개 사단, 중동 전선에 3개 사단, 총사령부 예비로 20개 사단을 확보하고 있었다.

가믈렝(Maurice Gustave Gamelin) 장군이 지상군 총사령관으로서 전 부대를 장악하였으며, 그 밑에 죠르쥬(Georges) 장군이 지휘하는 동북전선 총사령부 예하에 3개 집단군이 있었다. 비요트(Billotte) 장군이 지휘한 제1 집단군은 제1, 2, 7 및 제9 등 4개 군을 포함하고 있었으며, 쁘레뜰라(Pretelat) 장군의 제2 집단군에는 제3, 4, 5군이 소속되었고, 베쏭(Besson) 장군의 제3 집단군에는 제 8군만이 있었다.

프랑스군의 항공기는 1,400대 미만으로 추산되고 있었는데 폭격기와 수송기가 특히 부족하였다. 그리고 대공포와 대전차포는 각 부대마다 보유 인가량 보다 33% 내지 50%가 부족한 상태였다.

영국해외원정은 고트(Gort) 장군 예하에 10개 사단을 보유하고 있었지만 장비, 야포, 탄약 등이 낡거나 부족한 약점을 안고 있었다. 영국군은 프랑스에 약 300대의 전투기를 주둔시키고 있었다.

벨기에군은 레오폴드(Leopold) 국왕 지휘하에 보병 20개 사단, 기병 2개사단 등 약 600,000의 병력을 가지고 있었으며, 빈켈만(Winkelman) 장군이 지휘하는 네덜란드군은 9개사단 약 400,000명을 보유하고 있었다. 그러나 벨기에군과 네덜란드군은 공히 장비와 훈련상태가 만족스럽지 못하였다.

한편 독일은 총 159개사단 가운데서 123개사단을 서부전선에 투입하였다. 그 중 보병사단이 104개, 기계화사단이 9개, 기갑사단이 10개였으며 이 부대들은 3개 집단군으로 나뉘어서 편성되었다. 이 가운데서 룬드쉬테트(Von Rundstedt)가 지휘하는 A 집단군의 규모가 가장 컸다. A 집단군에는 크라이스트(Kleist)가 지휘하는 야전군 규모의 기갑부대를 포함하여 제2, 4, 9, 12, 16군의 6개군이 있었는데, 벨기에 및 룩셈부르크 국경지대를 따라 협소한 정면에 배치되었다

이보다 북쪽에서 네덜란드와 마주보는 곳에는 복크(Von Bock)예하의 B집단군이 제6군과 제18군의 2개 군을 거느리고 있었으며, 제1군과 제7군으로 편성된 레에프(Von Leeb)의 C집단군은 마지노선과 대치하는 독·불 국경지역을 담당하고 있었다. 그리고 폴란드 전역 때와 마찬가

지고 브라우힛취(Von Brauchitsch)가 총사령관에 임명되었다. 이 무렵의 독일공군은 약 5천대의 항공기를 보유하고 있었는데 이 중에서 3,500대가 서부전선에 투입되었다.

독일군의 작전계획을 보면 그들은 우선 작전지역의 특성을 고려하여 네덜란드 점령작전을 하나의 독립된 전역으로 분리시켰다. 이것은 강폭이 넓은 라인강 하류와 뮈즈강 하류로 인하여 네덜란드지역의 대부분이 사실상 기타 서부유럽지역으로부터 따로 떨어져 있기 때문이었다. 네덜란드를 떼어놓고 나서 독일이 공격을 취할 수 있는 곳이라고는 마지노선 북단인 롱귀용(Longuyon)으로부터 라인강 하류쪽에 있는 니이메겐(Nijmegin)까지의 지역만이 남게 되는데, 이 지역은 다시 리에쥬와 마무르주변의 견고한 요새지대로 인하여 남북으로 양분된다. 따라서 독일은 주공을 리에쥬 북방에 두느냐 아니면 남방에 두느냐 하는 문제에 봉착했다.

독일군 최고사령부는 최초에 아르데느 산림지대를 피하여 리에쥬 북방으로 침공하는 슐리펜식 기동계획을 수립하였다. 이것이 이른바 황색계획(Plan Yellow)이었다. 그런데 당시 A집단군 참모장이었던 만쉬타인(Manstein)장군은 이 계획에 반대하고 리에쥬 남방인 아르데느 쪽에서 주공을 취하자고 주장하였다. 만쉬타인 장군의 견해에 의하면 황색계획은 슐리펜계획의 반복이기 때문에 기습을 달성할 수 없고, 연합군 주력과 조우하게 될 것이 예상될 뿐만 아니라 비록 이 계획이 성공할 경우라 할지라도 연합군을 후퇴시키고 해협항구를 점령할 수 있을 뿐, 적에 대하여 섬멸적인 타격을 가할 수는 없다는 단점을 가지고 있다.

반면에 아르덴느 지역으로 주공을 실시할 경우에는 다음과 같은 이점이 있다는 것이다. 첫째, 기습효과를 거둘 수 있다. 아르덴느 지역은 연합군이 소홀히 생각하여 배치가 약할 뿐만 아니라, 비록 지형이 험하다고 하지만 기갑부대의 기동은 가능하며, 울창한 산림은 오히려 부대

기동을 은폐시켜 주기 때문에 연합군의 의표를 찌를 수 있다는 것이다.

둘째, 일단 돌파에 성공하면 영·불 연합군을 분리시킬 뿐만 아니라 북프랑스 및 벨기에 방면에 배치된 연합군의 배후를 통하여 해협까지 용이하게 진출함으로써 북부에 주둔한 연합군 주력을 차단 포위할 수 있다. 이것이 소위 "Moving door"의 개념이 것이다.

셋째, 북 프랑스와 벨기에 주둔 연합군의 보급로를 조기에 차단할 수 있다. 이와 같은 만쉬타인의 계획은 대부분의 고급지휘관과 참모본부로부터 반대를 받았지만 그는 히틀러에게 직접 건의하여 이 계획을 승인받고야 말았다. 독일군은 주공을 리에쥬 북방으로부터 남방으로 옮기고 주공부대인 A 집단군에 10개 기갑사단 중 7개 사단을 배치하는 등 총 44개 사단을 집중하였던 것이다.

독일군의 공격계획은 전반적으로 볼 때 2단계로 구성되어 있었다. 제1단계는 돌파로부터 해안까지의 진격을 통하여 연합군 주력인 좌익을 완전 포위한 다음 섬멸하는 단계로서 이를 위하여 복크의 B 집단군이 네덜란드, 벨기에에 대하여 조공을 실시하고 레에프의 C 집단군이 마지노선 정면에서 견제공격을 취하는 동안에 A 집단군은 아르덴느 지역을 돌파하여 해안까지 진격함으로써 솜므(Somme)강 이북의 연합군을 차단 포위하는 하고, 이어서 B 집단군과 협조하여 이를 섬멸토록 되어 있었다. 제1단계작전 중 네덜란드 방면에 대한 조공부대는 독일군의 우익 엄호와 더불어 연합군의 네덜란드 상륙을 저지하는 임무를 띠고 있었으며 벨기에 방면에 대한 조공부대는 연합군을 벨기에로 유인해 들여옴과 동시에 나중에 가서 포위망을 좁힐 때 포위된 연합군의 좌익을 고정시키는 임무를 부여 받고 있었다.

작전의 제2단계는 제1단계작전이 완료되자 마자 가능한 한 빠른 시일 내에 실시하되, 조공인 B 집단군이 솜므강 하류에서 남서쪽으로 진격하고, 주공인 A 집단군은 파리 동부를 돌파하여 프랑스군을 마지노선 배후 쪽으로 몰아붙인 다음 C 집단군과 협조하여 섬멸시킨다는 것이었다.

여기에서 양군의 계획을 볼 때 연합군의 계획은 독일군 계획의 성공 가능성을 더욱 증대시켜주는 것이었으니 연합군이 네덜란드와 벨기에 영내로 깊이 진주할수록 독일군에 의하여 차단될 가능성이 커지기 때문이다.

(3) 작전경과

1940년 5월 10일 자정부터 새벽까지 독일군은 네덜란드와 벨기에에 대하여 무차별 폭격을 가한 후 일출무렵이 되자 지상군을 투입하기 시작했다. 이와 동시에 낙하산부대는 로데르담(Rotterdam)과 헤이그(Gague) 부근에 투하되어 바알(Waal)강과 마아스(Maas)강 상의 주요교량을 비롯한 교통의 요지들을 장악하였다. 네덜란드에 침략한 쿠에흘러(Kwechler) 장군의 제18군은 3개 종대로 나뉘어 그로닝겐(Groningen), 우트레흐트(Utrecht) 및 브레다(Breda) 방면으로 진격을 개시함으로써 당일로 네덜란드의 제1, 제2방어선을 돌파하였다.

독일의 프랑스 공격

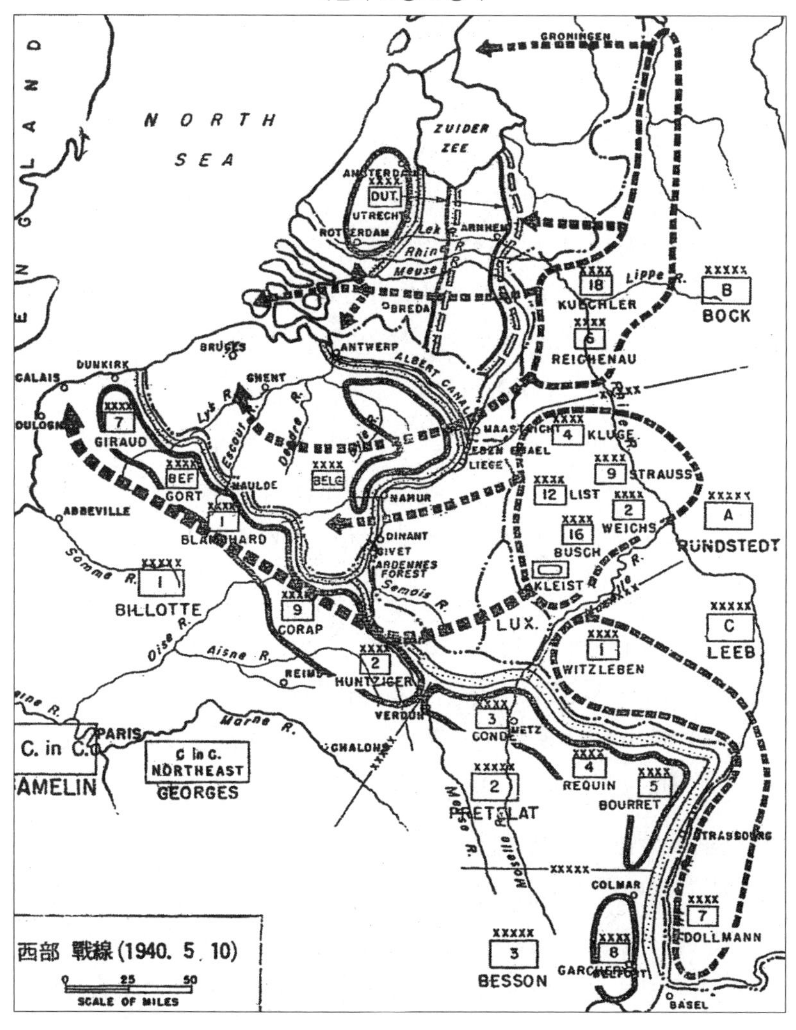

이튿날 프랑스 제7군은 독일 공군의 치열한 공중공격을 무릅쓰고 네덜란드 군을 지원하기 위해 브레다에 도착하였다. 그러나 이틀이 못가서 이들은 격퇴당했으며, 네덜란드군의 최후방어선인 네덜란드 요새지역으로 몰리고 말았다. 하는 수 없이 빌헬미나(Wihelmina) 여왕과 네덜란드 정부는 빈켈만(Winkelman) 장군에게 전권을 위임하고 영국으로 망명하였다. 네덜란드의 붕괴는 이제 시간문제였다 14일이 되자 독일군은 만약 저항이 계속된다면 로테르담과 우트레흐트를 폭격으로 쓸어 버리겠다고 경고한 다음, 그들의 위력을 과시하고 공포를 조성하기 위해 로테르담의 상업지역을 맹렬히 폭격하였다. 이 폭격으로 적어도 30,000명의 시민이 죽거나 부상 당하였다. 마침내 14일 오후 네덜란드 군은 항복하고 말았다.

한편 벨기에로 침략한 라이헤나우 장군의 제6군 역시 허다한 장애물에도 불구하고 낙하산부대의 요충지 선점에 힘입어 신속한 진격을 취할 수 있었다. 특히 11일에 실시된 가장 극적인 작전은 당시 단일지역으로서 세계 최강이라고 평가되었던 에벤 에마엘(Eben Emael)요새에 대한 공수작전이었다. 약 80명의 독일군 공정부대원들이 요새에 기습적으로 낙하하여 당황한 1,200여 명의 수비대를 항복시켰던 것이다. 이로 말미암아 강력한 알베르(Albert) 운하선은 무용지물이 되었고 벨기에군은 디일선으로 철수하여 그곳에서 영국, 프랑스군과 합세하였다. 독일군은 불과 3일 내에 연합군을 디일선까지 격퇴시켰으며 16일 아침까지는 나무르 북방 돌파에 성공하였던 것이다. 이처럼 제6군의 공격이 워낙 맹렬하였기 때문에 연합군은 독일군의 주공이 애당초 예상했던 대로 북쪽이라는 믿음을 가지게 되었다.

그러는 동안 주공을 담당한 A 집단군은 클라이스트(Kleist) 장군의 기갑집단군을 선두로 하여 아르덴느 지역을 신속히 진격하고 있었다. 그 가운데서 최선봉을 담당한 구데리안 장군의 기갑군단은 프랑스군 기병대의 저항을 물리치면서 5월 13일 뫼즈강에 도달하였으며, 세당 부근에서 즉시 도하를 감행하였다. 프랑스군은 독일군이 비록 뫼즈강에 도착하였다고 할지라도 후속부대의 도착과 도하준비를 위하여 최소한 5~6일은 걸릴 것으로 판단하고 그 동안에 충분히 방어진을 강화할 수 있다고 생각하고 있었다. 그러나 구데리안 장군은 급강하 폭격기와 전차 및 자주포의 지원하에 적전에서 부교를 가설하고 야간을 틈타 도하를 강행함으로써 14일 새벽까지는 전 군단이 도하를 완료하였던 것이다. 구데리안의 이와 같은 판단은 기습에 있어서 시기의 문제가 얼마나 중요한가를 웅변적으로 보여주고 있는 전례라 아니할 수 없다.

한편 이보다 북쪽에서는 또 하나의 기갑군단인 라인하르트(Reinhardt) 장군의 부대가 몽떼르므(Montherme)와 메찌에르(Mezieres) 부근에서 하루 늦은 15일에 뮈즈강을 도하하였다. 그러나 뮈즈강을 최초로 도하한 영광은 이들 2개 기갑군단이 아니라 제4군에 속해 있었던 롬멜(Rommel) 장군의 제7기갑사단이 차지했다. 롬멜의 부대는 이미 13일 저녁 무렵에 디낭(Dinant)부근에서 도하에 성공했던 것이다.

여하튼 A 집단군은 프랑스 제2군과 제9군 사이에 약 50마일 넓이의 간격을 형성함으로써 돌파에 성공하였으며, 이로 인하여 연합군의 D계획은 완전히 뒤집히고 말았다.

일단 뮈즈강을 도하한 후 해안으로 향한 독일군 기갑부대의 진격은 참으로 경탄할 만한 것이었다. 독일군은 18일에 세당으로부터 해안까지의 중간지점인 세인트 깐당(St. Quentin)을 통과하여 솜르강에 연한 페론뉴(Peronne)에 도달하였으며, 이튿날에는 아미엥(Amiens)을 점령하였다. 20일에는 아베비일(Abbeville)이 함락되고, 21일에는 불로오뉴(Boulogne)가 독일군 공격하에 놓이게 되었다.

이로 인하여 영국 원정군의 병참선은 차단되었으며 프랑스도 역시 남북으로 동강이 나고 말았다. 룩셈부르크의 동쪽 국경을 출발하여 해안에 도달하기까지의 11일 간에 걸친 진격작전에서 독일군은 총 240마일 이상을 진격한 셈으로서 이것은 하나의 군사작전이라기보다 드라이브와 같은 양상이었다.

이 기간 중 프랑스군의 유일한 반격작전은 17일과 19일 두 차례에 걸쳐 라옹(Laon)근방에서 전개되었는데, 이는 드골 장군이 이끄는 신편

제4기갑사단에 의한 것이었다. 이 두 차례의 공격은 모두 국지적인 성공을 거두고 독일군에게 적지 않은 손실을 입혔지만 제9군이 완전히 붕괴되어 협조가 불가능 했을 뿐만 아니라 독일공군의 치열한 폭격으로 더 이상의 효과를 거두지 못하고 말았다.

한편 19일 저녁에 가믈렝(Gamelin) 장군 후임으로 임명된 웨이강(Weygand) 장군은 즉시 북방군과 연결을 이루기 위한 계획에 착수하였다. 그는 이 방법만이 연합군을 절망의 구렁텅이로부터 구출할 수 있는 유일한 길임을 느꼈던 것이다. 그러나 플랑드르(Flanders) 지역에 있는 영국군과 프랑스 제1군은 너무도 가혹한 격전을 치렀기 때문에 반격을 취해 남쪽으로 빠져 나올 여력이 없었으며, 솜므강 남쪽의 프랑스군 역시 23일 이후 독일군에 의해 북진이 저지당해 버렸다. 설상가상으로 고트(Gort) 경은 영국 육군성의 지시에 따라 영국군을 해안 쪽으로 철수시키기 시작했다.

이러한 사태는 웨이강 장군으로 하여금 그의 계획을 포기하지 않을 수 없게 만들었으며, 실패의 책임을 영국군에게 전가할 수 있는 구실을 아울러 남겨두었다. 이 동안 독일군은 깔레(Calais)와 북쪽의 오스땅(Ostend) 마저 점령하여 북부전선 연합군의 퇴로는 이제 덩케르크(Dunkerque)만이 남게 되었다. 그런데 사태는 더욱 악화되었으니 그 동안 악전고투하면서 사력을 다해 버텨왔던 레오폴드 국왕 예하의 벨기에 군이 28일에 항복하고 만 것이다. 벨기에 군의 항복으로 말미암아 영국군과 프랑스 제1군의 좌익인 에제르(Yser)강 방면이 붕괴되었으며 마침내 영 · 불 군은 덩케르크에 고립되어 풍전등화의 위기에 처하게 되었다. 고트 경은 영국정부로부터 이제 그가 당면한 유일한 과제는 가능한 한 최대의 예하 병력을 영국본토로 철수시키는 일이라는 지시를 받았다.

연합군은 덩케르크로부터 병력을 철수시키기 위하여 다이나모 작전을 펴게 되었다. 그러나 당시로서 이 작전의 성공여부는 극히 절망적이었다. 왜냐하면 철수부대들이 덩케르크 지역으로 속속 몰려들기 시작하면서 별다른 엄호물이나 은폐시설 마저 없는 좁은 해안지대에 수십만의 병력이 밀집하게 되었고, 이러한 현상은 극도의 공포와 혼란을 불러일으켜 효과적인 작전수행을 불가능하게 만들고 있었기 때문이다.

반면에 독일공군에 의한 맹렬한 폭격과 더불어 포위망을 점점 좁혀들어와 그 안의 연합군은 어망에 갇힌 물고기 신세가 되고 말았다. 그러나 이 무렵 기적과 같은 일이 벌어지고 있었다. 어망을 막 건져올리기 직전의 순간에 선장은 어부들로 하여금 일체의 동작을 중지시킨 것이다. 즉 5월 24일 전 지상군의 진격을 중지시키는 히틀러의 불가사의한 명령이 돌연 하달되었고, 이로부터 3일간 독일군은 덩케르크 전방 10마일 지점에서 머물러 있게 되었던 것이다. 이 때문에 연합군은 어느 정도 숨을 돌릴 수 있게 되었으며 완전한 파멸의 어둠 속에 한줄기 구원의 빛이 비치기 시작했다.

그러면 어째서 히틀러는 독일군의 진격을 중지시켰을까? 이 문제는 아직도 수수께끼로 남아 있지만 대략 다음과 같은 이유들을 추리해 낼 수가 있다.

첫째, 소택지가 많은 이 지역에 기갑부대를 투입하는 것은 효과가 적다고 생각했을 것이다. 둘째, 차후의 2단계작전을 위해서 기갑부대를 확보하고 재편성할 필요가 있었다. 셋째, 공군만으로도 연합군의 철수작전을 충분히 저지할 수 있다고 호언장담한 공군사령관 괴링(Goring)의 진언이 히틀러에게 받아들여졌을 것이다. 실제로 지상군이 정지하는 동안 공군만이 더욱 치열한 공격을 전개했던 사실은 이를 잘 뒷받침하고 있으며, 승리의 영광이 육군에게만 독점되는 것을 막고 자기 예하의 공군에게도 행운의 기회를 나눠주기 위해서 괴링이 그와 같은 탄원을 했을 가능성이 매우 짙다. 넷째, 히틀러 자신이 영국군을 격멸시킬 의도가 없었으리라는 추측도 가능하다. 일찍이 히틀러는 영국과 가톨릭교회는 세계의 평화와 세력균형을 유지함에 있어서 필요 불가결한 존재라고 말한 바 있으며, 당시로서는 영국의 위신을 손상시키지 않으므로써 화의가 가능하리라고 보았던 것 같다. 이러한 추측은 히틀러가 공격을 개시하기 전에 협상을 제기한 점, 프랑스 전역이 끝난 후 즉시 영국에 화평을 제의한 점, 부총제 헤스(Hess)가 히틀러의 밀명을 받고 당시 도영하여 평화교섭을 기도하였다는 점, 또한 독일군은 영국침략 준비가 전혀 없었다는 점 등을 고려할 때 어느 정도 수긍이 가기도 한다.

어째든 히틀러의 변칙적인 명령 덕분에 연합군의 다이나모 작전은 숨통이 트인 것이다. 이 철수작전에 동원된 선박은 해군구축함으로부터 어선, 유람선, 요트, 전마선, 구명보트 등에 이르기 까지 각양각색이었으며 그 숫자는 848척이었다. 이들은 독일공군과 장거리 포화의 탄우 속에서 문자 그대로 군인을 물에서 건져 올리는 작업에 참여하였다. 이리하여 5월 28일부터 6월 4일까지 8일간에 걸친 철수작전에서 영국군 224,000명, 프랑스 및 벨기에군 113,641명 등 총 338,226명의 병력이 구출되었다. 그러나 연합군은 모든 중장비와 보급품을 대륙에 방치한 채 몸만 빠져나갔기 때문에 영국본토는 무방비상태에 빠지게 되었다.

덩케르크가 함락된 당일인 6월 5일 독일군은 제2단계작전을 개시했다. 이 공격은 제1단계작전에 의해 병력의 거의 절반을 상실한 반신불구의 프랑스를 쓰러뜨리기 위한 것이었다. 애당초 강력한 마지노 요새선 배후에서의 수세작전을 기대했던 프랑스군은 이제 마지노선의 좌단으로부터 영국해협에 이르는 광대한 무방비지역에서 전투를 강요 당하게 되었다.

조공부대인 복크장군의 B 집단군이 솜므하구와 아미엥 부근에서 도하공격을 개시한 지 나흘 후인 6월 9일, 주공부대인 A 집단군은 파리 동방의 렘스(Reims)부근에서 구데리안의 기갑부대를 선두로 공세를 전개하기 시작하였다. 그리고 12일에는 결정적인 타격을 가하고 돌파에 성공함으로써 이후 대추격전을 감행하기에 이르렀다.

설상가상으로 6월 10일 이탈리아가 대 프랑스 선전포고와 동시 남프랑스 국경지대에서 공격을 개시하여 프랑스군은 완전히 지리멸렬상태에 빠지고 말았다. 6월 14일 파리가 무혈로 점령되었고, 15일이 되자 독일군이 프랑스 전역을 석권할 것이 명백하게 되었다. 이에 레이노(Reynaud)수상은 보르도(Bordeaux)에 피난해 있던 정부를 북아프리카로 철수시켜서 전쟁을 계속하기로 결심했다. 그리고 16일 처칠은 이를 뒷받침이나 하듯 영불 양국의 결속을 제안하였다. 그러나 때는 이미 늦은 것이다. 내각의 대부분은 빼뗑(Petain)의 주장하에 독일에 대하여 휴전을 요구하기로 결정했다.

이러는 동안 구데리안 군은 6월 17일에 스위스국경에 도달하여 프랑스군을 동서로 양분하고 마지노 요새안에 500,000에 달하는 프랑스군을 가두고 말았다. 또한 제1단계 작전기간 중 마지노요새 정면에서 견제공격을 취하고 있었던 레에프의 C 집단군도 전면공격을 개시하여 14일에는 자아르브뤼켄(Saarbrucken)에서 16일에는 콜마르(Colmar)에서 마지노선을 돌파하였다.

마침내 레이노의 사퇴에 뒤이어 수상이 된 빼땡은 21일에 엉찌게르(Huntziger) 장군을 수석으로 하는 대표단을 파견하여 독일군과 협상을 시작하기에 이르렀다. 프랑스로서 더할 수 없이 치욕스럽고 뼈아픈 사실은 1918년 11월에 포쉬(Foch) 장군이 독일의 항복사절을 접견했던 바로 그 꽁삐뉴(Complegue) 숲 속의 열차 안에서 히틀러가 프랑스의 대표단을 맞이했다는 점이었다. 영광된 승리의 자리에서 과거의 승자는 치욕스런 순간을 맞게 된 것이다. 참으로 역사에는 영원한 승자도 없고 영원한 패자도 없다는 사실이 입증된 셈이었다. 휴전조약은 22일에 조인되었고, 25일 0시 35분을 기하여 모든 전투행위가 종식되었다. 46일간에 걸친 전투에서 독일군은 전사 27,000명, 실종 18,000명을 포함하여 총 156,000명의 병력손실을 입었으며, 영국은 68,000명, 프랑스는 전사 및 실종이 123,600명, 포로 20만의 손실을 당했다.

돌이켜 보건대 공군을 제외하고 병력, 장비 등 거의 모든 면에서 결코 우세했다고 볼 수만도 없는 독일군이 이와 같은 경이적인 승리를 거둘 수 있었던 것은 기습달성을 가능케 한 우수한 계획, 전격전을 실시할 수 있도록 잘 편성되고 장비된 공격부대의 보유, 유능한 지휘관의 과감하고도 효과적인 작전수행 등의 요인에 의한 것이었다.

반면에 연합군은 경제봉쇄와 마지노선에 대한 과신 때문에 과감하고 능동적인 전쟁준비를 하지 못함으로써 패배의 쓴 잔을 들게 되었던 것이다.

한편 프랑스전역을 통해서 특기할 만한 교리상의 문제점이 몇 가지 있는데 첫째는 전차의 운용에 관한 것이다. 연합군은 전차의 숫자에 있어서 오히려 약간 우세했음에도 불구하고 전차를 보병의 보조물로만 인식한 나머지 이를 분산 운용했기 때문에 위력을 충분히 살리지 못했으며, 이러한 경향은 프랑스군이 특히 심했다. 반면에 독일군은 전차를 사단 급 내지 군 단급의 대규모 독립부대로 집중 운용함으로써 가공할 만한 위력을 보였던 것이다. 전차 자체의 성능을 비교해 본다면 독일군의 전차는 속도면에서 우세했을 뿐이고 연합군전차는 대부분이 보병의 지원무기로서 생산된 관계로 화력과 장갑 면에서 우세했지만 속도나 순항거리는 매우 뒤떨어졌다.

둘째는 공수부대의 운용에 관한 것이다. 독일군은 늪지와 하천이 많은 네덜란드 지역을 공격함에 있어서 낙하산부대로 하여금 주요 교량이나 비행장 등 요새지를 기습적으로 점령함으로써 대규모작전을 효과적으로 수행하기 위한 특수부대의 운용사례를 보여주었으며, 에벤, 에마엘 요새를 기습 점령한 예는 공수부대의 가치를 잘 나타내 주고 있다.

셋째는 포병의 운용에 관한 것으로 독일군은 신속히 전진하는 기계화 부대를 포병이 적시에 지원하지 못하게 되자 급강하 폭격기 등 전술항공기로 대치시킨 예가 많았는데, 그 결과 포병지원을 과소평가하게 되었고 이후 포병의 확장발전을 저해하는 요인이 되었다. 이로 말미암아 대전의 중반기 이후 독일군은 편제상 포병화력이 우수한 소련군 및 미군과 접전했을 때 값비싼 대가를 지불해야만 하였다. 끝으로 서부전선에 있어서 승패의 원인을 한마디로 간추려 본다면 결국 양군간의 차이는 수량과 질의 문제라기 보다는 현대전의 수행방식에 대한 개념의 차이라고 보아야 마땅할 것이다.

3) 독일의 영국 공격

대 프랑스 작전 종료 후인 1940년 7월 19일 히틀러는 대 영국 평화제의를 하였으나 처칠에 의해 거부되고 말았다. 이에 히틀러는 영국정복을 결심하고 침략계획 즉 "Sea Lion" 작전을 명하게 되었다. 당시 영국은 덩케르크 철수작전에서 대포를 비롯한 중장비 일체와 기타 수많은 전쟁물자를 그대로 대륙에 남겨 놓았기 때문에 본토방비를 위한 야전전투력이 결핍된 상태였다. 이때 만일 독일군이 상륙에 성공만 한다면 영국의 패망은 명약관화한 사실이었다.

그러나 아직도 영국에는 세계최강을 자랑하는 해군이 완전한 상태로 남아 있었으며 공군 역시 약 59개 전투비행중대를 보유하고 있었다. 따라서 독일군이 영국본토에 상륙하려면 무엇보다도 우선 도우버(Dover)해협을 비롯한 상륙지역의 제해권 및 제공권의 장악이 선행되어야만 했다. 그런데 독일은 영국 해군에 도전할 만한 해군력을 보유하지 못하고 있었기 때문에 독일공군은 영국공군에 대하여 절대적 우세를 확보해야 되었을 뿐만 아니라, 상륙군의 해협횡단을 방해하지 못하도록 영국해군까지도 제압해야 하는 이중의 임무를 안게 되었다. 만약 이 두 가지 조건이 해결되지 않는다면 영국 본토 공격은 실패할 수밖에 없었다.

이와 같은 고려에 의하여 “Sea Lion” 작전은 공중공격에 의한 제공권의 장악, 잠수함 및 공군에 의한 영국 봉쇄와 도우버 해협의 제압, 침공부대의 상륙 등 몇 단계로 나누어졌다.

그리고 이 작전의 수행을 위해서 독일은 우선 프랑스와 네덜란드를 비롯한 점령지역 일대에 추진비행장을 건설하는 동시에 다량의 보급품과 장비를 집적하기 시작했으며 8월 10일까지는 2,700대의 항공기를 투입 가능하게 되었다. 이때부터 10월 말까지 전개된 독일군의 공중공격은 대략 4단계로 구분될 수 있다.

제1단계는 8월 10일부터 18일까지였는데, 이 기간 중 약 5백 대에 달하는 독일군 항공기는 주로 영국의 남동부 해안 도시를 비롯하여 호송선단, 비행장 및 항공기 생산공장, 레이더 기지 등 수많은 목표에 대하여 무차별 폭격을 가하였다. 이로 말미암은 영국의 피해는 막심하였으나 독일은 공격을 너무 광범위하게 분산한 결과 제1단계 작전은 실패해 버리고 말았다.

더구나 전투기의 폭격기 엄호방법이 잘못되었을 뿐만 아니라 엄호전투기의 숫자 역시 부족하여 폭격기의 피해가 극심하였다. 독일군의 엄호전투기는 통상 폭격기보다 5,000 내지 10,000피트 높은 상공에서 엄호를 실시하였는데 영국공군은 이 허점을 교묘히 이용하였다. 즉 영국전투기의 일부가 독일의 엄호전투기에 대하여 견제공격을 가하고 있는 동안에 다른 일부의 영국 전투기들은 엄호 전투기의 보호로부터 노출된 독일 폭격기들을 집중적으로 공격한 것이다. 독일의 급강하폭격기는 특히 공중전에 취약해서 피해가 심했기 때문에 이러한 영국공군의 반격에 의하여 독일 폭격기의 거의 1/3을 점하는 급강하 폭격기는 전장으로부터 철수하지 않을 수 없게 되었다.

제2단계는 8월 24일부터 9월 5일까지 수행되었는데, 여기서 독일은 그들의 전술을 수정하였다. 즉 공격 목표를 항구지역으로부터 영국 남동부지역의 내륙 항공기지로 전환하는 한편 엄호전투기의 고도를 낮추어 영국 전투기의 반격에 대비하였다. 이제 영국의 전투기사령부는 심각한 위기에 직면하였다. 영국 조종사들은 계속되는 출격으로 과로하였으며, 이를 대체할 훈련된 예비조종사가 없었기 때문에 점차 피해가 늘어갔던 것이다.

그런데 독일은 영국의 전투기사령부가 괴멸 직전에까지 도달했을 무렵 갑자기 이에 대한 공격을 중지하고 공격목표를 옮기고 말았다. 당시의 사태를 처칠은 이렇게 말하고 있다. "독일의 공격이 9월 7일부터 런던으로 이동하고 또한 독일군의 계획이 변경되었음을 알았을 때 전투기사령부는 비로소 구제되었다는 느낌을 가지게 되었다."

독일군이 그들의 공격목표를 변경한 것은 대략 다음과 같은 이유 때문이었다. 우선 그들은 영국 공군의 손실이 얼마나 심각했던 가를 모르고 있었다. 내륙 항공기지의 공격에 의하여 영국 공군이 파멸직전까지 몰리고 있었다는 사실을 독일이 간파했던들 그들은 여하한 희생을 무릅쓰고라도 그와 같은 공격방법을 계속했을 것이다.

그러나 히틀러가 이 계획을 포기하고 갑자기 런던 공습을 명령하게 된 가장 직접적인 원인은 영국 공군의 베를린 공습에 대한 보복, 바로 그것이었다. 연전연승으로 축제의 분위기에 들떠 있었던 한밤중의 수도 베를린에 난데없이 폭탄이 떨어졌다는 사실은 나치지도자들의 신경을 극도로 거슬리게 했던 것이다.

여하튼 독일공군은 9월 7일부터 런던 지역을 공습하기 시작해서 그 달 내내 그리고 10월 초순까지 계속하였는데 이것이 3단계 작전이었다. 독일은 이 기간 중 폭격기 엄호를 위한 전투기 배정량을 증가시키는 한편, 대공포화를 피하기 위해 15,000~20,000피트 고도에서 공격을 취했다. 런던의 유서 깊은 건물과 거리는 파괴되고 곳곳에서 수많은 시민들이 사상되었다.

반면에 독일 공군의 피해도 나날이 늘어가서 드디어 “Sea Lion” 계획은 암초에 걸리고 말았다. 히틀러는 9월 17일을 기하여 “Sea Lion” 계획의 실패를 잠정적으로 인정하고 이 계획을 무기한 연기하도록 지시하기에 이르렀다. 그렇지만 그는 갑자기 공격을 중단함으로써 실패를 나타내고 싶지 않았다. 따라서 제4단계의 공습은 10월 초순부터 말일까지 지속되었다. 다만 독일은 피해를 줄이기 위해서 주간폭격을 가능한 한 피하고 주로 야간공습에 의존하였다. 이때도 역시 주요목표는 런던을 중심으로 한 도시 지역이었다.

그러나 영국은 마치 불침 전함같이 꿋꿋이 버티고 항쟁하여 위기를 극복하였다. 독일은 그들이 호전적인 침략을 개시한 이래 최초로 좌절의 고배를 마셨던 것이다. 영국 전투기간 중 양군의 항공기 피해는 독일이 1,389대 영국이 790대에 달하였다. 그러면 독일이 대영전투에 실패한 원인은 무엇일까?

첫째는 전투기의 성능에 있어서 영국 쪽이 우세했다는 점이다. 영국 전투기의 주요기종인 스피트화이어(Spitfere)는 독일의 메서쉬미트－109(Messerschmidt－109)에 비하여 속도는 다소 떨어졌지만 회전반경이 작고 상승능력이 뛰어나 기동력에서 앞서 있었으며 화력 또한 우세했다.

둘째, 영국은 기술적 기습을 달성했다. 즉 레이더 시설로 독일군의 공격을 미리 탐지하여 공격 측이 장악하게 마련인 선제권을 박탈함으로써 사태를 역전시켰던 것이다.

셋째, 독일은 영국 조종사들의 능력을 과소평가했다. 영국 조종사들의 용맹성과 노련함, 그리고 불타는 애국심은 독일 조종사들을 능가하여 조국을 위기에서 구했던 것이다. 처칠이 영국의회에서 “인류의 투쟁사에 있어서 이처럼 많은 사람이 이처럼 적은 사람에게 이토록 크게 의존한 적은 없었다”라고 말한 것은 결코 영국조종사들의 역할을 과대평가한 것이 아니었다.

넷째, 독일은 목표의 원칙을 위배하였다. 독일 공군의 최우선목표는 영국의 전투기사령부를 제압하여 제공권부터 장악하는 것이어야 했다. 그러나 그들은 처음에 항구와 선박을 공격하다가 한때 제대로 비행장에 달려드는가 하더니 이윽고 런던을 비롯한 도시로 목표를 옮기고 말았다. 결국 독일은 지나치게 광범위한 목표를 공격했을 뿐만 아니라 결정적인 목표에 집중하는 문제에서도 실패했던 것이다.

그러나 이상과 같은 네 가지 패인 외에 본질적으로 볼 때 무엇보다도 중요한 패인은 독일이 전략 공군력의 개념을 이해하지 못했다는 점이다. 독일의 군사지도자들은 공군력의 사용이 지상군의 지원임무에 한정되어야 하며 공군은 독자적 임무를 가질 수 없다고 하는 고정관념에 집착했는데 이는 급강하 폭격기의 위력을 과신하게 된 데서 기인한다. 즉, 폴란드전역과 프랑스전역에서 지상군에 대한 급강하폭격기의 전술지원에 크게 만족하고 고무되어 이러한 편견에 빠지게 된 것이다. 그렇지만 대영전투는 폴란드나 프랑스전역과 달이 일종의 전략적 과제였으며, 무엇보다도 먼저 제공권 획득이 이루어져야만 했었다.

3. 연합국 반격

1) 스탈린그라드(Stalingrad) 전투

19세기의 유명한 병학자 죠미니(Antonie Henry Jomini)는 일찍이 “러시아는 들어가기는 쉬우나 나오기는 힘든 나라”라고 말한 바 있다. 이 말은 러시아가 18세기와 19세기에 걸쳐서 매세기마다 한번씩 당대의 명장으로부터 대침략을 당한 전례에 의하여 명백히 입증되고 있으며 20세기에 들어서서 히틀러 역시 같은 경험을 보여주고 있다.

18세기 초 스웨덴과의 전쟁(The Great Nothern War : 1700~1721)시 러시아는 찰스 12세의 침공을 받아 난국에 처해졌지만 폴타바(Poltava)전투에서 표토르 대제(Peter the Great)가 승리를 거둠으로써 이를 극복했고, 1812년 겨울에는 모스코바까지 침입한 나폴레옹에게 가혹한 타격을 입혔던 것이다.

이제 우리는 20세기의 광인 히틀러가 어떠한 과정을 밟아 그들과 똑같은 패망의 길로 내달았는가를 살펴 보고자 한다.

독일의 러시아공격은 1941년 6월 22일 새벽 3시경에 개시되었다. 이 날은 1812년 나폴레옹이 러시아를 공격하기 위해 니이멘(Niemen)강을 도하한 제129주년이 되는 유서 깊은 날이었으며, 아울러 꽁삐에뉴 숲속에서 프랑스가 항복문서에 서명한 1주년 기념일이었다.

레에크 원수가 지휘하는 북부 집단군은 소련군의 완강한 저항과 울창한 삼림, 그리고 허다한 소택지를 무릅쓰고 예정대로 진격하여 발틱 3국을 정복하였으며, 8월 말에는 레닌그라드를 고립시키는 데 성공했다. 그 동안 드비나(Dvina)강 서안의 소련군 약 12개 내지 15개 사단이 격파되었다. 그러나 9월에 들어서면서 시작된 레닌그라드 점령작전은 소련군의 필사적인 저항으로 말미암아 좌절되고, 이로부터 장장 30개월이나 계속된 레닌그라드 공방전의 막이 올랐다.

룬드쉬테트 원수의 남부 집단군은 소련군의 효과적인 지연전과 때마침 내린 비로 인하여 진격이 그다지 순조롭지 못하였다. 그럼에도 불구하고 예하의 제1기갑군은 착실한 진격 끝에 7월 중순 경에는 키에프 외곽선까지 도달하는데 성공했다. 그러나 키에프 방면에서 소련군은 사력을 다해 저항을 시도하고, 그 동안 주력부대를 드니에페르강 이동으로 철수시키고 말았다. 이후 룬드쉬테트군은 우만(Uman) 부근에서 미처 철수하지 못한 약 16~20개 사단을 격파하는 등 초토화된 우크라이나를 휩쓸었지만 키에프는 여전히 소련군의 장악 하에 버티고 있었다.

이처럼 남쪽과 북쪽에서 예상보다 저조한 작전을 전개하고 있는 반면에 복크 휘하의 중앙 집단군은 눈부신 전과를 올리고 있었다. 중앙 집단군 예하 제2기갑군과 제3기갑군은 카일 운트 케셀 전법을 사용하여 이미 공격 첫 주일에 비알리스톡(Bialystok) 및 민스크(Minsk) 부근에서 거대한 포위망을 형성하고 포로 290,000명, 탱크 2,500대, 포 1,400문을 포획한 데 뒤이어 7월 초순에는 또다시 스몰렌스크(Smolensk) 방면에서 포위망을 완성하여 포로 100,000명, 탱크 2,000대, 포 1,900문을 노획하였다.

이로 말미암아 이 지역의 소련군은 완전히 지리멸렬상태에 빠지고 모스코바로 통하는 직통로는 사실상 개방된 것이나 다름없게 되었다. 복크군은 18일 동안에 400마일을 진격하는 실로 경이적인 공격력을 나타낸 것이다.

그런데 이처럼 스몰렌스크 포위전으로 인하여 7월 중순 경에 모스코바 통로가 개방되었음에도 불구하고 복크의 중앙 집단군은 9월 초까지 약 6주일 동안을 스몰렌스크 지역에서 그냥 머무르고 있었다. 왜냐하면 키에프 방면의 돌출부로부터 남측면이 위협받고 있었을 뿐만 아니라 너무나 신속히 진격한 나머지 보급추진이 뒤따르지 못하여 병참사정이 악화되었고, 그 동안에 전투에서 기계화 부대의 약 50%와 보병의 약 65%가 정비 또는 보충을 요했기 때문이었다. 더구나 국경지역 작전이 완료되고 난 후 결정하기로 한 주공방향의 선정이 타전선의 작전부진으로 말미암아 아직 미해결상태로 남아 있었던 것이다.

이리하여 중앙 집단군이 7월 중순 이후 정군하고 있는 동안 남쪽과 북쪽전선의 작전이 그런대로 진전되어 대략 8월 말경에는 공세의 첫 단계인 국경지역전투가 완료되었다. 이 10주간에 걸친 전투에서 소련군은 무려 100만에 달하는 인명손실을 입고 내륙 깊숙이 격퇴당했지만 독일군의 예기를 둔화시킬 만큼의 힘은 남아 있었으며, 독일군도 역시 450,000에 이르는 전상자를 냈던 것이다.

결국 소련군의 주력을 국경지역에서 포착 섬멸하고자 한 독일군의 최초계획은 사실상 좌절된 셈이 되었다.

그러나 히틀러는 모스코바로의 진출을 포기하지 않고 보크군에 제2기갑군과 제2군을 재편입하고 제4기갑군을 북부 집단군으로부터 증강하여 10월 2일에 모스코바로 향한 대 공세를 전개하였다.

그로부터 2주일 이내에 독일군은 세 개의 거대한 포위망을 형성하였는데 두개는 브리안스크(Bryansk) 부근에서 다른 한개는 비아즈마(퓸큼) 서쪽에서 이루어졌다. 이 포위작전에서 독일군은 또다시 663,000명의 포로를 획득하였으며, 이로써 모스코바로의 통로는 개방되어진 것처럼 보였다.

그러나 사태는 새로운 방향에서 악화되기 시작하였다. 일기가 갑자기 변하여 며칠 동안 비가 내린 후 기온이 급작스럽게 내려갔다. 소위 나폴레옹 기후가 위세를 떨치기 시작했고 이로 말미암아 동계작전 준비가 전혀 없었던 독일군은 동장군과 진흙 장군이라는 골치아픈 상대와 마주치게 된 것이다. 더구나 연장된 병참선은 보급의 악화를 가져왔고, 무진장한 인적자원을 보유한 소련군은 새로운 부대를 피로에 지친 독일군 정면에 끊임없이 투입해 왔다. 독일군의 진격속도는 눈에 띄게 둔화되어갔다. 사태가 이렇게 되자 브라우힛취와 할더 등은 부대를 철수하든가 아니면 정돈시켜 봄이 될 대까지 공격을 중지하자고 건의하였다. 그러나 히틀러는 혹한이 닥치기 전에 작전을 종결시킬 결심 하에 모스코바로 향한 최종공세를 명령하였다.

타이푼작전으로 명명된 독일군의 모스코바 최종공세는 제4군사령관 클루게(Kluge)의 총지휘 하에 제4군은 모스코바의 정면을 공격하고, 제4

기갑군과 제3기갑군은 북쪽에서, 제2기갑군은 남쪽에서 공격하여 모스코바를 양익 포위하려는 것이었다.

11월 15일 독일군의 공격은 게시되었다. 제4기갑군은 11월 25일 모스코바에서 볼가강으로 통하는 운하선에 도달하였고, 제2기갑군은 툴라(Tula)를 우회하여 남쪽으로부터 압력을 가하였으며, 제4군은 모스코바 방어선의 최종관문인 나라(Nara)강선에 진출하였다. 그러나 11월이 채 끝나기도 전에 기온은 이미 영하로 내려갔으며, 월동준비를 갖추지 못한 독일군은 추위와 불면증에 시달림을 받게 되었다. 뿐만 아니라 부동액이 없는 전차와 트럭은 이제 한낱 고철덩어리에 지나지 않았다. 일기는 더욱 악화일로를 치달았다. 대낮에도 수 미터 앞을 볼 수 없을 만큼 안개가 심했으며, 오후 3시만 되면 해가 저물어 이내 사방이 캄캄해졌다. 반면에 소련군은 점점 더 증강되어 갔다.

12월 5일 독일군의 장병과 기계가 더 이상 움직일 수 없는 상태가 되었을 때 모스코바에 가장 근접했던 북쪽 부대는 시가지를 15마일 앞두고 있었다. 결국 독일군의 진격은 나라강선에서 저지되고 만 것이다. 독일이 폴란드를 침공하여 전쟁을 일으킨 이후 그들 군대가 힘에 지쳐 멈춘 것은 이곳이 처음이었다. 마침내 소련군은 기운이 다하고 추위에 떠는 독일군에 대해 반격을 취할 단계가 되었다.

12월 6일 아침 주코프(Georgi K. Zhukov) 장군이 지휘하는 소련군 서부전선은 약 100개 사단으로서 반격을 개시했다. 브라우힛취를 비롯한 독일군 고위장성들은 즉각 철수를 주장했으나 히틀러는 현 전선을 고수하도록 명령했다. 그러나 현 전선고수는 희망사항이었을 뿐이며 달성가능한 목표는 아니었다. 독일군은 전 전선에 걸쳐서 무너지기 시작했다. 그렇지만 역시 독일군은 아직도 세계최강의 정예군대였음에 반하여 소련군은 아직노 대규모작전에 그다지 능숙하지 못하였다.

따라서 독일군은 1812년 나폴레옹이 겪었던 바와 같은 괴멸을 간신히 모면할 수가 있었다. 독일군은 축차적인 철수와 적시 적절한 견제공격을 조화시키면서 이듬해 2월 중순까지 약 2달 반에 걸치는 철수작전을 전개한 끝에 원래의 출발선까지 물러서고 말았다. 그리고 3월이 되자 전선은 교착상태가 되었다. 그런데 이 동안 수많은 독일군 장성들이 허락되지 않은 철수를 감행했다는 이유로 또는 모스코바 공격작전의 실패에 대한 책임으로 해임 혹은 파면당하였다. 제4기갑군의 희프너(Hoeppner)와 제2기갑군의 구데리안이 파면되었고, 레에프 룬드쉬테트 등 2개 집단군사령관도 경질되었다. 육군총사령관 브라우힛취는 이미 12월 19일에 해임되어 히틀러 자신이 그 자리를 겸임하고 있었다 이후로 독일육군은 히틀러의 이른바 천재적 직관에 의하여 광대한 유럽의 지도 위를 여기저기로 뛰어다니는 신세가 되고 말았다.

어쨌든 무적을 자랑하던 독일군의 신화는 모스코바 문턱에서 여지없이 깨어졌고, 유럽대륙을 휩쓸던 나치깃발은 나라강변에서 역류하기 시작했다. 그리고 이것은 천재였지만 정신병자였던 한 미치광이가 꿈꾸어온 환상적 제국이 파탄의 길로 들어선 첫 발길이었다.

그러면 대소작전을 단기에 결판 내려고 했던 독일의 최초계획이 이처럼 실패에 빠진 요인은 무엇일까? 첫째는 정치적 요인이다. 소련은 전체주의체제 특유의 선전술과 강압을 통하여 그들의 무진장한 자원과 인력을 총동원하였으며 전 국민의 저항의식을 결집하는 데에서도 성공하였는데, 히틀러는 애초부터 볼쉐비키제도의 이러한 역량을 과소평가했던 것이다. 뿐만 아니라 독일이 취한 정복자로서의 자만과 피정복민에 대한 가혹한 처우는 점령지구 주민의 반항심을 증대시켜 그들로 하여금 빨치산 활동에 동조하게 만들었다. 더구나 독일이 일본과 소련의 불가침조약의 체결을 사전에 저지하지 못했기 때문에 소련은 마음 놓고 시베리아 방면의 대부대를 모스코바 정면으로 이동시킬 수 있었던 것이다.

둘째는 경제적 요인이다. 소련은 이미 1928년부터 시작된 계획경제를 통하여 상당한 정도의 산업화에 성공해 있었고, 철수시에는 공장시설의 철저한 철거 및 철수지역의 초토화로써 독일군의 진격효과를 감소시켰는데, 원래가 자원이 제한되어 있었던 독일은 경제적으로 소련을 압도할 수 없었고, 따라서 병참지원 문제는 전선이 동쪽으로 이동해감에 따라 점점 더 독일군측에 불리해졌던 것이다.

셋째로는 군사적 및 전략, 전술적 요인을 들 수 있다. 소련군은 주로 농민들로 구성되어 있었는데 짜르시대 이래로 러시아의 농민들이 지녀온 숙명적 복종심과 인내심은 극한적인 전투상황 속에서 강인한 전투력으로 발휘되었다. 본래 농민들이 토지에 대하여 가지고 있는 신앙에 가까운 애착심은 그 사회의 의식구조가 덜 근대화되어 있을수록 더욱 강한 법인데 그들의 토지가 침략자에 의해 짓밟혔을 때 농민들의 저항의지는 더욱 불타 올랐던 것이다. 이러한 교훈은 이미 나폴레옹의 대육군이 무너질 때 너무나도 명백하게 입증된 바 있다.

그런가 하면 독일군은 처음부터 소련군을 격파하기에는 준비가 불충분하였다. 대소침공 전에 독일의 기계화 부대는 이미 장기간 전투를 계속하여 왔고, 침공에 대비하여 충분한 정비와 보충을 받지 못한 상태였던 것이다. 더구나 소련군의 능력을 과소평가하여 3~4개월이면 소련을 정복할 수 있다고 믿었기 때문에 장기전을 위한 군수지원준비가 되어 있지 않았으니 그 단적인 예가 바로 동계작전준비의 결핍이었다.

뿐만 아니라 국경지대에서 소련군 주력을 격멸하지 못한 것은 독일군으로서 뼈아픈 실패요인이었다. 그러나 무엇보다도 중요하게 지적되어야 할 요인은 독일군이 수차에 걸쳐 목표의 원칙을 위배하였다는 점이다. 전략적으로 중요한 3개의 목표, 즉 모스코바, 레닌그라드, 우크라이나는 서로 너무나 멀리 떨어져 있기 때문에 각방면의 작전은 전혀 별개의 작전이 될 수 밖에 없었다. 따라서 충분히 강력하지 못한 독일군은 한 목표에 주력하여야 했음에도 불구하고 전쟁계획상 확고한 주공 방향을 결정하지 못했으며, 제2차 목표의 선정도 않은 채 개전에 임했던 것이다.

그리고 국경지대 전투가 끝난 후 키에프 작전으로 인하 중앙집단군의 6주간에 걸친 정군은 소련군으로 하여금 모스코바 방어를 강화할 수 있는 시간을 허용하였으며, 다시 모스코바로 방향을 돌렸을 때는 이미 모스코바에는 철벽과 같은 방어태세가 갖추어진 후였다.

마지막으로는 자연적 요인을 들 수 있다. 러시아의 자연조건은 사실상 다른 어떤 요소보다도 소련군에게 중대한 기여를 하였다. 러시아의 영원한 우방인 동장군, 그리고 막강한 독일의 기계화 부대를 붙잡아 맨 진흙장군, 소택지, 그리고 개척되지 않은 광활한 황야 등등은 공자에게 불리한 반면에 방자에게는 유리한 조건으로 작용하였다

기후나 지형은 물론 양쪽에 똑같이 영향을 주는 것이지만 소련군은 그들의 겨울 기후에 보다 잘 숙달되어 있었고, 평소부터 그에 대비한 적절한 준비도 갖추고 있었으며, 진흙과 소택지 역시 소련군보다 더욱 기계화되어 있었던 독일군의 이점을 박탈하는 효과를 발휘했던 것이다. 또한 그 자체가 일종이 깊은 중심이 되었던 광대한 영토는 독일군을 흡수하여 분산 소진케 함으로써 무력화시켰던 것이다. 이외에도 발칸(Balkan) 출병으로 소련침공의 시기가 늦어졌다든가, 1941년의 겨울이 보통보다 빨리 찾아왔고, 또 유달리 추웠다든가 하는 이유들도 독일군의 실패요인으로 지적되곤 한다.

이처럼 소련은 필사적인 노력 끝에 일단 모스코바를 방어하고 독일군을 저지하는데 성공하였지만, 그들이 흘린 피의 대가는 너무나도 참담하였다. 1941년 11월 말 현재 소련은 석탄생산량의 2/3, 철광과 망간광의 3/4, 그리고 인구 3,500만을 포함하고 있는 광대한 지역을 상실하였으며, 인명피해만도 400만에서 500만 명 사이로 추정되고 있었다. 반

면에 독일군도 1942년 4월 말 현재 1,167,835명의 인명 피해를 입고 있었다.

그러나 이것으로 동구전쟁의 불꽃이 사그라진 것은 아니다. 침략자는 마지막 열매를 따려할 것이고, 피 침략자는 잃었던 것을 되찾고자 할 것이기 때문이다. 따라서 양군은 최후의 결전을 위하여 다시금 치닫기 시작했다.

1942년 봄이 되자 히틀러는 전년도에 모스코바 방면에서 당한 실패를 보상하고, 전쟁의 주도권을 되찾기 위하여 하계공세를 취하고자 하였다. 그러나 광대한 전 전선에 걸쳐서 병력의 우세를 얻는 것이 불가능하였기 때문에 어느 한 지역에 집중할 수밖에 없었다. 그 결과 히틀러는 남부에 눈길을 돌렸다. 즉 북부와 중부에서는 현 전선을 유지하도록 했고, 코카사스와 스탈린그라드를 목표로 삼은 것이다.

한편 할더는 약화된 독일군으로서 공격을 취하는 것은 무리이며 설혹 스탈린그라드를 점령한다 하더라도 확대된 전선을 유지하기가 어렵다는 이유를 들어, 1942년에는 소련군의 돌출부를 제거하는 제한된 작전을 취하면서 동부전선을 안정시키고, 공격력을 보완한 뒤인 1943년에 총공세로 나아갈 것을 주장하였다.

그러나 히틀러는 소련군이 전년도의 대 손실로부터 완전히 회복되지 못하였기 때문에 강화되기 전에 조속히 공격하는 것이 유리하고, 또한 1943년에는 서부로부터 연합군의 반격이 예상되기 때문에 1942년 내로 동부전선을 타결 지어야 한다고 생각했다. 그리고 코카사스와 스탈린그라드를 점령한다면 소련의 유전을 박탈하는 동시에 고갈상태에 직면한 독일군의 유류난을 해소할 수 있다는 고려하에 즉각 공세를 고집하였다. 이리하여 1942년 4월 5일 하계공세를 위한 지령 제41호가 하달되었다. 결국 히틀러는 소련의 군대와 유전, 두 가지 중에서 유전을 택함으로써 그 자신의 운명에 낙인을 찍고야 말았다.

독일군의 공세계획은 4단계로 나뉘어 있었다. 제1단계는 쿠르스크(Kursk) 방면에서 제2군과 제4기갑군이 양익포위를 실시하여 돈(Don)강 만곡부의 북부지역을 소탕한 다음, 북측방을 방어하기 위하여 제2군이 보로네쯔(Voronezh) 근방에서 방어진을 구축하며, 제2단계는 제1단계 작전을 완료한 제4기갑군이 남하하여 하르코프(Kharkov) 방면에서 북으로 진격하는 제6군과 합류함으로써 또 하나의 포위망을 구축하는 것이었다. 제3단계는 제2단계를 완료한 제4 기갑군과 제6군이 돈강을 따라 남동쪽으로 진격하여, 로스토프(Rostov) 북방에서 도네츠(Donets)강을 건너 북동쪽으로 진격하는 제17군 및 1기갑군과 합류함으로써 돈강 만곡부 내의 전 소련군을 소탕하는 것이었고, 마지막 제4단계에서는 3단계 작전을 끝낸 제6군과 제4기갑군은 스탈린그라드로, 제1기갑군과 제17군은 코카사스 방면으로 진격하게 되어 있었다.

그런데 독일군의 공격준비가 끝날 무렵인 5월 12일 소련군이 갑자기 이찌움(Izyum) 돌출부로부터 하르코프 쪽으로 공격해 왔다. 독일군은 즉시 제6군과 제1기갑군으로 협격하여 골칫거리였던 돌출부를 제거하는 동시에 24만의 포로를 획득하는 전과를 올렸다. 그리고 반격이 지니는 탄력성을 이용하여 공세를 개시하였다.

독일군의 제1단계 공격은 6월 28일부터 개시되어 7월 6일에는 보로네쯔를 점령하였으며, 한편 6월 30일에 제6군의 공격으로 시작된 제2단계 작전도 7월 7일 제4기갑군과 발루이키(Valuiki) 북방에서 합류함으로써 성공적으로 끝났다. 이러는 가운데 독일군은 남부 집단군을 해체하여 7월 7일에는 리스트 휘하에 A 집단군을, 9일에는 B 집단군을 새로이 편성하였으며, 뒤이어 13일에는 B 집단군 사령관 복크를 바이흐스(Weichs)로 교체시켰다. 제3단계 작전은 7월 9일부터 개시되었는데 남쪽인 로스토프 방면의 저항이 의외로 완강하자, 히틀러는 제1기갑군과 제17군을 계획대로 동북쪽으로 진격시키는 대신에 남방으로 전향시키고 말았다. 이 때문에 돈강 만곡부 내의 소련군을 차단 포위하는데 실패하였고, 다만 7월 22일까지 만곡부 일대를 점령하여 3단계 작전을 가까스로 완료했을 뿐이다.

그런데 제4단계 작전부터 독일군의 계획은 일대 차질을 빚기 시작했다. 원래 계획에 의하면 돈강 만곡부를 소탕한 다음에 제4기갑군과 제6군은 스탈린그라드로 진격하게 되어 있었는데, 제1기갑군이 로스토프 방면에서 고전하고 있었기 때문에 이를 지원하기 위하여 제4기갑군을 남쪽으로 전향시켰던 것이다. 이러한 제4기갑군의 방향전환은 큰 실책이었으니 약 2주일 후 제4기갑군이 스탈린그라드 쪽으로 되돌아 왔을 때 소련군은 이미 강력하게 증강되어있었기 때문이다. 더구나 유류보급의 부족은 기갑부대의 발을 묶어 놓아 스탈린그라드 조기점령의 기회는 이제 물거품처럼 사라져버릴 찰나에 놓였다.

한편 코카사스를 향해 진격해 들어간 A 집단군은 로스토프 동쪽에서 돈강을 도하한 이후에는 비교적 진격이 순조로와서 유전지대인 마이코프(Maikop)를 점령하고 철도수송의 요지인 모쯔로크(Mozdok)에 육박하였다. 그러나 코카사스 산맥의 험악한 지형과 유류보급의 부족으로 인하여 독일군의 진격은 차츰 부진해지기 시작했고, 특히 8월 하순부터 스탈린그라드 방면으로 병력까지 차출당하자 진격은 커녕 확대된 전선조차 유지하기가 어려워졌다.

A 집단군의 코카사스 진격과 보조를 맞추어 스탈린그라드로 전진하던 B 집단군은 애당초 유류와 탄약의 부족으로 신속한 진격이 어려웠다. 그러나 점진적인 공격을 계속하여 제6군은 마침내 8월 23일에 스탈린그라드 북방의 볼가(Volga)강변에 도달하였고, 남방에서는 제4기갑군이 25마일 전방까지 육박하였다. 그러나 소련군도 필사적인 저항을 벌려 한치의 땅을 놓고 연일 치열한 공방전이 전개되었으며, 9월 말부터는 마침내 시가전이 시작되었다.

이때가 소련군으로서는 실로 위기의 순간이었으니 우크라이나와 도네트 분지의 곡창 및 공업지대를 상실하였고, 코카사스에서는 마이코프 유전지대가 점령되었으며, 소련의 동맥인 볼가강을 차단하고자 독일군이 스탈린그라드에 맹공을 퍼붓고 있었던 것이다.

스탈린그라드 전투

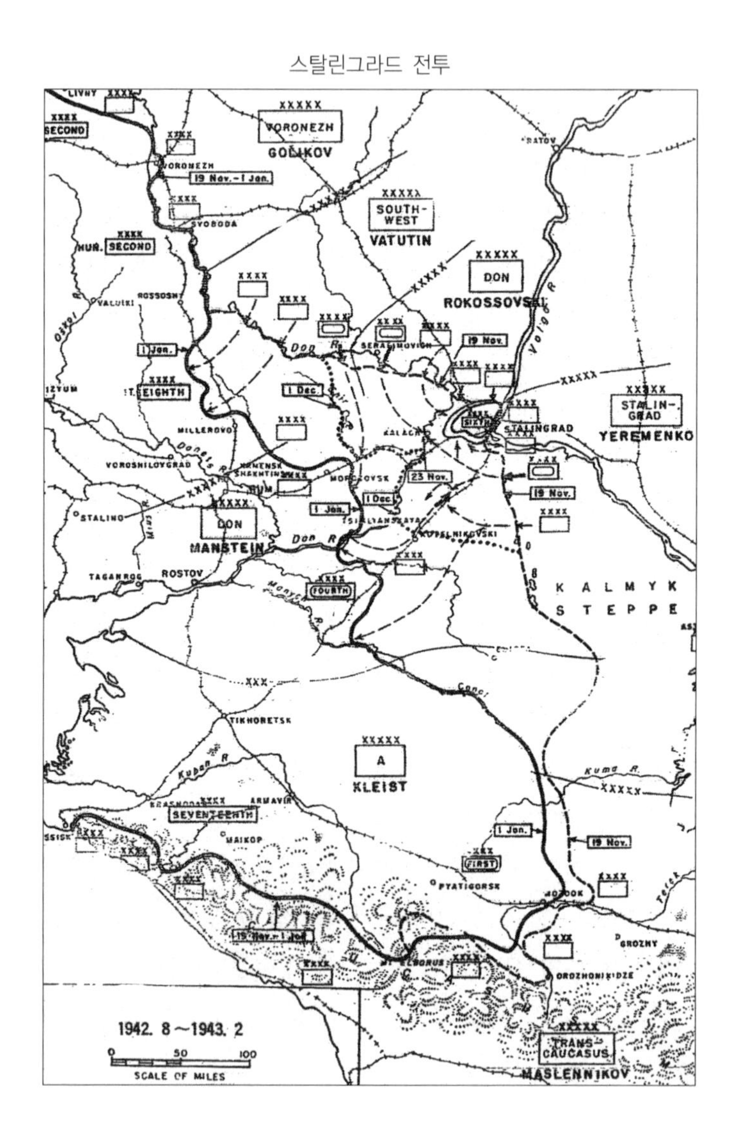

그러나 독일군의 역량도 그 극한에 도달하였으니 확대된 전선을 유지하기 위해 루마니아, 헝가리, 이탈리아 등 동맹군 군대로 충당하였고 병참보급은 날리 갈수록 악화되어 갔다. 더구나 폭이 1마일이나 되는 볼가강의 장애로 스탈린그라드에 대한 포위기동이 불가능하였기 대문에 손실이 크고 효과가 적은 정면공격을 되풀이할 수밖에 없었다. 뿐만 아니라 10월 말부터는 북아프리카의 전황마저도 불리해져서 독일은 여러모로 곤란에 빠지게 되었다.

그러는 동안에 스탈린그라드의 전투는 점점 치열해져 갔다. 히틀러는 이제 이 도시의 전략적 가치보다도 도시의 이름에 대한 증오감으로 인하여 필사적으로 탈취하려 하였고, 소련도 그들 지도자의 이름을 딴 스탈린를 지키기 위하여 그들의 운명을 걸고 결전하려고 하였다.

이렇게 되자 전세계의 이목은 스탈린그라드에 집중되었고 히틀러는 자기의 위신이 스탈린그라드 탈취 여하에 달려있다고 생각하게 되었다. 따라서 그는 차출 가능한 전 병력을 스탈린그라드에 투입하도록 명령하였는데, 예비대가 부족한 독일군으로서는 양 측방의 전선으로부터 병력을 계속 차출할 수밖에 없었다. 그러나 스탈린그라드 수비를 담당한 츄이코프(Vasili I. Chuikov) 장군의 소련 제62군은 완강한 저항을 계속하였기 때문에 건물 하나하나, 골목 하나하나를 다투는 치열한 시가전이 9월 하순부터 무려 11월 중순까지 계속되었다. 제62군이 얼마나 비장한 각오로 싸웠는가는 그들이 내세운 "우리에게는 볼가강 건너 저쪽으로 아무 땅도 없다!" 라고 하는 슬로건만 보아도 알 수 있다.

츄이코프 장군은 일찍부터 독일군 전술을 연구하여 그 약점을 간파하고 있었으며 따라서 휘하 부대를 소규모로 분산 조직하여 독일군에 근접 전을 시도했다. 그는 이렇게 말하고 있다. "독일군과 싸우는 가장 좋은 방법은 근접 전 방식이다. 우리는 가능한 한 적에게 가까이 접근해야 하며, 그렇게 한다면 적의 항공기는 아군의 전초부대나 참호에 대하여 폭격을 가하지 못하게 될 것이다. 또한 독일군 병사는 그들 자신이 언제 어디에서나 아군의 총구에 의해 겨누어지고 있음을 느끼게 될 것이다." 이리하여 시가전은 그야말로 총구와 총구가 맞닿을 만큼의 근접 전으로 화하여 때로는 하나의 건물에 위층은 소련군, 아래층은 독일군이 들어 있는 경우도 허다하였다. 이처럼 격렬한 시가전이 계속되는 동안에 독일군은 속속 스탈린그라드에 흡수 소진되어 갔고, 이에 따라 독일군의 양 측방은 점점 더 약화되어 갔다.

한편 소련군 최고사령부의 쥬코프 장군은 스탈린그라드의 혈전이 장기간 계속되고, 도시의 운명이 풍전등화의 위기에 놓였음에도 불구하고 냉철한 전략적 판단에 의하여 스탈린그라드 수비대에 대한 병력증원을 최소한으로 억제하는 한편, 반격을 위한 강력한 예비대를 돈강 만곡부에 연하여 스탈린그라드 양 측방에 집결시켰다. 여기에서 쥬코프가 보여준 병력절약 및 집중의 원칙은 1914년과 1918년의 암담하던 시기에 취했던 죠프로(Jofre)와 포쉬(Foch)의 결단을 오히려 능가하고 있다고 하겠다.

전쟁의 흐름은 11월에 들어서면서 역류의 기미를 보이기 시작했다. 히틀러에게 있어서 11월은 실로 암흑의 달이었다. 엘 알라메인(El Alamein)의 비보에 뒤이어 연합군의 토오취 작전이 성공했다는 소식이 전해짐에 따라, 북아프리카의 독일군 전황이 절망적임을 히틀러 자신도 쉽게 느낄 수 있었다.

마침내 11월 19일부터 소련군의 대반격이 개시되었다. 11월 19일 로코쏘프스키(Rokossovski) 장군의 돈전선과 바투틴(Vatutin) 장군의 서남전선은 북방에서, 11월 20일 예레멩코(Yeremenko) 장군이 지휘하는 스탈린그라드 전선은 남방에서 약화된 독일군의 양측면을 향해 마치 눈사태처럼 밀어닥쳤다. 그리고 이들은 11월 22일 스탈린그라드 서방 40마일 지점인 까라쉬(Kalach)에서 합류함으로써 독일 제6군 및 제4기갑군의 절반에 해당하는 약 280,000명을 포위망 안에 가두고 말았다. 이 반격작전에서 나타난 소련군의 능력과 전술은 그들이 마침내 대부대작전을 훌륭히 수행할 수 있는 단계로 발전했음을 여실히 드러내고 있었다. 소련군은 이 전역을 한니발과 바로의 전투인 칸내(Cannae)의 재판이라고까지 자화자찬하고 있다.

이미 10월 중에 히틀러에 의하여 여하한 경우를 막론하고 철수를 금지 당한 바 있었던 파울루스 휘하의 독일 제6군은 이제 폭 25마일, 길이 40마일 정도의 울안에서 최후의 순간까지 저항하도록 명령을 받았다. 그리고 히틀러는 독일군 가운데서 가장 뛰어난 야전사령관의 한 사람인 만쉬타인 장군의 지휘하에 새로이 돈 집단 군을 편성하여 파울루스 군을 구원하는 임무를 맡겼다. 그러나 히틀러는 돈집단 군의 진격에 호응하여 제6군이 서쪽으로 돌파작전을 감행하도록 허가해 달라는 만쉬타인 장군의 진언을 거절하였다. 서쪽으로 돌파하려는 제6군의 호응 없이는 그들이 구원될 가능성이란 거의 없었음에도 불구하고 히틀러는 볼가에서 후퇴를 계속 거부했다.

하는 수 없이 만쉬타인은 12월 12일 단독으로 구원작전을 개시하였으며 19일에는 예하의 제4기갑군이 스탈린그라드 포위망 35마일 전방까지 육박하였다. 밤이 되면 포위망 안의 독일군은 눈에 쌓인 평원을 넘어 멀리 구원군의 조명신호를 바라볼 수도 있었다. 이때 만일 제6군이 탈출을 시도했더라면 거의 확실하게 성공했을 것이라고 만쉬타인은 훗날 회상하고 있다. 그러나 히틀러는 끝내 이를 용납하지 않았던 것이다. 이리하여 파울루스군에 대한 구원작전은 목전에서 실패로 돌아가고, 만쉬타인군은 소련군의 엄청난 압력에 밀려 다시금 서쪽으로 후퇴하지 않으면 안되었다.

그런데 이 후퇴는 새로운 위기를 자아냈다. 왜냐하면 소련군이 아조프(Azov)해에 연한 로스토프(Rostov)에 도달할 경우 코카사스에서 작전중인 클라이스트의 A 집단군이 차단당할 위험이 있었기 때문이다. 따라서 만수타인의 돈 집단군은 열세한 병력으로나마 압도적인 소련군의 공격을 저지하지 않으면 안될 상황에 처해졌다. 그러나 만쉬타인 군이 홀로 소련군의 진격을 막아낸다는 것은 그 누구의 눈에도 불가능한 것으로 비쳤다. 이렇게 되자 제6군에 되이어 클라이스트 군마저도 소련군의 그물에 걸린다면 그야말로 치명적이라고 생각하게 된 히틀러는 12월 29일 마지 못하여 클라이스트 군의 철수를 허가하였다.

그런데 이때 소련군은 로스토프로부터 불과 50마일 밖에 떨어져 있지 않았고, 클라이스트 군은 거의 350마일이나 떨어져 있었기 때문에 철수의 성공은 거의 가망이 없어 보였다. 그러나 만쉬타인 군은 압도적인 소련군의 공격을 받으면서도 로스토프를 필사적으로 확보하였고, 그 동안 클라이스트 군은 강행군을 실시한 끝에 1943년 2월 1일 로스토프에 도달함으로써 아슬아슬하게 소련군의 덫을 벗어났다.

기적처럼 성공한 이 철수작전은 물론 만쉬타인과 클라이스트의 공적 때문이었지만 추위와 기아에 시달리면서도 희생적 저항을 계속했던 파울루스의 제6군이 없었더라면 실패했을 것이 틀림없다. 제6군이 로코쏘프스키 군을 포위망 주변에 붙들어주지 못하고 일찍 항복했더라면 만쉬타인이 로스토프를 고수하기란 불가능했을 것이기 때문이다.

그러나 파울루스군이 그 동안 견뎌낸 고난은 실로 말할 수 없을 정도였다. 제6군이 포위망 안에 갇히자 마자, 괴링은 공수에 의해 요망되는 모든 보급물자를 보내주겠다고 허풍을 떨었다. 그런데 루마니아군 2개 사단까지 합쳐서 총 22개 사단에 달하는 인원이 하루에 필요로 하는 보급량은 최소한 750톤이었지만 독일 공군은 하루 평균 100톤 정도도 실어 나르지 못했다. 그리고 이것마저 날이 갈수록 줄어들어 1월 24일 이후에는 아무 것도 보내주지 못했다. 애당초 독일 공군에게는 수송기가 절대 부족하였을 뿐만 아니라 날이 갈수록 소련 공군의 활동이 활발해져 갔기 때문에 괴링으로서도 어쩔 수가 없었다.

제6군은 기아에 허덕이다 못해 말마저도 있는 대로 잡아 먹었다. 대지는 너무나 꽁꽁 얼어 붙어 바람을 피할 참호조차 팔 수가 없었다. 동토 위에서 겨울 외투마저 지급받지 못한 독일군 병사들은 하루에도 수백명씩 얼어 죽었다. 소련군에 의한 최초의 항복요구는 1월 8일에 있었고 두 번째는 1월 24일에 있었지만, 두 번 다 파울루스는 히틀러의 명령대로 거부하고 말았다.

그러나 버티는 것에도 한계가 있는 법이다. 1월 30일 파울루스는 히틀러에게 최후통첩을 바라는 전문을 보냈다. 이 전문통신을 받은 히틀러는 파울루스에게 원수의 칭호를 수여하고, 독일군에는 원수가 포로 당한 전례가 없었음을 상기시켰다. 그리고 11명의 다른 장교도 계급이 껑충 뛰어 올랐다.

히틀러는 이러한 명예가 피비린내 나는 전장에서 영광스러운 죽음을 맞이하는 그들의 결의를 강화해줄 것으로 기대했던 것이다. 그러나 아무도 기뻐하는 자는 없었다. 모두가 바라는 원수의 반열에 올라선 파울루스 조차도 전혀 무감각했다. 이러한 조치는 오히려 죽음의 제전과도 같은 분위기를 자아냈다. 제6군의 마지막 메시지는 1월 31일 저녁 무렵에 보내졌고 파울루스는 당일 소련군에 투항하였다. 그리고 최후의 부대가 항복한 것은 2월 2일 정오 조금 전이었다.

깊은 눈에 뒤덮이고 붉은 피로 물든 전장에는 이제야 정적이 흐르기 시작했다. 24명의 장군을 포함한 91,000명의 독일군은 굶주리고 동상과 부상으로 만신창이가 된 채, 핏덩이가 덕지덕지 붙은 모포를 둘러쓰고서 영하 30도의 동토 위로 시베리아를 향해 한없이 끌려갔다. 비행기로 탈출한 약 20,000명의 루마니아군과 29,000명의 부상병을 제외하고 그것이 2개월 전 280,000명을 헤아리던 긍지 높은 제6군의 남아 있는 전부였다. 그리고 시베리아 포로수용소로 끌려갔던 91,000명의 독일군 장병 중에서 생명을 유지하여 다시 조국의 땅을 밟을 수 있었던 행운아는 불과 6,000명 뿐이었다.

독일군은 스탈린그라드 혈전에서 무려 60,000대의 차량, 1,500대의 탱크, 6,000문의 대포, 그리고 280,000명의 인원을 상실하였지만, 이 전투가 지니는 의미는 그보다 훨씬 심각한 것이었다. 이 결전이야말로 엘 알라메인 전투와 더불어 제2차 세계대전 중 가장 결정적인 전투로 손꼽히고 있으며, 실로 전쟁의 운명을 판가름 지은 위대한 전기였기 때문이다. 독일이 제6군의 괴멸을 국민들에게 발표하면서 방송했던 베토벤의 교향곡 운명의 제2악장처럼, 히틀러와 그가 꿈꾸었던 제국의 운명은 이제 볼가강을 따라 영원히 흘러가 버리고 말았던 것이다.

2) 북아프리카와 이탈리아 반도 작전

(1) 엘 알라메인 전투

롬멜이 북아프리카에서 영국군을 격파하고 알렉산드리아에 육박한 1942년 여름은 연합군으로서는 최악의 시련기였다. 소련에서는 코카사스가 독일군의 발굽아래 짓밟히고 있었으며, 태평양 방면에서는 말레이 · 필리핀 · 동인도지나제도 등이 이미 일본군의 손아귀에 들어가 있었다. 그러나 연합군은 아직도 반격을 취할 수 있는 준비는 커녕 점점 더 궁지로 몰리는 감이 짙었다. 이처럼 암담하고 무더운 1942년 여름 루즈벨트와 처칠은 워싱턴에서 회담을 열고, 서부유럽에 대한 상륙을 연기할 것과 그 대신 북아프리카 상륙을 가을에 시행하기로 합의하였다. 그러나 무엇보다도 급선무는 영국 제8군을 지원하여 롬멜군이 더 이상 수에즈운하 쪽으로 진출하지 못하도록 해야 된다는 것이었다.

이와 같은 시점에서 중동방면 영국군사령부는 다시금 체제를 바꾸어 중동지역사령관 오친렉 장군 후임에 알렉산더(Harold G. Alexander) 대장이 부임하였으며, 제8군사령관에는 리치장군 대신에 몽고메리(Bernard L. Mont- gomery) 중장이 임명되었다. 패배로 인하여 사기가 떨어진 제8군을 인계받은 몽고메리는 즉시 부대 재정비에 착수하고 맹렬한 훈련에 의하여 사기 및 전투력 회복을 꾀했다. 또한 그는 이제까지의 모든 철수계획을 패기하고 엘 알라메인 방어에 모든 노력을 투입케 했다. 사막공군사령부와 제8군사령부를 동일지역에 위치시킴으로써 공지협동작전의 원활을 꾀했다. 아울러 그는 포병과 기갑부대의 집중적 운용을 기하기 위하여 롬멜의 아프리카군단에 대응할 수 있는 기갑예비군단을 편성하였으며, 그 밖에도 장병들의 복지향상과 각급 지휘간의 지휘력 신장에 중점을 경주했다.

몽고메리의 이와 같은 노력으로 제8군은 차츰 사기와 전투력을 회복하였으며, 롬멜의 이름만 들어도 도망쳤던 영국군은 이제 어느 정도 자신감도 가지게 되었다. 한편 전선이 소강상태가 된 7월과 8월에는 보급문제는 가장 중요한 작전임무였는데, 독일군은 보급수송이 어려워졌던 반면, 영국군은 끊임없이 증원되어 나날이 강화되어갔다. 당시 히틀러는 스탈린그라드와 코카사스 방면에 몰두해 있었던 관계로 한 개의 훈장보다 한대의 전차를 호소한 롬멜을 돌아볼 겨를이 없었으며, 롬멜의 병참선 자체도 길게 연장되어 있었을 뿐만 아니라 제해, 제공권의 상실로 말미암아 계속 위협받고 있었으므로 보급사정은 커다란 난관에 봉착해 있었던 것이다. 이러한 상항에 처하여 시간이 흐르면 흐를수록 점점 더 불리해진다고 생각한 롬멜은 선제공세를 취함으로써 난국을 타개코자 하였다.

엘 알라메인 전투

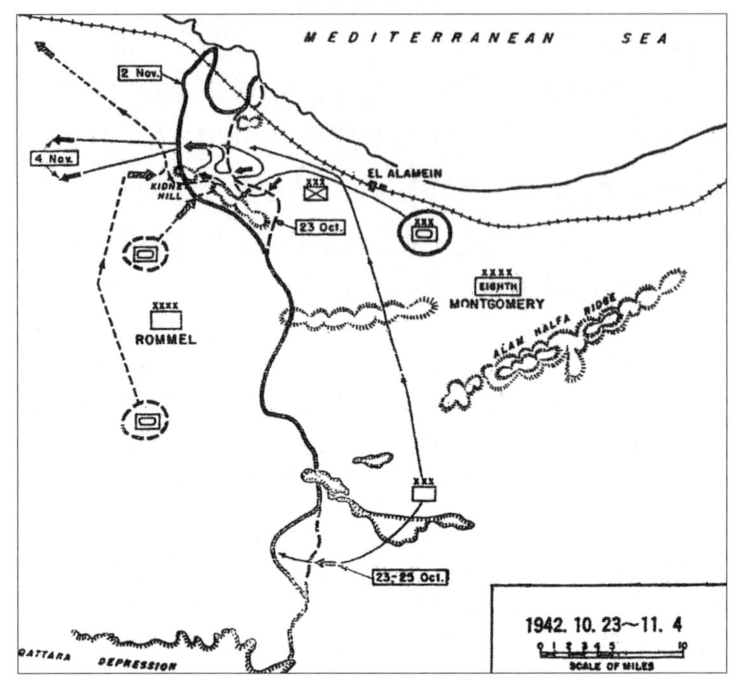

반면에 몽고메리는 롬멜이 먼저 공격해 오기를 기다렸다. 알렉산드리아로부터 서쪽으로 불과 69마일 떨어져 있는 영국군의 엘 알라메인 방어선은 해안에서부터 남쪽의 카다라 저지대에 이르는 길이가 35마일의 강력한 진지였는데 몽고메리는 방어지역 가운데서 엘 알라메인 동남방의 알람 할파 전선이 가장 요충지라고 판단했다. 왜냐하면 이 능선은 사막을 멀리 감제 관측할 수 있으며, 만약 롬멜이 영국군의 주 전선에 대한 포위를 성공시키려면 반드시 이 능선을 점령해야만 되었기 때문이다. 몽고메리는 이 능선을 강력한 요새로 구축하여 보병 1개 사단과 기갑 2개 여단, 그리고 대 전차포 부대를 롬멜의 공격방향으로 예상되는 능선 남방에 주로 배치하였으며, 아울러 지뢰 및 포병의 탄막으로 보강시켜 놓았다.

이처럼 만반의 준비를 갖춘 몽고메리에 대하여 롬멜은 8월 31일 밤 공격을 개시했다. 롬멜은 나이츠브리지 전투에서처럼 영국군 방어망을 남방으로부터 우회하여 라길 저지대(Ragil Depression)를 돌파한 다음 북으로 밀고 올라갔다. 이제 몽고메리가 알람 할파 능선 일대에 구축해 둔 진지는 큰 역할을 담당하게 되었다. 몽고메리는 롬멜을 맞아 싸우기 위하여 광활한 사막으로 나가지 않고, 휘하병력을 진지 내에 머물게 하여 독일군으로 하여금 함정으로 빠져 들도록 유인하였다. 롬멜은 철벽과 같은 영국군의 알람 할파 진지를 굴복시키려고 3일 간이나 맹공을 가했으나 오히려 적의 기갑부대와 대 전차포에 의하여 대 손실을 입었으며, 영국군의 맹렬한 공중공격으로 병참선마저 차단당할 위기에 빠지자 실패를 자인하고 재빨리 퇴거하고 말았다.

그러나 몽고메리는 철수하는 롬멜군을 추격하지 않고 9월 7일에 원래의 방어선을 메우는 정도로 전투를 중지시켰다. 애당초 몽고메리의 작전계획에는 추격계획이 없었으며, 섣불리 전과 확대를 꾀했다가 도리어 롬멜의 교묘한 역습에 걸린다면 애써 획득한 승리를 놓칠 우려도 있었으므로 그는 추격을 포기했던 것이다. 이는 몽고메리의 사막의 생쥐다운 면모를 여실히 드러낸 조치로서 실제로 롬멜은 이전에도 여러 번이나 패배의 위기에서 승리자로 둔갑한 예가 있었으며, 영국군은 아직도 롬멜 공포증으로부터 완전히 헤어나지 못했던 것이다.

이렇게 해서 몽고메리는 엘 아라메인 전투의 서전이라고 할 수 있는 알람 할파 전투를 승리로 장식하였다. 이제 롬멜과 몽고메리의 입장은 바뀌어 롬멜은 이전에 영국군이 방어를 하고 있었던 지역에서 진지를 구축하고 영국군의 공격을 기다리는 입장이 되었다. 알람 할파 전투에서 롬멜군을 격퇴한 다음에도 영국군은 계속 증강되었고 막대한 양의 전쟁물자를 비축하여 1942년 10월 15일경에는 모든 면에서 독일군을 압도할 수 있게 되었다. 이와 같이 만반의 공격준비가 갖추어졌음에도 불구하고 몽고메리는 훈련과 예행연습의 반복, 그리고 치밀한 작전계획을 검토하고 또 검토하느라고 공격시간을 지연시키기까지 하였다.

몽고메리의 작전개념은 통상 남방에 주공방향을 두어온 종래의 작전형태와 정반대로 해안 쪽인 북방에 주공을 두어 전선을 돌파한다는 것이었고, 이를 위하여 그는 압도적으로 우세한 병력과 화력을 주공정면에 집중시켰다. 몽고메리의 세부 공격계획은 제13군단이 남쪽에서 조공을 실시하는 한편, 제30군단이 북쪽에서 침투하여 돌파구를 만들고 기갑부대인 제10군단이 후속하여 돌파구를 확대함으로써 적을 격파한다는 것이었다. 이에 따라 공격은 3단계로 나뉘어 실시될 예정이었다. 제1단계인 "Break in"은 보병이 적진에 돌입하는 단계이고, 두 번째인 "Dogfight"는 최후의 일격에 저항할 수 없을 정도로 적군을 소모시키는 혼전단계로서 이때 기갑부대는 적 기갑부대의 역습에 대비하며, 제3단계는 최후의 강타로 적 전선을 돌파하여 그들을 격멸시키는 "Break out" 단계였다.

10월 21일 몽고메리는 중령급 이상 전 장교를 집합시켜 상세한 계획을 설명하였고, 마침내 10월 23일 밤 9시 40분 엄청난 규모의 공격준비사격을 실시한 후 공격을 개시하였다. 영국군의 공격은 시간, 방향, 규모에 있어서 완전히 기습이었으니 공교롭게도 롬멜은 공격 당시 북아프리카전선에 있지도 않았을 뿐만 아니라 독일군은 공격개시 3일 후에야 비로소 주공방향이 북방인 것을 알아챌 정도였다. 영국군 보병부대는 공군과 포병 및 기갑부대의 완전무결한 지원을 받으면서 서서히 전진을 계속하여 500,000개 이상의 지뢰로 강화된 독일군의 종심진지를 돌파하였다. 보병이 대검과 탐침으로 일일이 지뢰를 제거하는 동안 기갑부대는 후방에서 초조하게 기다렸으며, 일단 돌파구가 형성되자 기갑부대는 그 간격을 통하여 물밀듯이 쇄도해 들어갔다. 그리고는 참으로 처절한 혼전이 벌어졌다. 비엔나 남쪽의 휴양지 제머링(Semmering)에서 간염과 혈압을 치료하면서 요양 중이던 롬멜이 황급히 전선에 도착했을 때 사태는 이미 기울어 가고 있는 중이었다. 롬멜이 있는 곳에 기적이 있다라고 칭송되어온 롬멜이라 할지라도 압도적으로 우세한 병력과 화력, 그리고 공중지원을 받는 영국군을 저지하기에는 시간이 너무 늦어 있었다.

10일간의 격전 끝에 영국군은 11월 2일 전선돌파에 성공하였다. 롬멜은 마지막 안간힘으로 역습을 취하기 위하여 잔존 기갑부대를 집결시키고자 하였으나 영국공군의 폭격으로 부대집결이 불가능하였고, 연료와 탄약의 부족은 더 이상의 저항을 무의미하게 만들었다. 하는 수 없이 롬멜은 잔여부대를 수습하고 퇴거를 개시하였다. 롬멜이 철수를 시작하자 몽고메리는 즉시 맹렬한 추격을 시작했다. 그러나 롬멜은 영국공군의 방해와 우세한 적 기갑부대의 가혹한 추격을 받으면서도 능숙한 솜씨로 이를 뿌리치고 질서정연한 퇴각을 실시하였다. 다만 그의 휘하에 있었던 이탈리아군 보병사단의 대부분은 그대로 방치된 채 영국군 수중에 떨어지고 말았다.

롬멜의 철수는 12월 23일 엘 아케일라에서 멈추어지고 이곳에서 3주일간 쉬었으나 이내 영국군의 집요한 추격에 의하여 다시 부에라트(Buerat)선까지 퇴각하였고, 1943년 1월 23일에는 트리폴리 마저 영국군의 장악 하에 들어갔다. 여기까지 영국군은 3개월 동안에 무려 1,400마일을 추격하는 왕성한 정력을 과시하여 롬멜군에게 숨돌릴 여유조차 주지 않았으나 이후의 추격전은 다소 둔화되었다. 이 무렵 이미 지난해 11월 8일에 시행된 연합군의 북아프리카 상륙작전(Op. Torch)으로 인하여 배후의 상황이 불리해졌으므로 롬멜은 스스로 튜니지아(Tunisia)로 철수하여 3월 20일 마레트(Mareth)선에 포진하였다.

이리하여 제2차 세계대전 중 가장 결정적인 전투의 하나였던 엘 알라메인 전투는 사막의 생쥐가 사막의 여우를 몰아세워 최후의 굴로 쫓은 장면에서 막을 내리게 되었다. 처칠은 "엘 알라메인 이전에 우리에게는 승리가 없었고, 엘 알라메인 이후에 우리에게는 패배가 없었다"라고까지 이 전투의 의의를 높이 평가하고 있다. 확실히 엘 아라메인 전투는 스탈린그라드 전투와 더불어 제2차 세계대전의 흐름을 바꾸어 놓은 전환점이었으며, 이로부터 동맹군의 중동접근 위협은 제거되었고 연합군의 사기는 크게 고조되었던 것이다.

(2) **토오취 작전**(Op. Torch)

1942년 여름 루즈벨트와 처칠이 워싱턴회담에서 북아프리카 상륙을 결정한 후 그 시기만 기다리고 있었다. 연합군이 이 작전을 수행하고자 한 목적은 대략 다음과 같다. ① 지중해 병참선을 안전하게 확보한다. ② 북아프리카의 평정으로 중동에 대한 동맹군의 위협을 제거한다. ③ 동맹군의 힘을 이 지역으로 분산케 함으로써 간접적으로 소련전선에 대한 압박을 완화시킨다. ④ 동맹국 전체에 대한 연합국의 포위망을 압축한다. ⑤ 다카르(Dakar)의 독일군 잠수함(U-boat)기지를 무력화시킨다. ⑥ 북아프리카 지역의 프랑스 레지스땅스 세력에게 근거지를 마련해 준다.

토오취 작전

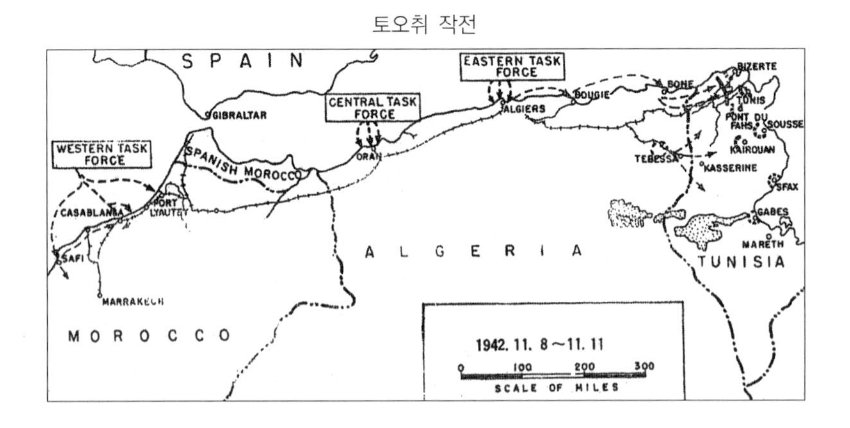

이러한 목표들을 달성하기 위하여 몽고메리의 제8군을 주축으로 하는 알렉산더 장군 휘하 중동방면 영국군은 연합군의 거대한 협공작전에 있어서 동쪽 날개를 형성하고, 아이젠하워(Dwight D. Eisenhower) 장군이 통합 지휘하는 서북아프리카 상륙군은 서쪽 날개를 이루어 그 안에 갇힌 동맹군을 격멸한다는 계획이 세워졌다. 즉 상륙군은 프랑스령 북아프리카의 정치·경제·교통의 중심지인 카사브랑카(Casablanca), 오랑(Oran), 알지에(Algiers)를 점령하고 동쪽으로 진출하여 시씰리 해협의 요충지인 튜니스(Tunis)와 비제르데(Bizerte) 등을 계속 탈취한 다음, 리비아(Libya)로부터 진격중인 영국군과 합류하여 롬멜군을 섬멸한다는 계획이었다. 이 상륙작전에는 연합군의 반격개시를 뜻하는 횃불(Torch)이라는 암호명이 붙여졌다.

프랑스령 북아프리카에 대한 상륙작전을 보다 명확히 파악하려면 우선 당시에 그 지역을 감싸고 있었던 정치적 상황을 살펴 볼 필요가 있다. 북아프리카에 있었던 프랑스인들은 대체로 3파로 갈라져 있었다. 하나는 드골(charles De Haule) 장군의 자유프랑스를 지지하는 세력이었고, 또 하나는 프랑스 해방운동이라는 지하조직으로서 앙리 지로(Henri Giraud) 장군에 의해 대표되고 있었으며, 마지막으로 하나는 비시정부(Vichy French)를 지지하는 세력으로서 원로 뻬땡(Petain)에 대한 감상적인 충성심을 가지고 있었다. 이 마지막 부류는 독일에 협조하는 것이 프랑스의 장래를 위해서 유익하리라고 믿고 있었으며, 프랑스함대 사령관 다를랑(Jean Darlan) 제독이 대표자였다.

연합군은 북아프리카 지역 프랑스인들의 대부분을 점하고 있었던 비시정부 지지세력이 상륙작전에 완강한 저항을 보일 것으로 예상하고, 이를 완화시키는 한편 작전의 원활을 꾀하기 위해서 주로 프랑스 해방운동과 비밀리에 접촉을 유지하였다. 그러나 사태의 추이는 전혀 미지

수로서 큰 기대를 걸기는 어려웠다. 상륙군은 3개의 특수임무부대로 편성되었다. 패튼(George S. Patton) 장군이 지휘하는 서부 특수임무부대는 35,000명의 미군으로 구성되었으며 이들은 카사블랑카를 점령하도록 되어 있었다. 프레덴달(Lloyd R. Fredendall) 장군 휘하 29,000의 미군으로 편성된 중앙 특수임무부대는 오랑으로 향했으며, 미 · 영 혼성부대인 33,000명의 동부 특임부대는 아이더(charles W. Ryder) 장군의 지휘하에 알지에를 점령하기로 하였다. 공격개시 예정일은 1942년 11월 8일이었다 상륙군은 초기목표 달성 후에 중앙 및 서부 특임부대는 오랑과 카사블랑카를 연결하여 스페인령 모로코(Morocco)로부터의 독일군 위협에 대비하고 동부 특임부대는 엔더슨(Anderson) 휘하 영국 제1군으로 편입되어 튜니지아 방면으로 진격할 계획이었다.

아이젠하워는 상륙군을 통합 지휘하기 위하여 11월 6일 지브랄탈(Gibraltar)에 도착하였으며, 예정일에 맞도록 미국 및 영국에서 미리 출항한 상륙부대는 계획대로 11월 8일에 3개 지역에서 일제히 작전을 개시하였다. 예상대로 프랑스인들은 즉시 저항을 시작하였으나, 알지에는 상륙 당일인 8일 오후에 항복하였고, 오랑도 10일 정오에는 장악되었다. 그라나 유일하게 미 본토로부터 항진해 온 패튼장군의 서부 특임부대는 카사블랑카에서 가장 맹렬한 저항에 부딪쳐 곤욕을 면치 몸하였으며, 11일에 가서야 다를랑의 중재에 의하여 전투를 끝냈다. 비시정부 지지세력의 대표였던 다를랑 제독은 의외로 연합군에 호의적 조치를 취했는데 이는 프랑스 주둔 독일군이 휴전조항을 무시한 채 갑자기 11월 11일에 프랑스의 비 점령 잔여지역을 점령한 사태에 자극을 받은 때문이 아닌가 추측되나 확실한 이유는 아직도 수수께끼로 남아있다. 다만 마샬 원수의 보고서가 가장 신빙성 있는 자료를 제공해 줄 뿐이다.

어쨌든 수개월 간의 준비와 3일 간의 전투로서 이 상륙작전은 성공적으로 끝났는데 이 작전의 가장 큰 의의는 미·영 혼성인 100,000의 병력과 258척의 함선, 그리고 수백 대의 항공기가 단일합동참모부의 지휘하에서 일사불란한 작전을 수행함으로써 통합작전 및 상륙작전사상 새로운 기원을 이룩하였다는 점이다.

(3) 이탈리아 전역

① 살레르노(Salerno) 상륙

시실리 전투를 성공리에 끝마친 연합군은 일단 장악한 전략적 선제권을 계속 유지하고 유럽대륙 내에 제2전선을 형성하기 위하여 독일에 대한 압박을 계속할 필요가 있었다. 이에 따라 연합군 수뇌부는 1943년 8월의 퀘백(Qubebee)회담에서 이탈리아 공격을 결정지었다. 이탈리아는 유럽의 복부에 해당하는 지역으로서, 이 전역은 연합군에게 지중해 지배권의 완전장악과 독일군사력의 흡수, 견제라는 이점을 안겨다 줄 것이며, 아울러 북 이탈리아, 오스트리아, 남부 독일의 공업지대 및 루마니아의 유전지대 등 독일의 전략기지를 폭격할 수 있는 항공기지를 제공해 줄 것으로 판단되었다.

이탈리아 상륙

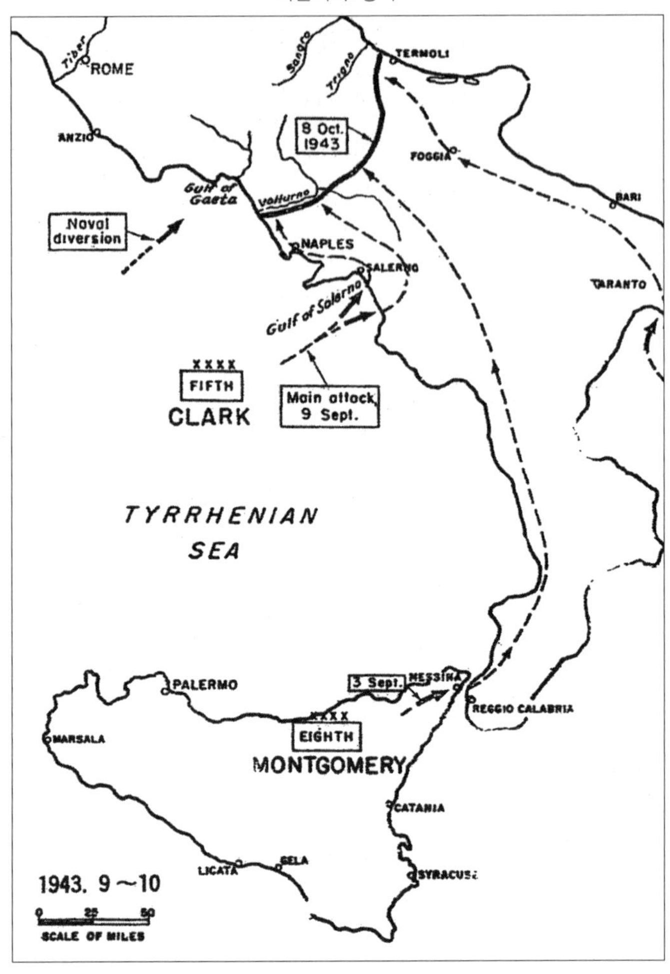

아이젠하워 총사령부 통제하에 이탈리아 공격의 주공은 클라크(Mark W. Clark) 장군의 제5군이 담당하고, 몽고메리 장군의 제8군은 조공을 맡기로 하였다. D일 H시는 1943년 9월 9일 03시 30분으로 예정되었으며, 몽고메리의 조공부대는 이미 D-6일인 9월 3일에 시실리의 메시나로부터 장화발끝의 레기오 칼라브리아(Reggio Calabria)쪽에 상륙하였고,

또 하나의 조공부대인 영국 제1공수사단은 9월 9일 장화 발꿈치 방면의 타란토(Taranto)에 투하되었다.

이탈리아가 항복한 이튿날인 9월 9일 새벽, 주공 제5군은 나폴리(Naples) 남쪽 30마일 지점인 살레르노만에 기습적으로 상륙하였다. 원래 상륙예정지로는 살레르노만과 나폴리 북방의 가에타(Gaeta)만 두 곳이 물망에 올랐으나 시실리섬으로부터의 공중지원 가능거리 때문에 살레르노가 결정적으로 선택되었던 것이다. 살레르노에 상륙한 제5군은 독일군의 즉각적이고도 맹렬한 반격에 부딪쳐 1주일 간이나 해안교두보의 확보를 위한 사투를 벌인 끝에 15일에 가서야 겨우 위기를 넘길 수가 있었다. 이렇게 되자 독일군은 남쪽으로부터의 조공부대와 제5군 사이에서 포위될 것을 우려한 나머지 북방으로 철수하였으며, 9월 16일 나폴리 동남방에서 제5군과 제8군은 합류하였다.

이후 제5군은 나폴리를 목표로 서해안을 따라 북진하였으며, 제8군은 포기아(Foggia)를 향하여 북상하였다. 그리고 마침내 10월 1일 나폴리가 점령되고 연합군은 블투르노(Volturno)강으로부터 트리뇨(Trigno)강에 이르는 선까지 진출하여 10월 6일까지 전선을 정비하였다. 연합군은 주공상륙 이후 27일만에 최초목표를 달성하는 데 성공한 것이다.

② 구스타프선(Gustav Line) 전투

볼투르노강 선에서 일단 전선을 정비한 연합군은 차후 작전을 놓고 미·영간에 다소의 견해차가 생겼다. 처칠은 이탈리아반도 내에서의 북진과 더불어 트리에스트(Trieste) 방면으로 상륙군을 보내서 발칸을 비롯한 동부유럽이 전후에 적화되는 사태를 막아야 한다고 주장한 반면, 루즈벨트는 이탈리아 내에서의 작전에는 찬성하면서도 궁극적으로는 연합군의 제1전선이 영국으로부터의 해협횡단 상륙작전에 의하여 북부 프랑스 일대에 형성되어야 하기 때문에 이탈리아전역이 해협횡단 침공작전 그 자체에 지장을 초래할 만큼 확장되어서는 안되며, 또 발칸에 대한 침공은 병참지원의 난점을 수반하기 때문에 어렵다고 맞섰던 것이다.

물론 당시의 상황으로 볼 때 미국안이 보다 현실성을 띠고 있었으며, 또한 미국 안에 대하여 영국이 끝끝내 반대할 수 없는 처지였기 때문에 처칠은 자신의 고집을 꺾고 말았지만, 그 후 제2차 세계대전이 끝나고 동부유럽이 소련에 의하여 점령되고 그로 말미암아 냉전이 시작되었던 것을 볼 때 처칠의 혜안에 새삼 감탄을 금할 수가 없는 것이다. 여하튼 10월 13일 이후 연합군이 근 한달 간의 악전고투 끝에 볼투르노강 선을 돌파하고 북상하였을 때 그들은 곧 또 하나의 장벽에 부딪치고 말았다. 그것은 가릴리아노(Garigliano)강 전방으로부터 카미노(Camino)산을 거쳐 콜리(Colli)에 이르는 윈터선(Winter Line)이었으며, 이탈리아 방면 독일군사령관 케셀링(Hesselring)원수가 구축한 최초의 본격적 지연진지였다.

양군은 윈터선에서 11월 15일부터 1943년 말에 이르기까지 치열한 전투를 벌였으며, 수적으로 열세한 독일군은 험준한 지형을 이용하여 조금도 물러서지 않고 버티어냈다. 이 동안 케셀링은 윈터선 수마일 후방에 가릴리아노강으로부터 라피도(Rapodo)강을 경유하여 상그로(Sangro)강을 연하는 강력한 방어진지 구스타프선을 구축하였는데, 구스타프선은 로마로 이르는 가장 양호한 직통로인 리리(Liri)계곡의 문턱을 가로막고 있는 주진지로서 윈터선도 결국은 구스타프선의 전초진지에 불과했던 것이다. 구스타프선 가운데 가장 중요한 요충지는 카시노(Cassino)시였다. 구스타프선 정면에 대한 연합군의 공격은 지형적 이점과 철저한 축성으로 강화된 독일군의 저항에 부딪쳐 아무런 진전도 보지 못하고 쌍방간에 피해만 늘어갔다. 이제 정면공격 만으로는 더 이상 어쩔 수 없다는 결론을 내린 연합군은 로마 부근의 적전선 배후에 상륙군을 침투시키는 방안을 꾀했다. 즉 구스타프선 정면에서 강력한 공격을 가하여 독일군을 최대한 고착시키고 제5군 예하 제6군단이 루카스(Lucas) 장군 지휘하에 안찌오(Anzio)로 상륙한다는 것이었다.

이 계획은 1944년 1월 17일 카시노 방면에 대한 정면공격으로 개시되었고, 22일에는 안찌오 상륙이 예정대로 성공하였다. 그러나 루카스 장군은 보다 많은 증원군이 도착하기 전에는 해안교두보를 벗어나서 진출하지 않겠다고 결정했다. 그런데 독일군은 즉시 병력을 투입하여 교두보를 봉쇄하고 말았으며, 결과적으로 대담성과 신속성의 결여로 말미암아 제6군단이 2월 2일경에는 안찌오 해안 일대에서 고립되고 말았다. 이리하여 연합군의 정면공격과 상륙공격은 모두 아무런 성과도 거두지 못한 채 좌절되고 만 셈이다.

처칠은 안찌오에서 옹색하게 버티고 있는 제6군단을 가리켜 좌초된 고래라고 비꼬기까지 했다. 2월 이후 연합군은 구스타프 선을 돌파하기 위하여 다시금 정면공격을 재개하였으나 다만 의미 없는 몸부림에 불과하였다. 더구나 이 무렵에는 노르망디의 침공작전을 위하여 노련한 병력의 다수가 영국으로 전출되어 간 관계로 아이젠하워, 테더, 몽고메리 등 수뇌부는 이미 1943년 말에 떠났으며, 아이젠하워 후임에는 윌슨(H.M. Wilson) 대장이 임명되었다. 그리하여 전선은 1944년 5월까지 교착상태에 빠지고 말았다. 다만 이 기간 중 연합군은 무모한 물량폭격만을 반복하여 한 예로 카시노시는 생물이라고는 찾아볼 수 없을 정도로 폐허화되었고 이곳에 있었던 세계 최고의 성 베네딕트(St. Benidict) 수도원도 잿더미로 화하였다.

③ 로마(Rome)지구 전투

구스타프선에서 교착상태가 계속되는 동안에 연합군은 착실히 증강되어 휴식과 재편성을 완료하였으며 새로운 공격계획도 수립하였다. 이제까지 전선우익에서 조공만을 담당해 온 제8군이 카시노 방면에 대하여 주공을 실시하고 제5군은 카시노시 서쪽에서 조공을 담당하며, 안찌오의 제6군단이 이에 호응하여 교두보를 벗어나 로마로 통하는 주 도로로 진출함으로써 독일군 배후를 위협한다는 것이었다.

공세는 1944년 5월 11일 맹렬한 포격과 동시에 개시되었으나 주공은 또다시 카시노 방면에서 저지 되고 말았다. 그러나 예상 밖으로 조공인 제5군 예하 폴란드군단이 카시노시 좌측에서 방어선을 돌파하여 독일군의 주진지 측면을 위협하게 되었다. 이 때문에 독일군은 17일에 카시노를 포기하고 퇴각하기 시작했으며, 제5군은 25일 안찌오로부터 남하한 제6군단과 합류하였다.

이로부터 연합군은 퇴각하는 독일군을 맹렬히 추격하여 구스타프선 배후의 예비진지인 히틀러선 마저 여지없이 분쇄하고 마침내 6월 4일 로마에 입성하였다. 계속해서 추격의 고삐를 늦추지 않은 연합군은 7월 20일경 대략 로마 북방 160마일 지점인 아르노(Arno)강 부근까지 도달했다. 그러나 독일군은 험준한 아펜나인(Apenneines)산맥의 지세를 이용하여 다시 한번 연합군의 진격을 저지할 수 있었고 연합군도 이 무렵 남프랑스 해안에 대한 안빌 상륙작전 준비 차 다수의 병력을 차출하였으므로 더 이상의 진격을 포기할 수밖에 없었다.

구스타프선 돌파 후부터 아르노강에 도달할 때까지 연합군이 펼쳤던 진격작전은 이탈리아전역 중 가장 뛰어난 것이었지만 케셀링이 지휘한 독일군 역시 모든 교량과 도로를 파괴하면서 교묘하고도 질서정연한 퇴각을 실시하여 그들의 우수성을 십분 과시하였다.

④ 고딕선(Cothic Line) 전투

독일군이 이탈리아반도에 최종적으로 구축한 방어선은 피사(Pisa)로부터 플로렌스(Florence)를 거쳐 리미니(Rimini)에 이르는 길이 150마일의 고딕선 이었다. 고딕선은 아르노강과 아펜나인 산맥의 지형적 이점을 최대한으로 살린 종심 깊고 견고한 방어진지로서 그 배후에는 포오 계곡(Po Valley)이라는 역시 만만치 않은 지형적인 난관이 도사리고 있었다. 그러나 일단 이 방어진지가 붕괴되는 경우에는 그 뒤로 멀리 알프스산맥까지 별다른 장애가 없었으므로 독일군은 필사적으로 고딕선을 지키지 않을 수 없었다.

1944년 7월 말경 서쪽으로는 아르노강 일대에서부터 동쪽으로는 안코나(Ancona) 부근에 연하는 선에서 소규모작전을 계속하던 연합군은 7월 23일 피사를, 8월 4일에는 플로렌스를 점령하는 성과를 올렸으나 이에 만족하지 않고 드디어 8월 25일부터 대규모 공세에 들어갔다. 이 공세의 주공은 우익인 제8군이 맡고, 조공은 제5군이 실시하였는데, 쌍방간에 손실이 많은 혈전을 거듭한 끝에 9월 21일 리미니를 함락하고 10월 말에는 아펜나인 산맥에서 독일군을 거의 몰아낸 뒤, 포오 계곡 일대에서 교통의 요지인 볼로냐(Bologna) 전방 15마일까지 진격했다. 그러나 종심 깊은 고딕선을 끝내 돌파하지는 못하고 이후부터 이듬해 봄까지 전선은 소강상태에 들어가고 말았다.

전선교착 기간 중인 12월 12일 지중해방면 연합군 최고사령관 윌슨 장군이 워싱턴의 영국 군사대표단장으로 전출하자 후임에는 알렉산더 원수가 임명되고 제15집단군은 클라크 장군이 지휘하게 되었다. 새로 개편된 지휘부 밑에서 봄이 될 때까지 만반의 준비를 갖춘 연합군은 4월 초순 최후의 총공세를 개시함으로써 오랜 소강상태를 깨뜨렸다.

4월 9일 조공부대인 제8군은 아드리아해 방면에서 14일에는 주공인 제5군이 볼로냐 남서쪽에서 각각 포문을 열고 북상하기 시작했으며, 21일에는 볼냐를 점령하였다. 막대한 양의 공중폭격과 더불어 실시된 이 공세는 독일군을 완전히 와해시켰기 때문에 4월 말경 알프스 산맥으로의 추격은 마치 단체 술래잡기처럼 뿔뿔이 흩어진 독일군을 쫓고 쫓기는 양상이 벌어졌다.

그리고 마침내 5월 2일 독일 서남집단군의 무조건 항복으로 600일 간의 이탈리아 전역은 모두 끝났는데, 역사상 이탈리아가 남쪽으로부터 침입한 군대에 의하여 정복된 것은 이것이 처음이었다. 기간 중 양군의 인명피해는 동맹군이 556,000명이었고 연합군은 312,000명에 달하였다.

돌이켜 보건대 연합군이 이탈리아전역을 계획한 당초 의도는 이 지역에 제2전선을 형성하여 되도록 많은 동맹군을 흡수 견제하겠다는 것이었지만 결과적으로 이 목적은 제대로 달성되었다고만 볼 수만 없다. 왜냐하면 견제를 목표로 했다면 독일군과 대등 내지 우세할 정도의 군사력을 구태여 유지할 필요가 없었던 것이며, 만일 견제가 아니라 격파가 목표였다면 보다 많은 역량을 집중하여 단시일 내에 작전을 끝냈어야 옳았을 것이다.

연합군은 견제도 섬멸도 아닌 어중간한 입장을 취함으로써 별다른 이점도 중요성도 없는 작전을 종전이 될 때까지 질질 끌어온 것뿐이며, 사실 그만한 병력과 물자를 보다 유익하고 중요한 작전에 투입하였다면 훨씬 나은 결과가 초래되었을 것임에 틀림없다. "전사상 그토록 전략적 판단력과 전술적 창의력이 결여된 작전은 없었다" 라고 혹평한 풀러(J.F.C Fuller)의 견해를 구태여 인용하지 않더라도 이탈리아작전은 결론적으로 말해서 연합군이 케셀링 예하의 독일군에 의하여 오히려 견제당한 전역이었다고 평가되어야 할 것이다.

3) 노르망디 상륙작전

노르망디 상륙작전의 예정일은 1944년 6월 5일이었다. 그러나 6월 4일 새벽 출격시간이 되자 기상이 악화되기 시작하여 비바람이 몰아 닥쳤다. 아이젠하워 장군은 결단의 기로에 서게 되었다. 악천후를 무릅쓰고 공격을 단행할 것인가? 아니면 연기할 것인가? 만일 그대로 단행했다가 폭풍우 때문에 실패한다면? 그러나 연기한다면 상륙해안의 조수조건 때문에 다시 한 달을 기다려야 되는데 이로 말미암은 공격군의 사기 침체는 사태를 그르칠 수도 있다. 참으로 피를 말리는 하루가 흘러갔다. 그리고 역사적인 날은 6월 6일로 결정되었다. 그런데 일기불순은 오히려 전화위복이 되었으니 독일군의 초병정들이 풍랑 때문에 모두 귀항한 탓으로 연합군 선단은 노르망디 해안까지 발각되지 않고 도달할 수 있었던 것이다.

노르망디 상륙작전

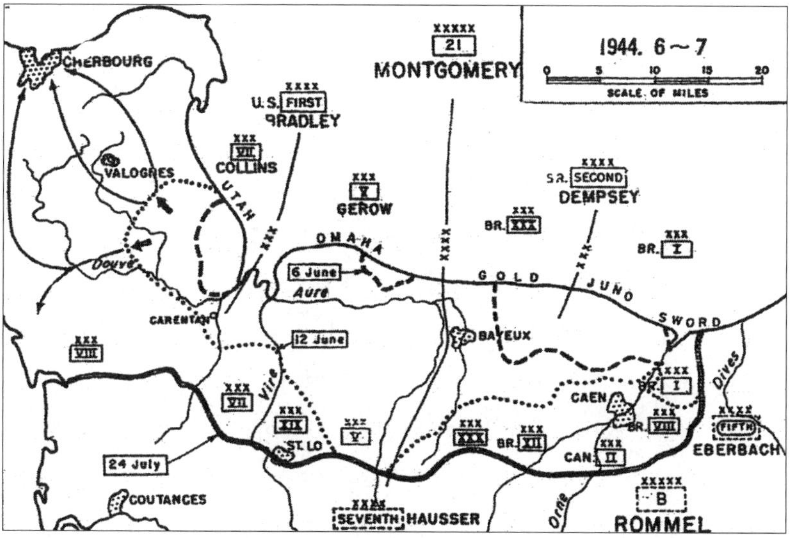

상류해안은 유타(Utah), 오마하(Omaha), 골드(Gold), 쥬노(Juno), 스오드(Sword) 등 5개 지역으로 미리 구분되어 있었는데 유타 및 오마하해안에는 브래들이(Omar N. Bradley) 중장이 지휘하는 미 제1군 예하 제7군단과 제5군단이 각각 상륙하고, 뎀츠시(Miles C. Dempsey) 중장이 지휘하는 영국 제2군

예하 제30군단은 골드해안에, 제1군단은 쥬노와 스오드 해안에 상륙하기로 예정되었다.

새벽 1시 30분부터 미 제82 및 제101공수사단은 유타해안 서방에 낙하하였다. 제82사단의 임무는 메르데레(Merderet) 강상의 교량들을 점령하여 차후에 쉘브르항 공격을 용이케 하는 것이었고, 제101사단에게는 유타해안에 대한 독일군의 반격을 저지하여 제4사단의 상륙을 엄호하라는 임무가 부여되었다. 같은 시각 까앙시 동방에 투하된 영국 제6공수사단도 오르느(Orne) 강상의 교량을 점령함으로써 상륙군의 좌익을 엄호할 임무를 띠고 있었다.

이들은 비록 강풍으로 인하여 분산되기는 하였지만 주어진 임무를 효과적으로 수행하였다 3시 14분, 예정보다 조금 빠르게 상류해안에 대한 공군의 전술폭격이 개시되었고, 5시 35분 상륙선단에 대한 독일군 해안포대의 포격이 시작되었다. 일출 후인 5시 50분 함포사격이 해안일대를 뒤엎기 시작했으며, 6시 30분 유타 및 오마하 해안에 미 상륙부대들이 도착하였다. 유타해안에 상륙한 미 제4사단은 공수부대 덕택에 별다른 저항을 받지 않고 불과 3시간 만에 교두보를 확보하였으며, 전 상륙부대 가운데서도 가장 경미한 피해를 입었다. 그러나 오마하 해안에 상륙한 미제1사단은 커다란 난관에 부딪쳤다. 오마하해안은 상륙지역 중에서 가장 강력한 방어시설이 있었을 뿐만 아니라 마침 그 부근에서 훈련 중이던 독일 제352사단의 즉각적인 반격으로 수많은 사상자가 발생한 것이다. 높은 파도와 탄우 때문에 상륙용 단정들은 제대 별로 상륙하지 못하고 이리저리 섞였으며, 서로 혼합을 이루어 뒤죽박죽이 된 부대들은 엄폐물조차 전혀 없는 해안에서 대혼란에 빠졌다. 피에 물든 몇 시간이 지난 후 미군은 겨우 소집단으로나마 통제력을 회복하고 전투공병대의 협조 하에 방어진을 돌파할 수 있었다. 그러나 밤이 되어 그런대로 교두보가 자리를 잡게 될 때까지 전상자는 무려 3,000명에 달했다.

영국군 상륙부대들은 미군보다 조금 늦은 7시 20분경 해안에 도달하였다. 3군데의 해안 모두에서 예상보다 비교적 경미한 저항이 있었을 뿐 영국 및 캐나다사단들도 당일로 교두보 확보에 성공하였다. 일단 상륙에 성공한 연합군은 서로 떨어져 있는 교두보를 연결하기 위하여 즉각적인 공세를 전개하였으며, 후속부대와 물자의 양륙을 서둘러 D+6일까지 326,547명의 병력과 54,186대의 차량, 104,428톤의 보급품을 양륙시켰다.

이제 독일군이 연합군을 해안에서 몰아낼 수 있다는 희망은 물거품처럼 사라져 버렸고, 가득 찬 물그릇에서 물이 넘쳐 흐르듯 연합군의 물결은 내륙으로 밀려들기 시작했다. 6월 27일 쉘브르항이 점령되었고 7월 18일에는 세인트 로(St. Lo)가, 24일에는 깡앙이 함락되었다. 이로써 Overlord계획의 제4단계인 교두보 확장이 달성되었으며 유럽대륙에 발판을 구축하고자 했던 연합군의 오랜 숙원이 이루어졌다.

한편 상륙작전이 시행된 직후 해안에는 새로운 명물이 생겨났는데, 그것은 바로 "Mulberrry"라고 불리는 조립식 인조교두보였다. 해안 앞바다에 거대한 콘크리트 상자와 기둥들을 가라앉히고 그곳으로부터 해안까지 강철교량이 가설됨으로써 이 급조교두보는 완성되었으며, 수많은 낡은 선박들이 그 배후에 자침되어 훌륭한 방파제도 마련되었다. Mulberry는 처칠의 구상에서 비롯되어 영국에서 만들어진 것으로서 전체의 폭은 약 2마일 정도였고 미군과 영국군 상륙지역에 각각 하나씩 부설되었다. 양륙능력은 하루에 6,000톤 규모였는데 아깝게도 미군지역에 만들어진 것은 40년 이래의 대 폭풍으로 사흘만이 6월 19일에 파괴되고 말았다. 그러나 영국군 것은 그 뒤로도 내내 연합군의 병력과 물자양륙에 커다란 도움을 주었다.

롬멜의 참모장이었던 쉬파이델(Speidel) 장군도 Mulberrry가 Overlord 작전의 성공을 위해서 결정적으로 중요한 공헌을 하였다고 평가한 바 있다. 그러면 독일군은 어째서 힘없이 물러서고 말았던가? 전반적으로 볼 때 독일군의 전투력이 열세했던 것이 주요 원인이기는 했으나 대체로 다음과 같은 요인들이 사태를 그르치게 만들었다. 첫째 제공, 제해권의 상실, 특히 연합군 공군의 폭격은 독일군의 병력이동을 방해하여 효과적인 반격을 불가능하게 하였다. 원래 상륙부대에 대한 역습의 성패는 예비대의 집중속도에 좌우되는 것인데, 노르망디 방면으로 향한 독일군의 이동은 폭격으로 극심한 제한을 받아 소규모적이고 단편적인 투입만이 가능하였다. 이 때문에 수차에 걸친 독일군의 축차적 반격은 번번히 격퇴당했을 뿐만 아니라 나중에는 오히려 시시각각으로 증강되어가는 연합군의 압력마저도 지탱해 내기가 어렵게 되었다.

둘째, 독일군은 연합군의 기만방책과 그들 자신의 편견으로 인하여 빠드깔레에 지나치게 집착하였다. 독일군은 일찍부터 연합군이 만일 해협을 건너 상륙해온다면 대부대상륙을 위해서 최단거리인 깔레 쪽을 택할 것이며 1940년 깔레 바로 우측에 있는 덩께르크에서 당한 참패를 역시 같은 그 쪽에서 갚으려 할 것이라고 판단했던 것이다. 더구나 연합군이 노르망디에 상륙한 뒤에도 그 규모가 전 상륙군의 20% 미만이라는 잘 못된 정보판단을 내림으로써 장차 패튼장군이 이끄는 주공부대가 깔레로 상륙하리라고 오산하였다. 깔레 방면이 주공이 될 것이라는 독일군의 확신은 D-데이 6주 후까지도 이 방면에 제15군 예하 19개 사단을 요지부동으로 묶어 놓게 만들었으며, 결과적으로 노르망디 방면에 대한 조기대책을 취할 수 없게 하였다.

셋째, 노르망디가 주공이라고 판명된 후에도 이를 격퇴시킬 만한 전략예비대가 부족하였다. 7월 24일까지 세인트 로에서 까앙을 잇는 선을 점령하여 교두보 확장단계를 완료한 연합군은 장차 대규모적인 공격을 위해서 대대적인 준비를 하고 있었다. 매일 평균 30,000톤의 보급품과 30,000명의 병력이 하선되었으며, 패튼장군이 지휘하는 제3군도 대륙에 도착하였다.

이에 반하여 독일군은 적지 않은 내부적 혼란을 겪고 있었다. 쉘브르항이 피탈된 직후 룬드쉬테트와 롬멜은 방어에 보다 용이한 쎄에느강선까지의 철수를 히틀러에게 건의하였다가 오히려 7월 3일 룬드쉬테트가 해임당하였으며, 17일에는 롬멜도 의문의 공중공격을 받고 부상을 당하여 물러서고 말았다. 이 두 사람의 빈 자리는 클루게(Kluge)의 겸직에 의하여 메워졌다. 엎친 데 덮친 격으로 7월 20일에는 히틀러 암살 미수사건이 발생하여 국내가 혼란해고 히틀러는 측근 보좌관들마저 불신하게 됨으로써 군사작전을 거의 독단에 의하여 이끌어 가게끔 되었다.

(1) 코브라 작전(Op. Cobra)

확장된 교두보 안에서 만반의 준비를 갖춘 연합군은 이제 프랑스 내륙으로의 돌파작전을 계획하고 코브라라는 명칭을 붙였다. 이 계획에 의하면 강력한 공중폭격과 제1군의 지상공격으로 독일군 방어선에 간격을 형성하고, 뒤에서 도사리고 있던 패튼 장군의 제3군이 이 간격을 통하여 코브라의 머리처럼 뒤쳐 나가기로 되어 있었다.

그런데 독일군도 결사적인 각오로 돌파를 저지하고자 유리한 지세를 이용하여 방어선을 구축하고 있었다. 이 지세란 일종의 장벽으로서 몇 미터나 되는 제방 위에 수년씩 자란 나무가 덮인 뚝이었다. 이 뚝 을 돌파하기 위하여 브래들리 장군은 클린(Curtis G. Culin Jr.)이라는 한 기병하사의 건의대로 전차 앞머리에 철강의 뿔을 장치함으로써 커다란 성과를 얻었다.

코브라 작전은 7월 25일 9시 30분 공군의 융단폭격으로 막을 올렸다. 2,500대의 항공기가 세인트 로 서방도로를 따라 길이 7마일 폭2마일 정도의 면적에 4,000톤 이상의 폭탄을 투하였으며, 11시부터 미군 3

개 사단이 맹공을 가하여 돌파구를 형성하였다. 패튼의 제3군은 이 돌파구를 통하여 물밀듯이 밀어 닥쳐서 7월 말까지 그랑비일(Granvilles) 및 아브랑쉬(Avranches)를 점령하였다. 이로써 연합군이 브레타뉴반도로의 통로를 열었을 뿐만 아니라, 독일군의 좌익을 위협하면서 동쪽으로 급선회하여 센강과 파리 방면으로 진출할 수 있게 되었다.

(2) 럭키스트라이크 작전

코브라작전이 끝난 8월 1일 브래들이는 제1군의 지휘권을 핫지스(Courtney H. Hodges) 중장에게 이양하고, 제1군과 제3군으로 새로이 편성된 제12집단군을 지휘하게 되었다. 그리고 같은 8월 1일 패튼장군의 제3군은 새로운 진격을 개시하여 3일에 렌느(Rennes)를 점령하고 브레타뉴반도를 고립시켰다.

이때 아이젠하워 사령부는 최초로 Overlord 계획을 일부 수정하였으니 원래 패튼장군의 제3군은 브레타뉴반도를 소탕하고 브레스트(Brest)항을 비롯한 모든 항구를 개방하는 것이 임무였으나, 항구들을 점령한다 하더라도 셀브르항의 경우처럼 독일군에 의해 파괴될 것이 틀림없었으므로 아무런 이득이 없다고 판단한 나머지 본래의 계획을 변경시켰던 것이다.

그리하여 패튼 장군에게는 제8군단 하나만을 브레타뉴 방면으로 보내서 본래의 임무를 수행하도록 하고, 그 자신은 직접 3개 군단의 주력부대를 이끌고 동쪽으로 급회전하여 센강 이 서지역을 조기에 확보하라는 명령이 하달되었으니 이것이 바로 럭키 스트라이크 작전이었다. 결국 고삐풀린 말처럼 거침없고도 맹렬한 패튼 장군의 진격으로 벌써 8월 9일에는 100마일이나 떨어져 있던 르망(Le Mans)이 점령되었고, 이 때문에 독일군의 좌익은 잘 드는 칼에 의하여 썩 베어져 나간 꼴이 되고 말았다.

(3) 팔레에즈-아르장땅(Falais-Argentan) 포위전

패튼장군의 제3군이 아브랑쉬 지역을 돌파하고 프랑스 평원으로 진출하자 클루게장군은 그 예기를 도저히 저지할 수 없다고 판단하고 히틀러에게 센강선으로 후퇴하여 방어할 것을 건의하였다. 그러나 히틀러는 오히려 모든 기갑부대를 동원하여 모르뎅(Mortain) 방면에서 반격하도록 명령하였다. 히틀러의 의도는 모르뗑쪽으로부터 아브랑쉬로 진격하여 이를 재 점령한다면 패튼장군의 제3군은 차단, 고립될 것이고, 노르망디 방면에 대한 압축도 가능하리라는 것이었다. 그리하여 히틀러는 클루게장군의 반대에도 불구하고 에버하흐(Eberbach) 장군 지휘하에 특수기갑군을 편성하여 8월 7일 새벽 기적공격을 개시했다. 그러나 연합군의 즉각적인 예비대 투입과 맹렬한 공중폭격으로 독일군의 진격은 모르뗑에서 저지되고 말았다.

일단 독일군의 예봉을 꺾은 연합군은 이를 차단, 섬멸하기 위하여 패튼군을 르망으로부터 아르장땅(Argentan) 방면으로 북상시키고 크레라르(Crerar)장군 예하 캐나다 제1군은 팔레에즈(Falaise)쪽으로 남진시켰다. 모르뗑 방면에 병력을 집중시켰기 때문에 측면이 약화된 독일군은 연합군의 공격을 저지할 수 없었고, 패튼장군은 13일에 아르장땅을, 그레라르장군은 16일에 팔레에즈를 탈취하여 바야흐로 올가미가 완성될 단계에 놓였다. 그러나 독일군의 주력부대는 아르장땅-팔레에즈 사이의 약 15마일 정도의 간격을 통하여 결사적인 탈출에 성공하였으며, 20일 샹부아(chambois)에서 연합군이 합류하여 포위망이 닫혔을 때 독일군은 50,000명의 포로와 10,000명의 사상자를 남겼다.

이처럼 비록 괴멸을 면했다고는 하지만 독일군이 이 포위전에서 입은 상처는 매우 심각했다. 왜냐하면 보다 조직적인고 완강한 방어선을 구축할 수 있었던 시간과 병력을 소진 당함으로써 독일군은 방어에 양호한 세느강을 쉽사리 돌파당하고 급기야는 독·불국경선까지 일사천리로 패퇴하고 말았기 때문이다. 여하튼 8월 25일 파리(Paris)가 해방됨으로써 Overlord 계획의 최종단계인 근거지확보는 예정보다 10일이나 빨리 완성되었다.

(4) 서부방벽으로의 추격

연합군은 원래 Overlord계획을 완료하고 난 뒤 재편성과 병참문제 해결을 위하여 세느강선에서 3개월간 정군할 예정이었으나 팔레에즈-아르장땅 포위전 결과 독일군의 전력이 극히 쇠약해졌기 때문에 애당초 계획을 변경하고 독일국경선을 향하여 계속 진격하기로 결정하였다.

서부방벽으로의 추격

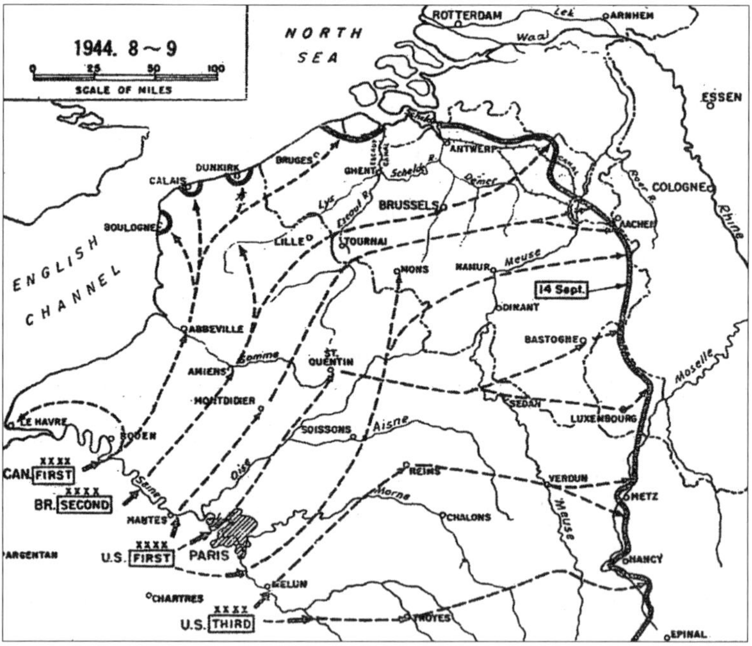

연합군의 진격로는 대략 아르덴느 산림을 기준으로 하여 그 북방통로와 남방통로가 있었는데, 아이젠하워 장군은 아미엥(Amiens)－몽(Mons)－리에쥬(Liege)를 거쳐서 독일의 산업중심지인 루우르(Ruhr)지방으로 직접 연결되는 북방통로에 주공을 두기로 결심하고 몽고메리장군의 제21 군집단군에게 그 임무를 맡겼다. 북방통로에는 모든 병참문제 해결의 열쇠가 될 거대한 앙트워프(Antwerp) 항구가 있으며, 또한 영국을 무던히도 괴롭혀 온 V-무기의 발사기지를 거쳐 또 하나의 공업지대인 자아르(Saar)로 이르는 남방통로는 조공이 되었고, 브래드리장군의 제12집단군이 이를 담당하되 좌익의 제1군은 몽고메리군을 지원키로 하였다.

공세는 8월 26일부터 시작되었다. 몽고메리 장군 예하 캐나다 제1군이 해안을 따라 북동쪽으로 전진하면서 좌익을 엄호하는 동안, 영국 제2군은 아미엥을 거쳐 9월 3일 브랏셀(Brussels)을 해방하고, 그 이튿날에는 앙트워프를 점령하였다. 그러나 앙트워프로부터 해안까지 약 60마일에 달하는 쉘데 하구(Schelde Estuary)를 아직도 독일군이 장악하고 있었기 때문에 이 항구를 사용할 수는 없었다. 영국군은 쉘데하구의 즉각적인 소탕에 실패하였던 것이다. 한편 몽고메리장군의 우익을 강화하기 위하여 증원된 브래들리장군 예하 미 제1군은 9월 3일 몽(Mons)을 점령하고, 거기에서 동쪽으로 전향하여 7일에 리에쥬를 탈취하였으며, 다시 10일에는 룩셈부르크(Luxembourg)시를 해방시켰다.

공격이 이처럼 성공적인 작전을 전개하고 있는 동안 홀로 조공방향인 남방통로로 진격한 패튼장군의 미 3군은 이미 8월 29일 렝스(Reims)를 점령하고 31일에 베르당을 해방하였으며, 9월 7일에는 메쯔 남쪽의 모젤(Moselle)강에 교두보를 확보하였다. 도처에서 풍비박산이 된 독일군은 지상과 공중으로부터 끊임없는 추격을 받으면서 프랑스를 횡단하여 서부방벽으로 밀려들었다. 이리하여 연합군은 대략 9월 14일에는 거의 모든 전선에서 독일국경선에 도달하였다.

그러나 독일군이 이토록 비참한 퇴각을 했다고 해서 그들이 완전히 붕괴된 것은 결코 아니었다. 노르망디 이래 서부방벽까지 쫓겨오는 동안 독일군의 병력손실은 120만 명에 달했지만 아직도 그들은 1,000만이 넘는 군대를 가지고 있었으며, 밤낮으로 폭격에 시달렸다고는 하나 아직도 독일의 공장들은 고도의 생산력을 과시하고 있었다. 더구나 독일군은 스스로 마음 든든히 여기고 이는 울타리가 있었으니 그것이 바로 서부방벽이었다. 스위스 접경으로부터 라인강 하류 네덜란드와의 국경지역까지 구축된 서부방벽은 1936년 히틀러가 라이란트에 진주한 직후 착공되어 1939년에 완성된 국경방어선으로서 수백 개의 콘트리트 방카와 대전차 용치 장애물 등 각종 방어시설로 요새화 되어 있었다. 뿐만 아니라 서부방벽은 종심이 3마일이나 되어 진지 내에서 기동전마저 가능할 정도였다. 그 중에서도 자아르 지방이 가장 강력하였고 라인강 상류와 하류 쪽은 비교적 경미하게 구축되어 있었다. 이 외에도 히틀러는 흐트러진 전력의 재정비와 사기진작을 위하여 9월 5일 룬드쉬테트를 최고사령관에 다시 기용하는 조치를 취했다.

한편 이 무렵 연합군은 병참사정의 악화로 전진속도가 차츰 늦추어지는 난관에 봉착하였다. 보급난이 얼마나 심각했는가는 아이젠하워 장군 자신의 보고서만 보아도 잘 알 수 있다. "대치품목으로서 매월 36,000정의 소총과 700문의 박격포, 100문의 야포, 500대의 전차, 2,400대의 차량이 필요하였고, 야전용 전선은 월평균 66,400마일, 야포 및 박격포탄 소모량은 월 평균 800만 발이었다. 그러나 아이젠하워장군의 진짜 고민은 대륙내의 병참물자 고갈에 있는 것이 아니라 때로는 500마일 이상이나 떨어져 있는 전방부대까지 어떻게 보급품을 운반해 주느냐 하는 것이었다.

이 문제를 해결하기 위해서 한 때는 Red Ball Express라고 명령된 긴급수송작전도 전개되었다. 즉 리(J.C.H. Lee) 장군 총지휘 하에 북 프랑스의 항구로부터 보급품을 실은 약 7천 대의 트럭은 호송체제에 의하여 매일 20시간씩 전선으로 일방운행 되었으며, 도중에 운전수만 교대시켰던 것이다. 그렇지만 1개 사단이 하루에 600내지 700톤의 보급품을 필요로 하고 있었던 당시의 보급난은 Red Ball Express같은 비상대책으로서도 완전히 해소시킬 수 없는 것이었다. 따라서 앙트워프항의 개항은 무엇보다도 시급한 과제였다.

(5) 독일군의 최후

순전히 군사적인 측면에서만 본다면 독일군의 패배는 이미 루우르 포위전으로서 결판난 것이다. 왜냐하면 독일의 주력군과 공업시설이 회복불능상태로 파괴되었기 때문이었다. 그러나 카사브랑카 회담 직후 연합국이 내건 무조건 항복요건 때문에 독일은 궁지에 몰린 짐승처럼 최후까지 발악을 계속하고 있었다. 즉 나치는 바바리아(Bararia) 및 오스트리아령 티롤(Austrian Tirol) 지방에 소위 민족의 피난처를 구축하고 마지막 결전을 할 준비가 되어 있다고 선전하면서 그곳은 불사불멸의 비밀 조직인 Werewolves에 의하여 수비되기 때문에 결코 무너지지 않을 것이라는 소문을 냄으로써 독일 국민의 저항 의지를 고취시키려 하였다.

이리하여 연합군의 주력이 엘베강선에 육박한 4월 중순경 아이젠하워장군은 전후에 논쟁의 대상이 된 중대한 결단을 내리게 되었다. 그는 영・미 연합군의 어떠한 부대도 엘베강을 건너 동진하지 못하도록 지시하는 한편 그의 우익을 남방으로 전향시켜 티롤 지방으로 진격하게 했던 것이다. 이 결단은 정치적 측면을 도외시하고 오로지 군사적 관점에만 입각하여 취해진 것이었지만 어떤 면에서는 연합국 정치지도자들의 결정사항에 순응한 조치이기도 했다. 만일 당시 영・미군이 엘베강변에 주저 앉아서 소련군의 도착을 기다린 대신 그대로 진격했더라면 불과 60마일 밖에 있었던 베를린은 틀림없이 그들의 수중에 떨어졌을 것이다.

아이젠하워 장군의 결단에 의하여 브래들리 장군은 엘베강선에서 정군하였고, 몽고메리 장군은 함부르크(Hamburg)방면으로 북상하면서 소탕전을 계속하였으며, 이제까지 조공의 위치에만 있던 데버어스 장군의 제6 집단군은 바야흐로 다뉴브(Danube)계곡으로 향하여 마지막 철퇴를 휘두르게 되었다. 그리고 브래들리 장군 예하부대 가운데 유일하게 패튼장군의 미 제3군이 제6집단군의 좌익에서 남동진하여 체코와 북부 오스트리아로 진출하였다. 4월 20일 제6집단군은 뉘른베르크(Nurnberg)를 점령하고, 22일에 다뉴브강을 도하하였으며, 4월 30일 나치의 발생지인 뮤니히(Munich)를, 5월 4일에는 최후의 저항거점인 베어호테스가덴(Berchtesgaden)을 점령하였다. 패튼장군도 5월 4일까지 린쯔(Linz)를 점령하고 일부는 체코이 필젠(Pilsen)으로 육박하였다.

한편 동부전선의 소련군도 4월 16일부터 베를린으로 향한 총공세를 개시하여 5월 2일까지 모든 저항을 종식시켰다. 이제 전멸상태에 빠진 독일군은 도처에서 항복하였고, 이미 4월 30일 베를린에서 자살한 히틀러의 최후통첩에 의하여 총통이 된 디니쯔(Donitz) 제독은 전권대표 요들(Jodo)장군을 렝스(Reims)의 아이젠하워 장군 사령부로 파견하였다. 마침내 5월 7일 새벽 2시 41분, 요들장군은 무조건 항복문서에 서명하였다. 이로써 5년 8개월에 걸친 유럽에서의 대전이 막을 내렸다. 연합군 사령부는 이튿날인 5월 8일를 전승기념일로 선포하였다.

4. 태평양 전쟁

1) 일본의 전쟁계획과 서태평양지역 전투

(1) 일본의 전쟁계획

일본이 미국, 영국을 비롯한 연합국들과 전쟁을 벌이려고 결정한 것은 갑자기 이루어진 것이 아니다. 일본이 1931년 만주를 침략하면서부터 꿈꾸어 온 이른바 대동아 공영권이라는 망상은 필연적으로 연합국들과 충돌을 일으킬 것이 명백하였으며, 일본도 이점을 잘 알고 있었다. 그리고 그러한 충돌의 징후는 1940년에 들어서면서 점점 심각해지고 현실화되어 가고 있었다.

그 해 1940년 1월 미국은 경제적 압력을 통하여 일본의 야망을 억제할 목적으로 대일수출금지조치를 취했던 것이다. 그러나 일본은 아랑곳하지 않고 9월에 독일, 이탈리아와 더불어 동맹관계를 수립하였고 1941년 4월에는 소련과 5년 간의 불가침조약을 맺음으로써 북방의 위협을 제거하였다. 또한 7월에는 프랑스의 비시정부에 압력을 가하여 불령 인도지나에 진주, 대 중국 봉쇄망을 더욱 강화하였다.

미국의 대응책도 점차 격화되어갔다. 일본상품의 수입거부, 미국 내 일본인의 자산동결, 그리고 영국, 네덜란드, 중국과 더불어 정치, 경제, 군사적으로 일본을 봉쇄하기 위한 ABCD선을 구성하기까지 했다. 이렇게 되자 일본은 전쟁물자생산에 필연적인 고무, 석유, 주석 등 원로수입의 길이 막혀 버리고 말았다.

마침내 일본은 그들의 국수주의적 팽창야망을 포기하든가, 아니면 일전을 벌여 봉쇄를 타파하고 남방자원지대를 점령함으로써 자급자족의 길을 모색하든가 하는 양자택일의 길에 서게 되었다. 일본은 일면으로 미국과 외교적 교섭을 계속하는 한편, 전력을 경주하여 전쟁준비를 진행시키는 조치를 취했다. 결국 전쟁은 피할 수 없게 된 것이다.

1941년 여름 유럽에서의 전쟁이 독일에게 대단히 유리하게 전개되고 있었던 사실은 일본의 입장에도 크게 도움이 되었다. 프랑스와 네덜란드는 이미 패배하였고, 영국은 본토와 북아프리카에서 사활을 건 싸움에 매달려 있었으며, 소련마저도 독일군의 맹공 앞에 붕괴직전이었으므로 태평양의 세력균형은 일본에게 유리하도록 작용하고 있었다.

더구나 미국은 아직 전시체제로의 전환이 이루어지지 않아서 전쟁잠재력이 동원되려면 장시일을 요할 것이 분명하였다. 반면에 일본은 즉시 사용 가능한 병력이 월등히 우세했을 뿐만 아니라 4년 반에 걸친 중일전쟁을 통하여 얻은 실전경험은 자신감을 더욱 북돋아 주었다. 이리하여 일본은 공세의 최적시기가 1941년 말이라는 판단을 내리게 되었다.

일본의 전쟁계획

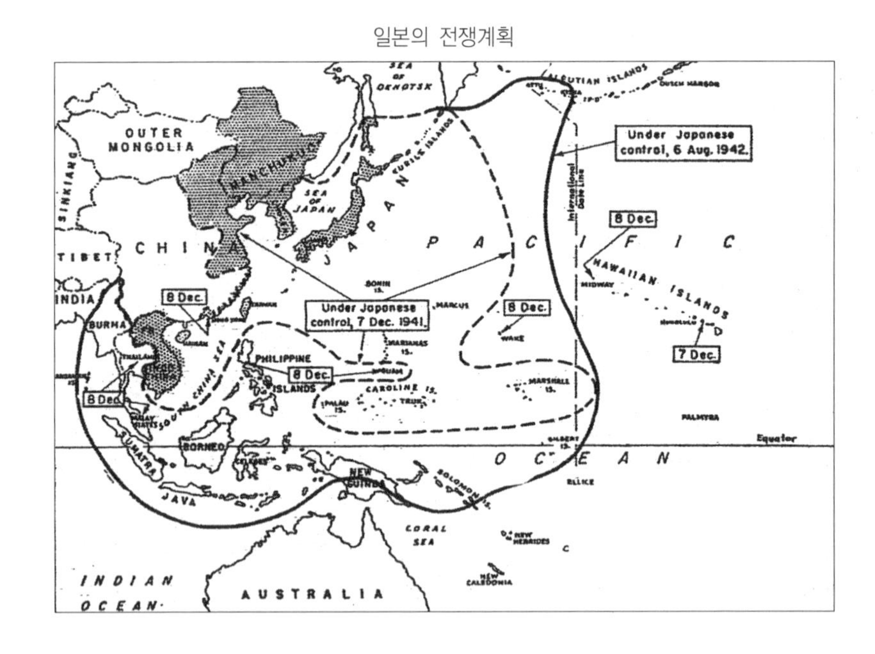

1941년 12월 7일 일본은 240만의 정규군과 300만의 예비군, 7,500대의 항공기와 230척의 주력함선을 보유하고 있었으며, 600만 톤 규모의 수송선이 이를 뒷받침하고 있었다. 뿐만 아니라 일본은 그 전략적 배치상황이 대단히 유리하였다. 중앙태평양의 위임통치령은 동으로 하와이, 미드웨이, 웨이크, 서로는 필리핀, 남으로는 비스마르크. 솔로몬. 뉴기니아, 호주 등지에 대한 공격기지가 될 수 있었으며, 쿠릴열도 역시 알류산 열도와 북태평양 방면에 대한 작전기지가 될 수 있었다. 또한 대만, 오끼나와, 해남도 및 중국 해안지역의 각 기지는 남진하는 일본을 보호할 수 있었고, 불령인도지나로부터 출격하는 항공기는 말레이반도와 싱가포르를 제압 가능하였다.

한편 하와이 이서 지역의 연합군 총 규모는 병력 350,000명, 전투함 90척, 항공기 1,000대 정도였으나, 언어와 관습과 이해관계가 각양각색인 여러 나라 군대가 뒤섞여 지휘를 비롯한 모든 계획상의 통일이 결핍되어 있었다. 더구나 이 부대들은 동서로는 웨이크도에서 버마까지, 남북으로는 홍콩으로부터 호주에까지 광범위지역에 분산되어 있을 뿐만 아니라, 대부분이 일본의 기지에 의하여 포위 또는 고립된 상태였다.

미국의 경우 1941년 12월 7일 병력 150만, 항공기 1,157대, 전투함 347척, 수송선 총 1,000만 톤을 보유하고 있었으나 이미 시행중인 대독일 우선정책 때문에 대부부분의 전쟁물자를 유럽 방면으로 유출한 관계로 전반적인 군비는 만족할 만한 것이 결코 못되었다.

이상에서 살펴본 바와 같이 연합국들이 그들의 전 역량을 태평양에 기울일 수 없었던 반면에 일본은 자못 유리한 고지를 점하고 있었다. 그러나 전쟁 잠재력이 상대적으로 열세한 일본은 서방열강의 연합 군사력과 대결하여 장기간을 벌일 수는 없었다. 다만 신속하고도 결정적인 공격으로 초반에 승세를 굳히고, 연합국이 반격으로 나오기 전에 전쟁을 종결시키는 방법만이 이길 수 있는 길이라고 판단했다. 따라서 기적에 의한 개전, 공세작전주의, 속전속결에 입각한 단기결전의 작전개념이 바람직할 것으로 기대되었다.

최고군사지휘권을 행사할 목적으로 설치된 대 본영에서 결정한 전쟁의 기본계획은 다음과 같은 3단계로 대별될 수 있다. 제1단계는 전략적 공세단계로서 미태평양함대의 무력화, 극동에 고립된 연합군의 제거 및 남방자원지대 점령, 일본본토 및 남방자원지대 방어에 필요한 외곽지대의 점령 등이 여기에 포함된다.

제2단계는 주변방어선 강화단계로서 쿠릴열도, 웨이크도, 마샬군도, 길버트군도, 비스마르크군도, 북부뉴기니아, 티모르, 자바, 수마트라, 말레이, 버마 등지를 연하여 강력한 외곽방어선을 구축, 고착시킨다.

제3단계는 제한된 소모전단계로서 주변방어선 안으로 침투해 오는 여하한 공격부대도 저지 격멸함으로써 주적인 미국의 전의가 분쇄될 때까지 제한된 지구전을 결행한다. 즉 어떠한 공격도 일본의 외곽방어선을 뚫지 못한다고 판단하게 되면 미국은 일본이 이미 장악한 지역을 기정사실로 인정하고 협상에 의한 종전에 동의할 것으로 기대했던 것이다. 그러한 시기가 무르익을 때까지 한정된 기간을 소모전으로 버틴다는 의미에서 제한된 소모전인 것이다. 결국 일본의 전쟁목표는 미국이나 기타 연합군의 패망을 노린 것이 아니라 대동아 공영권만을 확보하자는 것이었으며, 그러한 측면에서 볼 때 제한된 전쟁목표였다고 할 수 있다.

이러한 기본계획 중에서도 가장 중요한 것은 제1단계작전이었다. 왜냐하면 2단계, 3단계작전의 성패는 1단계의 성공 여부에 따라 결정될 것이었기 때문이다. 따라서 제1단계에서는 진주만, 웨이크섬, 괌, 홍콩, 말레이, 필리핀 등 4방에 대하여 동시에 신속한 강타를 가할 필요가 있었다.

이를 위하여 일본은 원심공격법을 고안해 냈다. 이 전법은 병력집중의 원칙에 어긋나지만 전략적 배치 및 내륙상의 이점과 즉시 가용한 전투력의 우세를 이용한다면 최단시간 내에 최대효과를 얻을 수 있을 뿐만 아니라 연합군으로 하여금 일본의 진정한 목표가 어딘지 모르게 한다는 장점도 지니고 있었다.

이리하여 일본은 유일하게 노출된 좌익의 위협을 제거하기 위하여 진주만을 기습 공격하는 한편, 양대 주공을 말레이와 필리핀으로 두어 극동의 연합군을 분쇄한 연후, 자바에서 합류함으로써 남방자원지대를 점령한다는 세부계획까지 완료하였다.

끝으로 모든 작전의 무대가 될 태평양지역의 특수성을 살펴보면 첫째, 광대한 작전지역 내의 각 전장에 병력과 물자를 수송함에 있어서 공중 및 해상병참선만이 사용 가능하였다. 둘째, 부대와 물자의 안전수송을 위해 해 · 공군의 기지확보가 절대 필요하였으나 기지로서 적합한 섬들은 극히 적었다. 셋째, 각 전장들이 서로 멀리 떨어져있는데 반하여 해상 수송률은 비교적 완만하였기 때문에 원대한 장기계획이 요망되었다. 넷째, 고도의 훈련과 특수장비를 필요로 하는 개인전투, 상륙작전, 정글작전이 특히 중요시 되었다. 다섯째, 육 · 해 · 공의 긴밀한 통합작전이 무엇보다도 중요시 되었다.

(2) 말레이 전역

말레이는 아시아 대륙의 남단에 비죽하게 돌출된 반도로서 인도양과 남지나해의 분기점을 이루고 있으며, 해상교통의 길목인 말라카(Malacca) 해협을 끼고 있다. 또한 고무 · 주석 · 망간 · 니켈 등 전략자원이 매우 풍부할뿐더러 인도네시아로의 중요한 접근로가 될 수 있다. 그런가 하면 반도의 남단에는 천연적으로 양호한 항구가 있으며, 영국 극동세력의 아성인 싱가포르(Singapore)가 위치하고 있다. 남북으로 500마일에 달하는 반도는 전면적의 70% 이상이 고온 다습한 정글로 덮여 있고, 그 사이로 약 250개의 대소 하천이 흘러서 부대작전에 막대한 지장을 초래한다.

말레이반도는 퍼씨발(Percival) 중장이 지휘하는 약 80,000명의 영연방군이 방어하고 있었는데, 장비는 대부분 노후하였고 훈련상태는 보잘 것 없었다. 항공기는 모두 합쳐 336대가 있었으나 전투가 가능한 신형항공기는 겨우 158대에 불과하였다. 해군의 경우도 전함 프린스 오브 웨일스(the Prince of Wales)호와 전투순양함 레펄스(The Repulse)호가 12월 2일에 도착하여 강화되기는 했지만 영국의 극동함대는 일본함대에 비길 바가 못 되었다.

퍼씨발은 싱가포르가 바다로부터의 공격에 대해서는 난공불락이며, 만일 일본군이 반도북부로부터 공격해 온다 하더라도 지형적 이점을 이용하여 방어한다면 능히 저지할 수 있으리라고 생각했다. 그러나 지나치게 낙관한 나머지 정글전투를 위한 훈련이나 준비에는 아무런 힘도 기울이지 않았다.

한편 일본군은 야마시다(山下奉文) 중장이 지휘하는 제25군이 투입되었으며, 불령인도지나에 기지를 둔 제2함대 및 약 400여대의 항공기를 보유한 제3항공집단이 이를 지원하였다. 야마시다의 작전개념은 바다로부터 싱가포르를 공략하는 것이 아니라 반도북부로부터 배후로 공격하는 것이었으며, 이를 위한 세부계획은 다음과 같았다. 제공권 장악을 위한 공중공격과 동시에 지상군은 태국의 크라(Kra)지협 동해안인 싱고라(Singora), 파타니(Patani) 그리고 북부 말레이의 코타 바루(Kita Bahru) 등 세 곳에 상륙한다. 상륙부대는 주공을 서부해안에, 조공을 동부해안에 두고 남진하여 합류한 뒤 싱가포르를 함락한다.

일본군의 공격은 진주만 기습과 같은 날인 12월 8일 개시되었다. 일본공군은 3일 만에 영국공군을 완전히 제압하였으며, 저항없이 상륙한 지상군은 2개 종대를 서부해안으로, 1개 종대는 동부해안으로 진출시켜 맹렬한 속도로 남하하기 시작했다 이 무렵 전세계를 놀라게 한 또 하나의 극적인 사건이 벌어졌으니, 12월 10일 콴탄(Kuantan) 동방 해상에서 프린스 오브 웨링스호와 레펄스호가 일본항공기에 의하여 격침당한 것이다. 이는 현대식 주력함이 오로지 공중공격에 의하여 침몰당한 사상최초의 전례로서 공중엄호가 없는 함대의 무력함을 입증하였다.

한편 일본지상군은 도처에서 영국군을 격파하고 남진하여 이듬해인 1942년 1월 14일에는 반도 내에서의 최후저항선인 죠호르(Johore)선까지 도달하였다. 이처럼 남진해 오는 동안 일본군이 사용한 전술상의 특징을 몇 가지 알아보면 첫째는 침투 및 우회전술이다. 즉 경장비와 수일분의 식량을 휴대한 각개 병사는 소집단으로 분산되어 정글을 뚫고 영국군 진지를 침투 또는 우회하였으며, 후방의 예상 집결지에 집결한 뒤 배후로부터 영국군에게 기습공격을 가하였다. 정글에서의 이러한 침투 및 우회전술은 고도한 훈련과 개인전투력을 필요로 하는 것인데 일본군은 이를 매우 효과적으로 수행하였다.

둘째는 전차운용 및 자전거부대의 활용이다. 당시까지만 해도 유럽의 전술이론가들은 전차가 정글지역에서는 거의 쓸모가 없을 것이라고 믿고 있었다. 그러나 야마시다는 전차를 효과적으로 운용함으로써 신속하게 영국군 진지를 돌파하였으며 아무리 정글 지형이라 하더라도 전차는 그것에 대응할 만한 아무런 무기나 장비를 갖추지 못한 상대방에게 치명적인 존재가 될 수 있다는 사실을 여실히 증명하였다. 또한 협소한 소로에는 자전거부대를 이용하여 기동성을 현저히 증가시키기도 했다.

셋째는 항공기의 근접지원으로서 포병사격이 곤란한 정글지역에서는 항공기에 의한 화력지원을 실시했던 것이다.

넷째는 수륙협동전술로서 최초의 상륙 시는 물론이고 남진 중에도 정글을 통한 침투나 우회가 어려운 경우에는 해안을 우회 상륙하여 돌파를 기도했던 것이다. 이리하여 야마시다는 계속적으로 공격기세를 유지할 수 있었고 영국군은 미처 방어진지를 채 굳히기도 전에 일본군의 공격을 받아 후퇴하지 않으면 안되었던 것이다.

이상과 같은 전술은 영국군이 결사적으로 방어하고자 한 죠호르선에 대해서도 예외 없이 사용되었으며, 워낙 일본군의 공격이 강하였기 때문에 영국군은 부득이 1월 31일에 싱가포르로 철수하고 말았다. 일본군은 여세를 몰아 2월 8일부터 싱가포르 공략전을 벌였으며, 15일에는 퍼씨발 이하 70,000명이 항복을 하였다.

일본군은 약 2개월 만에 대소 96회의 전투에서 영국군을 격파하고 거의 600마일까지 남진을 하였으며, 난공불락을 자랑하던 싱가포르요새마저 탈취한 것이다. 이로써 일본은 세계생산량의 42%에 달하는 고무와 27%의 주석, 그리고 인도양으로의 출구를 획득하였다.

영국군의 패인은 제공·제해권의 조기상실, 정글전 미숙, 토착민의 전의부족, 그리고 작전상 불필요한 지역을 분산 방어를 하려고 한 때문에 죠호르선으로의 철수가 지연되었다는 점 등이며, 결과적으로 연합군의 극동방어는 심대한 타격을 받게 되었다.

(3) 필리핀 전역

필리핀(Philippine)은 대소 7,100개의 섬이 남북으로 1,100마일, 동서로 700마일 넓이에 광범위하게 분산되어 있는 도서국이며, 1898년 미서전쟁 결과 미국의 식민지가 된 후 미국세력의 극동근거지가 되었다. 그러나 미국은 필리핀을 통치함에 있어서 가능한 한 많은 자치를 허용하였고, 장차는 독립시키기로 결정한 바 있다.

그래서 신생 필리핀의 군사력 건설을 위하여 맥아더(Douglas MacArthur) 장군이 1935년부터 군사고문으로 와 있었다. 맥아더 장군은 1937년에 일단 미 육군에서 퇴역했으나 일본과 미국간의 관계가 차츰 악화되어 가고 장차 일본군의 침공이 예상되자 1941년 초 현역으로 재 소집되었다. 그리고 미국은 필리핀군을 미군에 편입시켜 그 해 6월 26일에는 맥아더 휘하에 미극동지상군(USAFFE; United States Army Forces in the Far East)을 창설하였다.

당시 필리핀의 총 병력은 약 130,000명이었으며, 그 중 미군은 13,500명이었다. 항공기는 277대가 있었으나 전투 가능한 것은 142대에 불가했으며, 해군력 역시 보잘 것 없었다. 미국 본토로부터는 새로 20,000의 병력과 50만 톤의 보급품이 도착할 예정이었지만 일본군의 공격이 먼저 개시되었다.

맥아더의 필리핀 방어계획은 증원군이 도착할 때까지 가능한 한 장기간 루존도를 방어하되, 사태가 여의치 못하게 되면 바타안(Bataan)반도로 철수하여 마닐라만을 끝까지 확보함으로써 증원군 상륙의 발판을 마련한다는 지구전 개념이었다.

바타안 전투

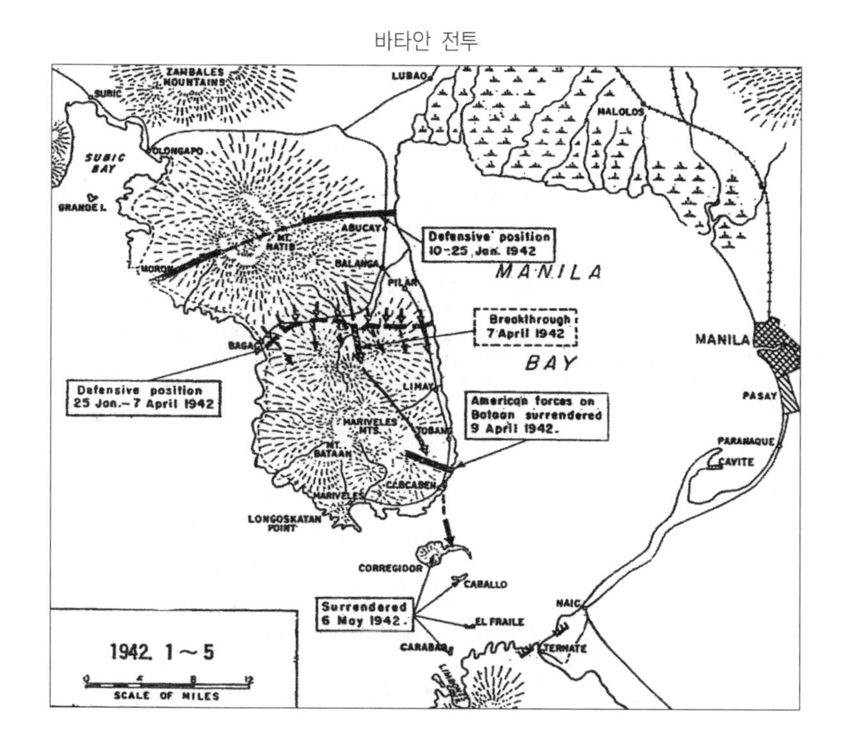

이리하여 최소한 4~6개월 간 지연전을 계속하는 동안에 미국 본토로부터 증원군이 도착하면 반격을 취할 생각이었다. 이에 따라 맥아더는 이미 1941년 1월부터 바타안 반도에 방어진지를 구축하기 시작했고, 코레히돌(corregidor)를 비롯한 마닐라만 입구의 4개 도서도 요새화하였던 것이다.

무지개계획으로 알려진 이 작전개념은 해군에 의하여 보급이 계속 지속된다는 전제 하에 수립된 것이었다. 필리핀은 지하자원이 많기는 하지만 국내에 중공업이나 군수공업이 없을 뿐만 아니라 유류도 전적으로 미국 본토로부터의 보급에 의존해야 되었기 때문이다.

맥아더는 예하병력을 북 부루존 부대와 남 부루존 부대, 그리고 맥아더 자신이 직접 장악하는 USAFFE 예비대로 편성하여 방어에 임하였다.

한편 필리핀에 침공한 일본군은 홈마(本間) 중장이 지휘하는 제14군 예하 2개 사단과 1개 여단이었으며, 제3함대 및 제2함대의 일부, 그리고 대만에 기지를 둔 제5항공집단이 이를 지원하였다. 일본군의 공격계획은 대략 다음과 같이 4개 단계로 되어 있었다. 우선 미 극동 공군력을 격파하고 제공권을 장악한다. 두번째, 필리핀을 고립시키기 위하여 웨이크 및 괌도 점령으로 하와이와의 연결을 끊고 민다나오도의 다바오(Davao)를 점령하여 남부병참선도 차단한다. 세번째, 루존도의 남북단에 조공부대를 상륙시켜 미군주력을 유인하고 주공은 동서해안에 상륙하여 마닐라를 협공·점령한다. 마지막으로 잔여지역을 점령하고 지상군으로 소탕한다.

필리핀에 대한 일본군의 공격은 진주만 및 말레이 공격과 같은 날인 12월 8일부터 개시되었다 일본항공기들은 루존도의 비행장과 중요기지에 조직적인 폭격을 가하여 항공기를 분산시킬 비행장과 조기경보망 및 대공포가 부족한 미군 항공력에 대 손실을 입혔다.

12월 10일에는 북부루존의 아파리(apari)와 비간(Vigan)에 조공부대가 상륙하여 비행장건설에 착수하였으며, 12일에는 남부 루존의 레가스피(Fegaspi)에 조공부대가 상륙하였다. 그러나 맥아더는 조공에 기만 당하지 않고 장차 예상되는 주공에 대비하고 있었다. 12월 18일부터 일본항공기는 루존기지에서 작전을 개시하게 되었다. 이에 따라 제공권을 확고히 장악하게 되자 12월 23일 새벽 서해안의 링가엔(Lingayen)만에, 24일에는 동해안의 라몬(Lamon)만에 각각 주공부대가 상륙하였으며, 이들은 즉시 마닐라를 향한 맹공격에 들어갔다.

맥아더는 이제 바탄으로의 철수를 서두르기 시작했다. 공군력과 기동력이 부족한 상황하에서는 개활지작전이 불리하며, 훈련이 잘된 우세한 적과 결전을 하는 것은 무모한 것에 불과했기에 맥아더는 산악과 밀림으로 뒤덮인 바탄의 천연적 지형을 이용하여 지연전을 개시함으로써 증원군의 발판이 될 마닐라만을 끝까지 확보하기로 결심했던 것이다.

그런데 남부 루존부대의 바탄철수를 위해서는 북부 루존부대의 성공적인 지연작전이 수행되어야만 하였고, 북부 루존부대에 의한 팜팡가(Pampanga)강상의 교량확보 여부가 곧 성공의 열쇠였다. 이리하여 북부 루존부대는 D-1선으로부터 D-5선에 이르는 5개의 저지선에서 단계적으로 지연전을 펴기 시작했고, 그 동안에 남부 루존 부대는 결사적인 강행군을 실시하여 마침내 1942년 1월 2일 무사히 강을 건너 바타안으로 철수하였다. 남부 루존 부대를 추격해온 일본군은 같은 날 마닐라에 무혈 입성하였다.

마닐라만 입구에 있는 바타안 반도는 동서가 20마일, 남북으로 30마일 정도되는 자그마한 반도로서 미군은 주진지를 나티브(Natib)산 일대에, 예비진지를 사마트(Samat)산 일대에 구축하였으며, 일본군의 후방상륙에 대비하여 해안방어진지도 준비했다.

일본군은 미군의 바타안 반도로의 철수를 전혀 예상하지 못했고 마닐라를 점령함으로써 필리핀전역이 끝나리라고 생각했기 때문에 홈마

군의 주력인 제48사단을 마닐라 점령 직후 자바(Java) 방면으로 이동시켰다. 따라서 일본군 제16사단의 일부와 제65독립혼성여단만으로 바타안의 미군을 격파하지 않으면 안되었다 한편 바타안 반도 내에는 약 15,000명의 미군을 포함하여 80,000의 병력이 있었으나 식량과 의약품이 매우 부족하였고 사기 역시 크게 저하되어 있었다.

수적으로 열세하기는 하였지만 주도권을 쥔 일본군은 1월 9일부터 주진지에 대하여 공격을 시작했다. 그러나 미군의 저항은 의외로 완강하여 일본군은 1월 21일에야 겨우 서부해안 쪽으로 돌파할 수 있었다. 그러나 미군은 질서정연하게 퇴각하여 26일까지 예비진지로 들어갔다.

천신만고 끝에 주진지는 돌파하였지만 현존병력만으로 바타안의 미군을 격파하기가 어렵다고 느낀 홈마 장군은 포위작전으로써 굴복시키고자 했다. 그러나 대 본영에서는 국내여론과 전쟁전반에 걸친 계획상의 차질을 우려한 나머지 조기점령을 재촉하였다. 그리하여 정글을 통한 침투와 해안을 통한 우회를 시도하였으나 일본군은 번번히 퇴각 당하고 말았다.

바타안은 이제 저항의 상징이 되어 전세계의 이목을 쏠리게 하였으며, 일본군은 작전을 바꾸어 일면 포위를 지속시키고 일면 병력을 증강함으로써 총공세를 위한 준비에 착수했다. 그런데 이 무렵 미군의 식량사정은 악화일로에 빠져 정량의 1/2이었던 급식은 다시 1/3로 줄었고 나중에는 말과 나귀까지 잡아먹는 정도였다. 대부분의 장병은 영양실조와 신경쇠약에 허덕이고 전투력은 나날이 감퇴되어 갔다. 그러는 동안 맥아더 장군은 서남태평양지역 사령관으로 임명되어 3월 11일 호주로 탈출해 갔으며 웨인라이트 중장이 그 뒤를 이었다.

일본군의 병력증강은 3월 말까지 완료되어 보병 30,000명, 포 200문, 전차 50대, 항공기 100대를 바탄 안에 집중시켰으며, 포병사격술의 권위자인 하시모도 대좌도 특파되어 왔다. 그리고 3월 31일부터 일본군의 총공세가 개시되었다.

4월 3일 조직적인 포격과 돌파에 의해 미군진지의 오른쪽 중앙부가 붕괴되기 시작했고, 4월 9일에는 마침내 반도 내의 미군 약 54,000명이 투항하고 말았다. 그러나, 웨인라이트는 다시 코레히돌로 철수하여 한 달 간을 더 버틴 끝에 5월 6일 일본군이 상륙함으로써 포로가 되었다.

이로써 일본군은 필리핀을 완전히 장악하게 되었고 차기작전을 위한 전진기지를 획득하였으나 이곳에서 받은 인적·물적 및 시간적 손실은 뉴기니아와 솔로몬 방면에 대한 일본의 공세계획에 치명적인 타격을 입혔다. 결과적으로 미군은 필리핀을 상실한 대가로 5개월이라는 시간을 얻었으며, 이 시간적 여유는 반격준비에 필요한 황금의 열쇠였음이 나중에 밝혀졌다.

2) 진주만 공격

1941년 2월 일본은 미국과의 견해차이를 조정하기 위해 기찌사부로 노무라(野村) 제독을 워싱턴에 파견한 바 있는데, 노무라와 미국무장관 헐(Cordell Hull)사이에 진행되어 온 협상은 그 해 초가을에 접어들면서 결렬될 기미가 농후해졌다. 더구나 주전론자인 도죠 히데끼(東條)가 10월 17일에 정권을 장악하면서부터 협상은 다만 기습준비가 완료될 때까지 미군을 기만하는 방책으로 지속되었을 뿐이었다. 도죠 히데끼 군국정부는 곧바로 전쟁의 길로 달음질 쳐서 11월 5일 대본영 작전명령 제1호를 발령하였으며, 12월 1일에는 야전군사령관들에게 개전 확정통보를 하달 하였다.

개전 일은 12월 7일(날짜변경선 서쪽은 12월 8일)로 정해졌다. 일본이 진주만을 공격하기로 결정한 것은 미태평양함대를 최소한 3 내지 6개월간 무력화시킴으로써 남방자원지대를 점령하고 외각방어선을 구축하는 동안 아무런 방해를 받지 않으려 한 때문이었다. 이 과제는 개전과 동시에 기습적으로 달성되어야만 했는데 일본으로부터 하와이까지 약 3,500마일이나 되는 거리를 발각되지 않고 접근하기란 사실상 기대하기 어려웠다.

그러나 연합함대사령장관 야마모도(山本) 제독은 미태평양함대의 위협을 제거하지 않고는 전쟁을 계획대로 이끌어나갈 수 없다고 믿었기 때문에 이미 1941년 1월부터 공격요원들을 선발하고 비밀리에 훈련을 시켜왔다. 야마모도는 항공기에 의한 기습만이 유일한 가능성을 포함하고 있다고 믿었다. 따라서 그는 공격부대를 항공모함 중심의 기동부대로 편성하였다. 나구모 중장이 지휘하는 제1항공함대는 전투기 총 414대를 적재한 6척의 항공모함을 중심으로 전함 2, 중순양함 2, 경순양함 2, 구축함 9, 잠수함 3, 유조선 8척으로 편성되었으며, 11월 26일 쿠릴 열도의 히또가뿌(單冠灣)를 출항하였다. 접근항로는 일기불순과 연료충전의 애로가 많음에도 불구하고 비교적 발각될 염려가 적은 북태평양 항로를 택했다. 그리고 야마모도 자신은 대함대를 이끌고 지나해역에서 기동훈령을 실시하여 세계의 이목을 마레이 방면으로 집중시킴으로써 제1항공함대의 동태를 감추고자 하였다.

한편 하와이에는 쇼트(Short) 장군이 지휘하는 59,000명의 지상군이 있었고, 킴멜(Kimmel) 제독 휘하의 태평양함대는 전함 9, 항모 3, 중순양함 2, 경순양함 18, 구축함 54, 잠수함 22척을 보유하고 있었으며, 항공기는 육·해군 합쳐서 450대가 있었다.

일본 제1항공함대의 항해는 비교적 순조롭게 진행되어 12월 7일 6시에는 오아후(Oahu)섬 북방 200마일 해상에 도착했다. 그리고 아직 새벽의 어둠이 채 걷히기도 전에 함재기들은 갑판을 떠났다. 공격은 제1파와 제2파, 2차에 걸쳐 시행되었다. 7시 50분 183대의 제1파 공격대는 항만 내에 정박 중이 선박과 힉캄(Hickam) 및 휠러(Wheeler) 비행장, 그리고 포드(Ford)도의 해군공창을 맹폭하기 시작했다.

폭음과 화염이 조용한 휴일 아침을 산산조각으로 깨뜨렸다. 8시 25분경 제1파 공격대가 물러가고 나자 8시 50분에는 180대의 제2파 공격대가 들이 닥쳐 다시 한번 만 내를 휩쓸었다. 9시 45분 경 모든 공격기들이 항만을 뒤덮은 검은 연기 저 너머로 사라져 갔다. 진주만은 불과 2시간 동안에 폐허나 다름없이 파괴되었다. 전함 7척을 포함한 18척의 함선이 격침 또는 대파되었고, 항공기는 폭파 188대, 파손 159대였으며, 해군이 대부분인 인원손실은 전사 2,403명을 포함해서 총 3,581명에 이르렀다. 다만 불행 중 다행은 항공모함 3척이 피습 당시 항만 내에 있지 않으므로 해서 피해를 모면했다는 사실이다. 반면에 일본군은 불과 29대의 항공기와 5척의 소형잠수함 및 1척의 대형잠수함을 잃었을 뿐이다. 이제 미태평양함대는 반신불수가 되었고 일본군은 마음 놓고 남방자원지대로 진격할 수 있게 되었다.

그러면 진주만 기습의 성공요인은 무엇인가? 첫째, 시간적으로 완전 기습이었다. 일본은 평화를 가장한 협상기간을 이용하여 기습준비를 완료하였을 뿐만 아니라, 일요일을 공격일로 택하였다.

둘째, 방향상의 기습이었다. 일본은 대함대의 병력을 동남아방면에 집중시킴으로써 세계의 이목을 그곳으로 돌리게 한 뒤, 미대륙의 인후부인 하와이를 공략하였다. 또한 접근로를 북쪽으로 택한 것도 방향상의 성공요소였다

셋째, 수단상으로 기습이었다. 진주만기습은 사상 최초로 바다를 건너 기습공격을 하였으며, 항공모함을 이용한 공중공격이라는 점에서 신기원을 이루었다. 즉 이로부터 해전양상에 새로운 국면이 전개되기 시작했으니, 종래 해양을 지배해 왔던 거함 거포주의의 화신인 전함은 종말을 고하고 항공모함이 해상의 새로운 왕자로 등장하기 시작한 것이다.

넷째, 일본 제1항공함대는 무전사용을 일절 금지함으로써 기도비닉

을 달성하였다. 끝으로 일본은 첩보활동을 통하여 진주만의 항만시설, 함선 정박상태 등 상세한 정보를 획득하였다.

반면에 미군측의 실패요인은 주로 경계, 협조 및 판단의 측면에서 찾아볼 수 있다. 우선 쇼트와 킴멜 간에는 통합지휘가 이루어지지 않고 지휘권이 분립되어 있었는데 이 때문에 양지휘관은 경계문제에 있어서 서로 상대 쪽만을 믿고 있었다. 즉 쇼트 장군은 해군이 충분한 시간여유를 앞두고 경고해 주리라고 믿었으며, 킴멜 제독은 육군이 진주만을 충분히 보호해 주리라고 믿었던 것이다.

다음은 두 지휘관의 판단착오로서 이미 11월 27일에 태평양지역 전 미군에 대하여 전쟁경보가 하달 되었음에도 불구하고, 두 지휘관은 즉각적인 전투태세에 돌입하는 대신 훈련강화만을 지시했을 뿐이다. 더구나 킴멜은 일본군이 예상 접근로인 서방 및 서남방에 대해서만 정찰을 실시하고 있었고, 쇼트는 일본인 교포들의 사보타쥐에 대비하여 부대를 집결시키고자 일선 방어진지의 병력마저 철수시켰던 것이다.

돌이켜 보건대 일본군의 진주만 기습은 최단시간 내에 태평양의 제해권을 장악하게 되었다는 점에서 전술적인 대성공이었지만 전략적으로 볼 때는 도리어 벌집을 쑤신 꼴이 되고 말았다. 왜냐하면 소극적이고 사분오열되어 있던 미국민의 여론을 자극시킴으로써 미국으로 하여금 전 역량을 집중하여 전쟁의 길로 도입하게 하였기 때문이다. 당시 미국을 뒤엎었던 "진주만을 상기하라(Remember the Pearl Harbor)!"라는 구호는 너무나도 유명하다. 뿐만 아니라 일본군은 선박수리소와 450만 배럴이나 저장되어 있었던 유류저장고 등을 폭파하지 못했기 때문에 진주만의 급속한 복구를 허용하고 말았으며, 그 결과는 불과 6개월 후에 미드웨이 해전에서 참담한 패배로 돌아왔던 것이다.

한편 진주만기습과 동시에 일본의 원심공세는 동남아시아와 남태평양으로 뻗어나가 영구의 극동전초기지인 홍콩은 18일 간의 저항 끝에 크리스마스 날에 함락되었고, 괌도는 이미 12월 10일에 웨이크도는 25일에 점령되었으며, 미드웨이는 30분간의 함포사격만을 받았을 뿐 무사하였다.

5. 미군의 반격

1) 미드웨이 해전

야마도, 무사시 등 세계최대의 전함을 보유한 일본해군보다 해군력이 열세했던 미국은 특히 진주만 기습으로 대부분의 전함마저 작전불능상태가 되자 항공모함을 중심으로 한 기동함대를 편성하고 잠수함의 보조하에 유격전법으로 대항하였다. 이 전술이 적중하여 일본군의 주변방어선 각 기지에 대해서 수차에 걸쳐 적지 않은 타격을 입힐 수 있었다.

특히 1942년 4월 18일에는 두리틀(James H. Doolittle) 중령이 인솔하는 B-25 폭격기 16대가 항공모함 오넷(Hornet)호에 의하여 일본 동방 650마일 지점까지 호송되고, 그곳에서 출격하여 동경을 폭격한 후 중국으로 날아간 사건까지 일으켰다. 두리틀의 동경폭격은 비록 커다란 피해를 입히지는 못했지만 일본의 전승무드에 찬물을 끼얹고, 미군의 사기를 크게 높였다는 점에서 심리전적 효과가 매우 컸다고 할 수 있다. 이 때문에 일본은 주변방어선을 확대하고 그 부근의 미 육상기지를 제거할 필요를 절실히 느끼게 되었던 것이다.

결국 일본은 그들의 주공방향을 남방으로부터 동방으로 급회전시켰으니 연합함대사령장관 야마모도 제독은 미 해군의 항공모함 전부가 다른 곳에서 작전 중이었기 때문에 미드웨이 방면이 비어 있을 것이라고 판단하고 미드웨이를 점령하기로 결심한 것이다. 미드웨이를 점령한다면 일본본토의 안전을 도모할 수 있음은 물론이거니와 나아가서 미태평양함대를 결전으로 유인할 수 있을 것이며, 만일 이 결전에서 승리한다면 협상에 의한 조기 종전도 가능하리라고 생각했던 것이다. 그리하여 알류산 (Aleutian) 방면으로 양공을 취하고 연합함대의 주력은 미드웨이로 향하게 하였다.

미드웨이공략을 위하여 야마모도 제독은 개전 후 처음으로 일본의 해군력을 총동원하였다. 최선두에는 진주만 이래 역전의 용사들로 구성된 나구모 중장의 제1항공함대가 아까끼, 가가, 히류, 소류 등 4척의 항공모함과 250대의 함제기로 위용을 떨치고 있었으며, 이보다 약 200마일 후방에는 야마모도 스스로가 직접 이끄는 전함위주의 주력함대가 따랐고, 그 남방으로 미드웨이 상륙부대 약 5,000명을 실은 수송선단이 항진하였다. 그리고 최북단에는 알류산 공격함대가 줄을 이었다. 이 대함대의 총 규모는 항모 5척, 전함 11척, 순양함 14척, 구축함 58척, 잠수함 17척 및 기타 보조함선 수십 척으로서 그 위세는 가히 전 태평양을 압도할만 하였다.

한편 암호해독으로 일본군의 기도를 간파한 미국은 산호해 북방의 전해군력을 미드웨이로 집결시켜 만반의 태세를 갖추었다. 미군은 엔터프라이즈, 호넷, 요크타운 등 3척의 항공모함과 순양함 8척, 구축함 14척, 잠수함 25척을 동원하였으며, 함제기 225대와 미드웨이기지에 증강된 130대의 육상항공기를 보유하고 있었다. 그러나 일본군은 그들의 기도가 탐지된 사실도 물론 몰랐거니와 연전연승에 도취되어 적을 경시한 나머지 사전 탐색조차 실시하지 않는 과오를 저질렀다.

6월 4일 새벽 6시 30분 미드웨이 서북방 230마일 지점에서 출발한 일본 함제기 108대는 미드웨이를 덮쳤다. 그러나 미군은 미리 대비하고 있었기 때문에 제1파 공격은 별다른 성과를 거두지 못했다. 따라서 일본군은 제2파 공격을 위해 전 함제기에 폭탄을 장착하기 시작했다. 그런데 제2파 공격대가 발진하기 직전 정찰기가 미항공모함 발견신호를 보내왔으므로 일본군은 항공모함 공격을 위해 폭탄을 어뢰로 바꾸는 작업에 착수하였다. 그리하여 약 2시간에 걸친 치환작업이 마무리되어 갈 무렵, 홀연 구름 속으로부터 나타난 미 항공기 편대가 내습해 왔다.

일본함대는 대혼란에 빠졌다. 아까끼, 가가, 소류 등 3척의 항공모함은 미군기의 맹공격으로 순식간에 대파되었으며, 발진대기 중이던 일본 함제기의 폭탄과 어뢰가 연쇄적으로 폭발하여 사태는 더욱 악화되었다. 이 3척의 항공모함은 6월 5일을 넘기지 못하고 폭발되었거나 미 잠수함의 어뢰를 맞아 격침되고 말았다. 그러나 남아 있는 히류호로부터 출격한 일본 함제기는 요크타운호를 대파하고 엔터프라이즈호에 대 손실을 가했으며, 요크타운호는 3일 후 일본잠수함에 격침되어 침몰하였다. 그러나 히류 역시 엔터프라이즈로부터 발진한 함제기의 공격을 받고 대파된 후 스스로 침몰되었다.

역사적인 대 해전은 6월 4일 불과 하루 동안에 결판이 난 셈이다. 나구모의 항공함대가 전멸하자 미드웨이 공략이 실패로 돌아갔다고 판단한 야마모도 제독은 전 함대를 철수시켰던 것이다. 양군의 피해를 보면 일본군이 항공모함 4척과 250대의 함제기를 잃었고, 미군은 1척의 항공모함과 147대의 항공기를 잃었다. 미드웨이해전은 태평양전쟁에 있어서 결정적인 전투의 하나였으며, 일본의 동쪽으로의 팽창은 이곳에서 저지되었다. 그리고 미태평양함대를 격파하고자 한 야마모도의 야심적인 계획이 좌절됨에 따라 조기종전의 가망성도 수포로 돌아가고 말았다. 이제 일본은 미군의 반격에 대비할 강력한 제공, 제해력을 상실했을 뿐만 아니라 이로부터 태평양의 세력판도는 점차 미국 측에 유리하도록 기울어져 갔다.

2) 가미가제 특공작전

가미가제 특공작전은 신풍(神風)작전이라고도 불린다. 신풍의 뿌리는 멀리 1281년까지 거슬러 올라간다. 고려 말 쿠빌라이 칸(Kublai Khan)의 야망 때문에 여·몽 연합군은 제2차 일본원정에 나섰으나 때마침 불어온 신풍으로 인하여 패퇴하고 말았다. 어느 일본 작가는 이를 소재로 풍도(風濤)라는 소설까지 썼지만 어쨌든 이로부터 아전인수를 좋아하는 일본인들은 이 바람을 신풍이라고 불렀다.

옛날의 신풍에 현대식 옷을 입힌 사람은 오오니시(大西)제독이었다. 제1항공함대사령관 오오니시 해군중장은 1944년 10월 레이테 해전의 일부인 사마르해전에서 구리다 함대를 도와 미제7함대에 대하여 최초의 가미가제 특공을 가했다. 항공력이 워낙 열세했던 일본군은 궁여지책으로 미국 항공모함에 비행기를 충돌시켜 열세를 만회코자 했던 것이다. 그리하여 세끼 대위가 지휘하는 26대의 일본항공기가 출격하였으나 미국 항공모함 엄호기의 공격을 받아 별다른 성과를 거두지는 못했다. 그 후 1945년 1월 4일부터 8일 사이에 미군의 루존도 공격선단에 대한 3차의 특공에서 격침 17척, 대파 20척의 손실을 가한 바 있다.

이처럼 일시 방편으로 지원자에 한하여 실시했던 한정 특공작전이 오끼나와 전역을 목전에 두고 계획된 천호작전(天號作戰)에서는 전군 특공으로 변질되었다. 즉 대 본영에서는 대만 및 오끼나와로 접근해 오는 미군에 대하여 최대한의 손실을 가하고 또한 본토 결전을 용이하게 하기 위하여 대만에 있는 제10방면군을 중심으로 특공작전을 실시케 한다는 천호작전을 세웠으며, 이에 따라 지상군을 제외한 전 부대를 특공위주로 편성했던 것이다.

가미가제 특공작전은 이제 국수작전(菊水作戰)이라는 이름으로 보다 흔히 불리워지게 되었는데, 그 방법은 폭탄을 장치한 특공기가 가는 연료만 넣고 미국 함선으로 돌입하는 것이었다. 오끼나와 전역기간 중 절정에 달한 가미가제 특공작전으로 미 해군은 격침 36척과 대파 368척의 손실을 입었으나 그들이 받은 심리적 충격효과는 이보다 더욱 큰 것이었다. 그러나 물량적 손실을 재빨리 메울 수 없었기 때문에 가미가제 특공작전은 차츰 열기가 수그러들었고, 드디어 1945년 6월 22일 45기의 출격을 끝으로 막을 내렸다.

가미가제 특공작전 이외에 공중특공의 하나로 오오카라는 것도 있었다. 이것은 목제글라이더 두부에 약 1톤의 폭탄을 장진하고 모기에 인양되어 비행하다가 약 1,800미터 상공에서 모기로부터 이탈하여 적 항공모함에 돌입하는 것이었다. 오오까 특공은 신뢰작전(神雷作戰)이라고 명령되었다. 그러나 유능한 글라이더 조종사가 부족하였을 뿐만 아니라 글라이더 유인으로 인하여 모기의 속도가 느려져서 적으로부터 공격받기가 쉬웠기 대문에 별로 성과를 거두지는 못했다.

특공작전은 바다에서도 있었다. 연합함대사령장관 도요다제독은 미군이 오끼나와에 상륙한 직후인 4월 7일 초거대전함 야마도호를 비롯한 잔존함대를 총 출동시켜 오끼나와의 미 함대에 함대돌격을 실시하고자 하였다. 그러나 그들은 규슈우 서남방의 반 디이멘(Van Diemen)해협에서 미 제58기동함대에 의해 피격되어 야마도호를 포함한 5척의 주력함이 격침 당하고 물러섰다.

그밖에도 진양(震洋), 복용(伏龍) 등의 특공작전이 있었는데 진양은 목제로된 고속 모타보트 두부에 탄약을 장진하고 미 함선에 충돌하는 것이었고, 복룡은 잠수부가 기뢰를 가지고 함선 밑바닥에 충돌하는 것이었다. 그러나 해상특공작전 가운데 가장 효과가 컸던 것은 역시 가이덴이었다. 이것은 잠수함 발사용인 93식 산소어뢰를 1인승 잠수함으로 개조한 것으로서 두부에 152Kg의 폭탄을 장착하고 모 잠수함으로부터 발사된 뒤 특공부대원이 부상, 잠항 속도, 방향전환 등을 자유자재로 조종하여 미 함선에 충돌하는 것이었다. 속도는 약 30노트였으며 23km까지 항진 할 수 있었다. 보통 잠수함 1척당 4기의 회천을 적제하였는데 그 명중률은 거의 100%였다. 일본은 울리티(Ulithy)기지를 중점적으로 공격하였으며, 미군은 계속되는 원인불명의 폭발로 전전긍긍했던 것이다. 회천에 의하여 종전시까지 약 30척의 미 함정을 격침시켰으나 이것도 잠수함의 부족으로 인하여 대규모적인 사용이 불가능했다.

한편 지상군에 의한 개인특공작전은 그 종류와 방법이 이루 헤아릴 수 없을 만큼 다양하였는데 가장 대표적인 것으로 만세돌격이 있었다. 이것은 최후의 순간에 부상자마저 부축하여 적진에 돌입하는 것으로서 비오듯 쏟아지는 포화 앞에 온몸을 드러내는 자살행위였다. 만세돌격에도 참가하지 못할 만큼의 중상자는 자결하였으며 자결할 힘도 없었던 자는 미군에게 죽여주기를 애원하기까지 했다. 이것이 이른바 옥쇄였다.

인류의 역사는 거의 전쟁으로 점철되어 오다시피 했지만 일찍이 일본군이 전개했던 바와 같이 처절한고 발악적인 항전은 없었다. 그러면 일본군의 특공작전을 우리는 어떻게 이해해야 할 것인가? 이것은 근본적으로 일본인의 사회적 성향을 이해하지 않고서는 논하기가 어렵다. 동양에서 중세 유럽의 봉건제도와 가장 유사한 봉건체제를 지녀왔던 일본에게 이 체제를 지키기 위한 정신적 지주로써 전승해 온 그들 나름대로의 전통적 가치관이 있다고 한다면 그것은 아마도 은(恩)이라든가 충(忠)이라든가 또는 의리(義理)와 같은 낱말로 표현될 수 있을 것이다.

봉건군주로부터 받은 은혜를 갚을 수 있는 가장 충성스러운 길이 있다면 그것은 죽음으로써 갚은 길이었으며, 또한 무사 상호간에 의리를 지키기 위하여 목숨을 바치는 일도 의로운 것이었다. 그리고 오랜 내전을 통하여 일본인들이 쌓아 온 가치관으로서 비록 자결할 망정 생포되어 변절자의 각인이 찍히고 가문을 더럽혀서는 안 된다고 하는 것도 있었다. 이것이 이른바 "야마도 다마시이(대화혼)"인 것이다. 태평양 전쟁시 일본군이 전개했던 특공작전의 밑바탕에는 다분히 이상과 같은 흐름이 작용하고 있었을 것이다.

그런데 특공작전은 곧 죽음(자살)을 의미하고 있다. 이러한 자살을 가리켜 사회학자 듀르껭(Emile Durkheim)은 이타적 자살(Altruistic suicide)이라고 불렀다. 이타적 자살은 물론 군대에서 가장 많이 발생하며 특히 전장에서 많이 볼 수 있는 현상이다. 그리고 그것은 살신성인의 표본이기도 하다. 기독교 교리에서 지고의 덕으로 삼는 것에 "믿음, 소망, 사랑" 3덕이 있는데 그 중에서도 사랑의 계명을 제일 우위에 놓고 있으며, 사랑의 극치는 바로 벗을 위하여 자기 목숨을 바치는 것보다 더 큰 사랑을 없습니다."라고 하신 예수의 말씀에서 단적으로 찾아볼 수 있다. 결국 전장에서 이타적 자살은 인간행동의 가장 고귀한 표현이며 군인정신의 정화인 것이다.

그러면 일본군의 특공작전은 과연 군인정신의 귀감인 이타적 자살이었는가? 초기의 경우에 한해서 그렇다고 말할 수 있다. 그러나 천호작전을 발령하면서부터 실시된 전군 특공작전의 경우에는 전혀 그렇지 않다고 보아야 할 것이다. 지원자에 의한 특공작전은 그것이 자발적으로 이루어졌음을 고려할 때 실로 숭고한 군인정신의 발로라고 아니할 수 없다.

그러나 지명차출 또는 조직편성을 통하여 강제로 동원된 요원들에 의한 특공작전은 군인정신도 아무것도 아니었다. 형식상 천황에 대한 은혜를 갚는다는 의미로 하사주를 마시기는 했으나, 특공조 편성에 강제로 끼워져서, 가는 연료만을 가지고 출격하는 사태는 이타적 자살이 아니라 타살이었을 뿐이다.

6. 원자탄 투하와 일본의 항복

미 합동참모부는 1945년 4월 6일을 기하여 태평양지역의 전 지상군을 맥아더 장군에 통합시키고, 해군은 니미쯔가 장악하도록 하여 대일 최종작전을 실시하도록 명하였다. 그리고 스파아쯔(Carl Spaatz) 대장이 지휘하는 미 육군전략항공대는 오끼나와의 제8공군과 마리아나의 제20공군으로 편성되어 본격적인 일본본토 폭격을 수행하기 시작했다. 전쟁이 끝날 때까지 지속된 종합폭격으로 일본의 66개 주요도시에 100,000톤 이상의 폭탄이 투하되어 최소한 169평방 마일에 달하는 면적이 불타거나 파괴되었으며, 민간인 260,000명이 사망하고, 412,000명이 부상당했을 뿐만 아니라 가옥손실이 2,210,000동이나 되어 이재민만도 9,200,000명을 헤아렸다.

태평양 전쟁의 최종상황

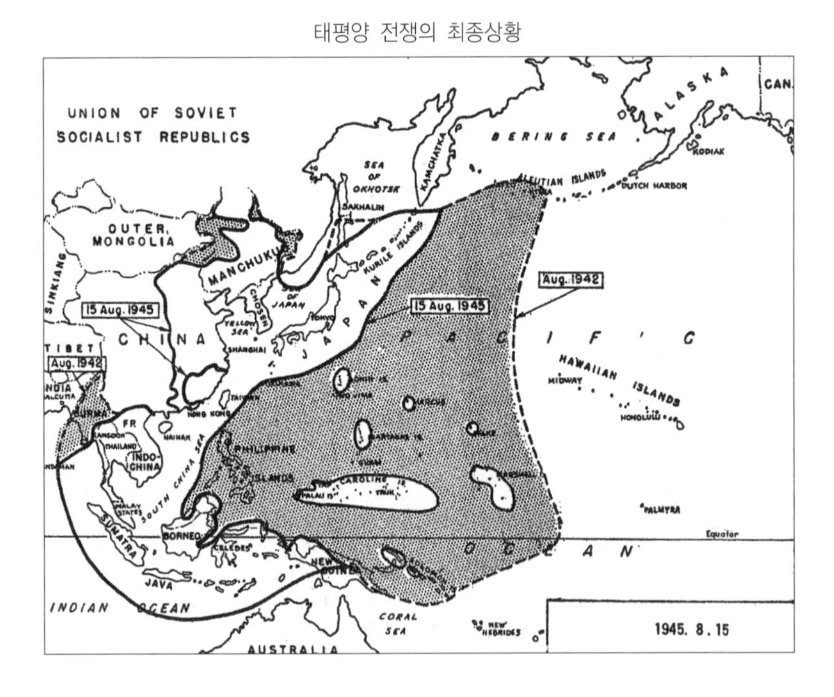

그러나 일본은 1945년 4월 8일에 발령된 결전작전에 의하여 지상전 중심의 본토결전계획을 세워놓고 있었다. 유황도와 오끼나와 전투 중에도 본토 방어준비를 위하여 피나는 절약을 한 끝에 이 무렵 일본은 아직도 2,000,000명의 병력과 각종항공기 8,000대를 보유하고 있었다.

맥아더는 니미쯔와 협동하여 일본 본토상륙을 위한 두 가지 계획을 수립했는데, 하나는 1945년 11월에 제6군을 규슈 방면에 상륙시키는 것이었고, 다른 하나는 1946년 3월에 제8군과 제10군을 혼슈의 간또 및 도쿄 평야에 상륙시키는 것이었다. 이것은 물론 일본이 거국적인 자살전법으로 나올 경우에 대비한 계획으로서 미군은 일본 본토공략을 위해서 적어도 1,000,000명의 병력손실을 예상하고 있었다.

그러나 한편으로 미국은 전쟁을 조속히 종결짓기 위한 모종의 계획을 추진시키고 있었다. 그것은 바로 원자탄의 제조였다. 미국은 1945년 7월 16일 뉴멕시코 사막의 알라모고르도(Alamogordo)에서 원자탄 실험에 성공했으며, 일본정부가 7월 26일의 포츠담선언을 거부하자 이의 사용을 결심하게 되었다.

이리하여 8월 6일 오전 8시 15분 일본 제7위의 대도시인 히로시마에 원자탄이 투하되어 이 도시의 60%를 파괴하였는데, B-29 100대 분에 해당되는 이 폭격으로 78,000명이 죽고 10,000명이 실종되었으며, 37,000명이 부상을 입었다. 8월 8일에는 그 동안 기회만 노려 오던 소련이 대일 선전포고를 하였으며, 이튿날부터 바실레프스키(Alexander M. vasilevsky) 원수가 지휘하는 3개 집단군은 만주의 관동군을 공격하기 시작했다. 같은 8월 9일 오전 11시 2분 원자탄 제2호가 나가사끼에 투하되어 이 도시의 45%를 쓸어버렸다.

8월 10일 일본정부는 급기야 포츠담선언에 준한 평화협상을 요망하기에 이르렀고, 8월 15일 일보천황의 무조건 항복 수락으로 태평양전쟁은 3년 8개월 25일만에 종결되었다. 항복조인식은 9월 2일 도쿄만 내에 정박한 전함 미조리호 선상에서 맥아더와 일본대표 시게미쓰 및 우메즈 사이에 이루어졌으며, 연합군은 이날을 대일전승기념일로 선포하였다.

7. 제2차 세계대전 총평

1) 대전의 특징

제2차 세계대전의 성격은 한마디로 전면전, 혹은 총력전이었다고 할 수 있다. 산업혁명의 여파가 전쟁에 도입된 이후 그 가공할 파괴력은 경쟁적으로 증대되어 드디어 제2차 세계대전에 와서는 군사적·정치적·경제적 및 정신적인 측면에서 국력의 모든 요소들이 총동원되게 이른 것이다. 물론 제1차 세계대전에 있어서도 총력전의 성격은 뚜렷하였으나 동원을 통제할 상부기구가 거의 확립되어 있지 않았다는 점에서 볼 때 명실공히 제2차 세계대전이야 말로 완전한 의미의 총력전이었다고 할 수 있다.

이와 같은 총력전에 있어서는 전투원과 비 전투원간에 밀접한 관계가 형성된다. 즉 민간인에 의한 경제적·병참적 지원이 승패의 근본적인 관건이 되고 있다. 그래서 Home Front라고 하는 용어까지 생겨났다. 맥아더 장군은 이미 1935년에 이 문제에 대하여 예리한 통찰력을 보인 바 있다. "미래의 대규모 전에 있어서 반드시 모든 참전국들은 승리라는 단일 목적을 위하여 고도의 편제를 갖추게 될 것이다. 이 국가적인 대 기구 중에서 전투부대는 다만 칼날에 불과하게 될 것이다." 결국 총력전은 전쟁노력의 전국민화, 국민 계병화, 군대의 대규모화, 전쟁의 기계화, 군사작전의 강화 등으로 특징 지워 지고 있다.

한편 제2차 세계대전은 타협없는 무조건항복을 요구한 전쟁이었다. 무릇 전쟁은 정치적 목적을 달성하기 위한 수단이며, 따라서 전쟁 도중 협상할 수 있는 기회는 언제나 주어지는 것이다. 그러나 연합국 정치지도자들은 나치에 대한 증오감에 사로잡혀 이념형으로나 존재 가능한 절대전적 사고에 빠진 나머지 협상에 의한 평화에의 길을 봉쇄하고 말았으며, 모든 독일인의 마음 속에 궁지에 몰린 쥐와 같은 절망적 분노를 불러 일으켰던 것이다. 아이젠하워장군도 1945년 2월 28일 파리에서 가진 기자 회견시 무조건 항복요구의 무모함을 이렇게 지적하고 있다. "만일 여러분이 교수대에 오를 것이냐, 아니면 20회의 착검돌격을 할 것이냐 하는 양자택일의 기로에 서게 된다면 여러분은 틀림없이 후자를 택할 것이다."

결국 연합군측과 독일군측은 1945년 1월 이후 어느 때라도 평화협상에 의해 전쟁을 종결시킬 수 있었음에도 불구하고 독일군의 단말마적 저항 때문에 수개월이나 더 전투를 지속하였으며, 그로 인하여 양측이 받지 않아도 되었을 인명 및 재산상의 피해는 막대한 것이었다. 뒤늦게나마 이 사실을 깨달은 연합국 지도자들은 일본에 대해서는 그토록 무모한 요구를 하지 않기로 합의하고 다만 일본 군부에 대해서만 무조건항복을 요구하였다.

무조건항복과 더불어 또 하나 특이한 것은 전범재판의 문제이다. 고래로 포로 된 적이나 특히 항복한 적은 처형하지 않았으며, 비록 적군이 전쟁지도자라 할지라도 일단 평화를 되찾은 다음에는 예우하는 것이 하나의 관례였다. 그러나 전후 연합국은 전쟁범죄라는 신어를 창조하여 나치 및 일본의 전쟁지도자들을 처형하였다. 이것은 물론 제국건설의 망상에 사로잡혀 인간의 존엄성과 타 인종의 생존권마저도 부정했던 그들의 소행에 비추어볼 때 너무나도 당연한 인과응보였지만, 전범자을 처형했다는 점에서는 여하튼 새로운 전례를 남겼다고 하겠다.

2) 승패요인

그러면 제2차 세계대전은 동맹진영에 전혀 승산 없는 전쟁이었던가? 오히려 초기에 있어서는 누구의 눈에도 동맹진영의 승리가 확실할 것처럼 보였다. 그럼에도 불구하고 그들은 지고 말았다. 제2차 세계대전의 승패요인을 분석함에 있어서 가장 먼저 지적해야 할 것은 자원의 문제이다. 동맹 측은 인적, 물적인 자원이 열세했다. 독일은 뛰어난 공업적 역량을 보유하고 있었으나 바탕이 되는 원자재가 부족하였으며, 일본은 개전과 동시에 남방자원지대를 장악하였지만 그 자원을 본토로 실어 나르는 수송력이 모자랐을 뿐만 아니라, 원료를 신속하게 군수물자로 전환시킬 수 있는 공업력이 미약하였다. 이에 비해서 연합국의 군수공장이었던 미국은 자원의 절대적 우세와 선진된 산업력을 바탕으로 전 연합군에게 우수한 장비와 막강한 화력을 갖출 수 있도록 해줌으로써 전승의 근본적인 기틀을 마련하였다.

둘째는 지휘체계의 문제이다. 미·영을 중심으로 한 서방연합국은 연합참모부와 같은 총괄적인 전쟁지도기구를 설립했을 뿐만 아니라 육·해·공을 망라한 강력한 통합지휘체계를 설립하여 모든 작전들을 성공적으로 수행하였다. 독일도 물론 총 참모부와 같은 기구가 있기는 했지만 이들은 주로 전술이나 작전분야와 같은 하부구조적 업무에만 전념하였고, 그나마 전쟁말기에 이를수록 히틀러의 간섭과 단독적 결정이 심해져서 제대로 기능을 발휘하지 못하였다. 일본의 경우에도 대 본영이 있기는 하였으나 실제 작전지역에서는 육·해군을 통합할 수 있는 단일지휘체계를 유지하지 않았다. 태평양전쟁의 모든 전역에 있어서 일본 육군과 해군은 표면상 협조관계에 있었을 뿐이며 그나마 전통적으로 누적되어 온 육·해군 간의 갈등 때문에 손발이 맞지 않았다. 이리하여 비록 고도로 훈련되고 실전경험이 많은 일본군이라 할지라도 잘 협조된 미군에게 패할 수밖에 없었던 것이다.

셋째, 전략개념의 문제이다. 동맹 측의 전략은 너무나도 근시안적이고 직접적이었다. 독일은 제1차 세계대전시와 마찬가지로 "전쟁의 유일한 수단은 전투이다"라고 말한 클라우제비츠의 사상에 지나치게 집착한 나머지 그들의 안목을 전장에만 국한시켜 전투에서의 승리가 곧 전쟁의 승리를 가져온다고 생각했다. 그러나 세계최강의 작전역량을 발휘하였던 독일국방군이 수많은 대소전투에서 승리했음에도 불구하고 독일은 국가의 역량을 총동원하여 운용하는 전략적 고려가 부족했기 때문에 제2차 세계대전과 같은 총력전에서 궁극적인 패배를 면치 못했던 것이다. 독일이 저지른 전략적 과오의 한 예로써 항공기 생산보다 잠수함 생산에 우선권을 두었다는 사실을 들 수 있다. 잠수함은 물자의 이동을 방해할 수는 있지만 생산력을 마비시킬 수는 없다. 반면 연합군의 전략폭격은 독일의 생산력 및 기동력을 뿌리에서부터 말살시켜 연합군의 승리에 결정적 요인이 되었던 것이다. 또한 독일의 과오는 동·서양 전선을 동시에 유지했다는 점이다. 양면전쟁은 제1차 세계대전 때와 마찬가지로 독일이 가장 피하지 않으면 안될 함정이었다. 그러나 히틀러는 그 자신의 욕망 때문에 스스로를 함정으로 몰아넣고 말았으며, 끝내는 패망의 쓴 잔을 마셨던 것이다.

한편 일본 역시 단기결전에만 급급한 나머지 장기적인 안목과 계획이 결여되어 있었다. 완만한 해상수송력에만 의존하고 있었던 당시의 상황을 고려할 때 태평양과 같은 광대한 작전지역에 있어서는 보다 원대한 장기계획이 필요했던 것이다. 예컨대 확보된 원자재를 여하히 지원함으로써 중요한 해상기지를 유지할 것이냐 하는 문제들은 단기적으로 해결될 성질의 것은 아니었다. 결국 일본은 개전 초 6개월 동안(미드웨이에서 패배할 때까지)에 획득한 경이적인 결과마저 유지하지 못하고, 그 후 3년 2개월여에 걸친 미국의 끈질긴 반격에 의하여 밀둥치 채 넘어가고 말았던 것이다.

3) 무기 및 전술교리체계

제2차 세계대전은 총력전이었던 만큼 사용된 무기나 전술면에 있어서도 매우 다양하였다. 뿐만 아니라 제1차 세계대전에서 선만 보였던 항공기가 이제는 결정적 무기로 등장함에 따라 지상과 바다와 공중에서 그야말로 입체적인 작전이 전개되었으며, 육·해·공 3요소 간에 얼마만큼의 유기적 협동이 이루어지느냐에 따라 전투의 승패가 좌우되었다. 그러나 여기서는 우선 각 요소 별로 중요한 무기체계와 전술만을 살펴보기로 하겠다.

육군은 이시기에 등장한 무기체계로써 접근신관, 세열탄, 바쭈가포, 무반동총 그리고 소련의 카츄사포와 독일의 V-무기 및 88밀리 대 전차포 등이었다. 그러나 새로운 전술의 등장과 가장 밀접한 관계를 맺고 있는 것은 역시 기계화 장비, 즉 고속전차, 장갑차, 자주포 또는 기타 차량들일 것일 것이다.

이 시기에 가장 특징적인 전술인 전격전은 이와 같은 기계화 장비와 항공기의 개발을 바탕으로 삼아 제1차 세계대전시의 후티어 전술로부터 발전된 것이다. 전격전과 같이 신속한 작전형태에서는 휩쓸고 지나가는 기계화 부대가 보통 적의 강점을 우회하고, 소탕은 주로 후속하는 보병부대가 맡게 되는데, 이 경우 방자는 때때로 소위 고슴도치대형이라고 불리는 종심 깊은 방어진지를 형성하곤 했다. 고슴도치 진지는 시기를 보아 신속한 반격을 취할 때 지원거점이 될 수도 있었다. 한편 야전포병은 제1차 세계대전 말기에 개발단계에 있었던 집중포화의 개념을 이 시기에 와서 더욱 발전시킨 결과, 미국 야전포병학교에서는 이른바 화집점 사격법을 고안해 내었다. 이로 인하여 포병화력은 구스타브스 아돌푸스 이래 가장 획기적인 향상을 달성하였다.

해군의 제2차 세계대전시 전술교리 및 무기의 발전내용은 대략 항공모함작전, 상륙작전, 이동시 병참업무, 대 잠수함 전술 등 4가지 범주로 나누어 볼 수 있다. 첫째 제2차 세계대전의 해전양상에서 가장 두드러진 특징은 항공모함이 전함의 자리를 빼앗고 주력함이 되었다는 사실인데 그 계기는 역시 진주만사건이었다. 오로지 미국과 일본만이 고도로 발전시켰던 이 혁명적인 항공모함작전의 일반적인 전술대형은 항공모함을 중심에 두고 이를 옹호하기 위한 기타 함선들이 원형을 이루는 것이었는데, 종래 선대형을 취했던 전함중심의 시대와는 판이하게 다른 것이었다. 항공모함 작전시 주무기는 물론 함포가 아니라 함제기였으며, 보통 폭탄과 어뢰를 운반하는 공격용 기종과 방어용의 전투기로 구성되어 있었다. 항공기가 주무기로 되면서부터 한편으로는 대공방어용 장비가 개발되기 시작했는데 그 중 대표적인 것은 레이더와 근접신관인 VT신관이다. 레이더는 적기의 래습을 미리 탐지케 하여 최소한 함대 전방 50~70마일 거리까지 돌격기를 출동시킬 수 있는 시간여유를 제공해 주었다. 미국 해군은 1942년 1월 미국이 처음으로 태평양 전쟁에 도입하여 해상함대의 대공방어에 획기적 도움을 받았다. 그러나 비밀이 누설될 것을 우려한 나머지 지상목표에 대한 사용은 계속 꺼려오다가 1944년 말 발지(Bulge) 전투에서 비로소 이 제한을 풀었다.

두 번째로 언급할 것은 상륙작전이다. 제2차 세계대전시의 상륙작전은 제1차 세계대전 때의 영국군의 갈리폴리(Gallipoli) 상륙 실패로부터 교훈을 얻어 이미 제2차 세계대전이 벌어지기 20년 전에 미 해병대에서 발전시킨 개념이다. 교범화된 상륙작전의 순서는 다음과 같다. ① 지휘협조 및 준비, ② 함포사격, ③ 항공지원, ④ 해안까지 단정에 의한 기동, ⑤ 해안교두보 확보, ⑥ 보급물자 양륙 등이다. 흥미로운 사실은 제2차 세계대전에서 미군의 반격작전이 태평양과 유럽방면 다같이 상륙작전으로 개시되었다는 점이다. 그 최초의 예는 각각 1942년 8월의 과달카날 상륙 및 같은 해 11월의 북아프리카 상륙이었다. 이러한 상륙작전에 사용된 장비들은 크게 2가지의 기본형태로 분류된다. 하나는 물 위에서만 활동하는 단정종류이고, 다른 하나는 수륙양용차량이다. 전자에 속하는 것으로 소형에는 LCVP(landing craft vehicle and personnel)와 LCM(landing craft medium)이 있었고, 대형에 LST(landing ship tank)와 LCI(landing craft infantry)가 있었으며, 그 중간형으로 작은 LST격인 LSM(landing ship, medium)과 LCT(landing craft, tank)가 있었다. 후자에 속하는 것으로는 병력수송용인 LVT(landing vehicle, tracked)와 수륙양용전차인 LVT가 있었으며, 육군에서 독자적으로 개발한 상륙용트럭 DUKW는 물에서는 프로펠러에 의해, 땅에서는 바퀴에 의해 추진되는 것이었다.

세 번째 범주에 속하는 획기적인 작전개념은 이동식 병참체제이다 미국에서 고도로 발달된 이동식 병참체제가 없었다면 사실 제공 및 제해권을 장악하기 위한 항공모함작전이나 상륙작전 등은 수행이 불가능했을 것이다. 대양 한가운데서 작전하는 모든 함선들은 연료, 탄약, 식량, 병력 등을 계속적으로 지원받지 않으면 안되고, 때때로는 보수도 받아야 한다. 그러나 머리 떨어져 있는 항구까지 일일이 왕복하자면 수주일 내지 한달 이상씩이나 전장을 비워놓지 않으면 안된다. 이러한 불편을 없애준 것이 바로 이동식 병참체제였다. 여기에는 두 가지 형태가 있었다. 가장 기본적인 것은 작전지역이 이동됨에 따라 병참부대도 전진기지로 이동해 가는 체제로서 주기지, 보조기지, 항공기지와 같은 이

동병참기지였다. 그러나 전장이 일본 본토를 향하여 점점 더 빠른 속도로 가깝게 접근해 가자 이 개념은 퇴색하기 시작했다. 두 번째 형태는 바다 위에 떠다니는 보급지원부대였다. 이것은 하나의 함대를 이루어 대양 어느 곳까지라도 전투부대들을 따라다니며 보급지원을 해주는 체제였으나 그 대신 규모는 전자에 비교할 바가 못되었다.

다음은 대 잠수함 전술이다. 이것은 주로 북대서양에서 독일의 U-보트에 대한 영국함대의 피어린 사투에서 얻어진 결실이다. U-보트는 북대서양을 왕래하는 연합군의 수송선단을 괴롭혀 미국으로부터 이어지는 영국의 젖줄을 위협하였다. 영국은 이를 극복하기 위하여 새로 개발한 초단파 레이더와 수중음파탐지기 등을 도입하였으며, 그밖에 호위항공모함과 연안사령부의 항공기, 그리고 재래의 구축함까지도 총동원하였다. 특히 가장 효과적인 장비는 초단파 레이더로써 수면 위에 올라와 있는 U-보트를 탐색해 낸 뒤 잠수 도피하기 전에 항공기나 구축함으로 추적하여 격침시켰다. 또 수송선단을 호위하는 호송함대는 Sonar를 장비하여 접근해 오는 U-보트를 미리 탐지할 수 있었으며, 항공기들은 끊임없이 선단주변과 해상 구석구석을 탐색하여 적극적인 공격을 가하였다. 이처럼 발전된 전자과학과 입체적인 대잠작전을 구사한 끝에 영국은 마침내 1943년 여름부터 안전한 항로를 유지할 수 있게 되었다.

공군은 제1차 세계대전에 항공기의 선만 보였는데, 제2차 세계대전에서 가장 결정적인 무기로 화하여 승패를 갈라 놓은 장본인이 되었다. 제1차 세계대전 후 항공분야의 선구자들인 이탈리아의 두에(Giulio Douhet), 미국의 미첼(William Mitchell), 영국의 트렌챠드(Sir Hugh Trenchard) 등은 항공전술교리의 대의를 공중에서의 주도권, 적의 지상군에 대한 지원능력 파괴, 적국경제력의 분쇄 등으로 예견하였다. 결국 제2차 세계대전을 통하여 확립된 항공교리는 제공권, 장거리폭격, 지상군에 대한 근접지원 등 서로 밀접히 관련되어 있으면서도 확연히 구별되는 3

가지 분야였다.

제공권은 공격적 견지에서는 아군의 전략폭격이나 전술폭격을 용이하게 해주고, 방어적 견지에서는 적이 그러한 행동을 취하지 못하도록 하는 기능을 발휘한다. 또한 항공기가 민간인이나 군인에게 미치는 공포적 효과를 고려해 볼 때, 제공권은 사기와 같은 심리적 측면에 미치는 영향도 매우 크다고 할 수 있다. 제공권을 장악하는 방법에는 크게 보아 계속적인 공중전으로 적 전투기를 섬멸시키든가, 적의 항공시설이나 항공기 생산공장을 장기적으로 폭격하든가 하는 두 가지가 있다.

전략폭격은 두에 등이 언급한 바와 같이 상대국의 전쟁수행능력을 봉쇄하는 정책 보다도 훨씬 빠르고 훨씬 직접적으로 분쇄하는 기능을 발휘한다. 영국은 전쟁초기의 항공력 열세에도 불구하고 전략폭격과 같은 공격적 항공작전을 늘 염두에 두어 왔으며, 따라서 영국전투 기간 중에도 독일의 산업 및 상업지대를 폭격했다. 그러나 엄호전투기의 부족과 폭격기 자체의 약점, 그리고 독일전투기의 공격 때문에 야간폭격에만 의존하였다. 한편 날으는 요새라고 불리 운 B-17F와 같은 우수한 폭격기를 보유하고 있었던 미국은 주로 주간 정밀폭격에 임하였고, B-29를 개발한 뒤 1944년부터는 더욱 본격적으로 이 임무를 수행할 수 있었다. 이러한 전략폭격은 독일 전투기들을 공중전으로 끌어들여 소모케 함으로써 독일영공의 제공권을 탈취하는데도 도움을 주었다.

전술폭격의 가장 전형적인 사례는 아무래도 폴란드, 노르웨이 및 1940년의 서부전선에서 독일군이 펼쳤던 전격전으로부터 찾아야 할 것이다. 이들 전역을 통하여 독일군은 지상군을 근접 지원하는 능력에 있어서 경이적인 경지를 과시하였다. 그러나 이처럼 전술항공력의 우위를 점하고 있었음에도 불구하고, 독일은 항공력의 전략적 사용이나 독자적 운용개념에 눈을 뜨지 못하여 항공기를 다만 지상군의 보조 물로만 여겼기 때문에 점차 사양길로 접어들고 말았던 것이다.

지금까지 제2차 세계대전의 성격, 승패요인, 육·해·공군의 전술교리 및 무기체계 등에 관해서 개관하였는데 무엇보다도 가장 획기적이고 의미심장한 사건은 역시 원자탄의 등장이었다. 1945년 8월 6일 히로시마에 버섯구름이 솟구쳐 오름으로써 세계는 새로운 핵 시대로 접어들기 시작했으며, 냉전(Cold War)대결의 장이 펼쳐지게 되었다.

제4장 한국전쟁

1. 한국전쟁의 배경

일제 36년 동안 빼앗겼던 주권회복은 제2차 세계대전이 끝날 무렵, 전후 처리를 위해 모인 연합국 수뇌부들에 의하여 시사되었다. 1943년 12월 1일 카이로 선언, 그리고 이를 재확인한 포츠담선언으로 그 서광이 비치기 시작함으로써 제2차 세계대전의 종막은 한국 근대사에 새로운 장을 열게 하였다.

즉 1945년 일본의 무조건 항복으로 제2차 세계대전이 끝을 맺게 되자, 한국민들의 자주독립에 위한 새 역사의 꿈은 그 실현을 보게 되는 듯하였다. 그러나 종전과 함께 표면화되기 시작한 미·소간의 견해 차이는 한국 문제에 예기하지 않았던 암영을 던지고 있었다. 1945년 추축국이 무너지자 전세계의 많은 지역에서 힘의 공백상태가 조성되고, 독일과 일본의 통치로부터 해방된 국가들은 미·소의 이해간계가 상충되는 지역으로 변하게 되었으며, 한반도도 예외는 아니었다.

이와 같은 불행의 요인은 1945년 2월 11월 소련 흑해연안에서 개최된 얄타회담에서부터 싹트기 시작하였다. 전후 처리 문제를 협의하기 위한 미·영·소 3국 수뇌들의 모임이었던 이 회담에서 스탈린은 대일참전을 약속하였고, 미국·영국 수뇌들은 스탈린에게 대일참전의 조건으로 극동에 있어서의 노일전쟁 이전에 누렸던 모든 권리의 회복을 약속하였던 것이다. 이는 곧 소련에게 제정러시아 이래에 그들의 숙원이던 극동남진정책의 실현을 약속한 것이나 다름이 없었으며, 결과적으로 동북아시아에 새로운 불안을 낳게 한 원인이 되었다.

1945년 8월 9일, 대일선전포고를 한 소련군은 만주와 한반도를 향하여 밀어닥치기 시작하였으며, 그 다음날인 8월 10일, 일본은 연합국 측의 무조건항복 권유를 수락하기에 이르렀다.

이때에 미국은 한반도에 38도선을 설정하여 그 이북지역은 소련군이 그 이남지역은 미군이 진주하여 각각 일본군의 무장해제를 담당하도록 하였다. 당시의 이러한 조치는 전후 처리를 위한 순수한 군사적인 조치였으며, 한반도를 정치적으로 분단하기 위한 의도는 전혀 내포되지 않은 것이었다.

그러나 소련측에서는 그것이 아니었다. 만주와 한반도를 겨냥한 소련군의 진격은 계속되었다. 소련군은 8월 13일에는 청진항에 상륙하고 22일에는 평양으로 진주하여 8월 말에는 이미 북한 전역을 장악하였으며, 그들은 38도선을 정치적인 구획선으로 인식하고 정치적인 복선을 깔기 시작하였다.

소련은 북한지역에서 진주를 완료하자, 경의선·경원선을 비롯한 주요 남행간선철도를 모두 폐쇄하여 38도선 이남지역으로의 교통·통신을 제한 내지는 봉쇄한 다음, 북한 전역의 공산화를 위한 정치 및 사회제도의 개혁에 착수하였다.

소련은 1946년 2월 8일, 김일성을 위원장으로 하는 이른바 북조선임시인민위원회를 구성하도록 하여 김일성 일인 독재체제의 기반을 본격적으로 굳히기 시작하였다.

이에 반하여 미국은 38도선을 설정함으로써 소련군의 진주 한계를 못박기는 하였으나 당시 미군의 진주가 늦어짐에 따라 남한에는 과도기적인 혼란이 가중되고 있었다. 뒤늦게 9월 4일에야 하지(John R. Hodge) 중장 휘하의 미 제24군단 선발대가 김포공항에 도착하고 그 주력이 인천에 상륙하였으며, 9월 7일에는 맥아더 미 극동군총사령관이 남한에 대한 군정을 선포하였고, 아놀드(A. V.Arnold) 소장이 초대 군정장관으로 임명되었다.

그러나 한국에 대한 일정한 정책의 준비도 없이 출범한 하지 중장의 군정은 시초부터 민주주의라는 큰 테두리 안에서 지나친 자유가 부여됨으로써 혼란이 상당기간 계속되었다. 남한의 혼란은 8 · 15광복과 더불어 조직하기 시작한 수많은 군소정당의 난립으로 더욱 가속화되었다. 특히 좌경분자들로 구성된 건국동맹이 재빨리 건국준비위원회라는 것을 조직하여 남한 정계의 장악과 조선공산당의 설립을 시도하고 있었다.

정국이 이렇게 혼미를 거듭하자 우익 정당에서는 건국준비위원회의 독주를 견제하고 이에 대처하기 위하여 난립되어 있던 우익의 각 정당들을 합당하여 한국민주당을 창설하였다. 그러나 이에 맞선 세칭 재건파로 알려진 박헌영 계열의 공산당은 그들 내부의 장안파를 제압하고 건국준비위원회를 잠식한 끝에 이른바 조선공산당을 재건하여 남한내의 사회 불안과 혼란을 조성하기 위한 폭력과 파괴공작을 자행하였다.

이렇듯 국토분단과 미 · 소의 상반된 점령 정책으로 남북한의 이질현상이 점차로 심화되는 가운데 1945년 12월 26일, 모스크바 3상회의가 개최되어 한국 임시정부의 수립 문제와 함께 일찍이 카이로선언 때 이미 미 · 영 양국 수뇌들간에 거론되었던 한국의 신탁통치협정 문제가 구체적으로 논의되기에 이르렀다.

한국을 5년 이상 미국, 소련, 영국, 중국 등 4대 강국의 신탁통치하에 두기 위한 논의가 진행되고 있다는 소식이 남한에 전파되자 이를 반대하는 범국민적인 신탁통치 반대 운동이 거세게 일어나기 시작하였다. 광복과 더불어 자주독립을 기대했던 국민들의 분노에 찬 신탁통치 반대 운동은 한때 당파와 정치이념을 초월한 거족적 운동이 되는 듯도 하였다. 그러나 소련의 지령으로 그 태도를 돌변하게 된 좌익분자들이 그 이듬해부터 신탁통치를 찬성하고 나섬으로써 좌 · 우익의 대립은 반탁과 찬탁의 새로운 양상으로 변모하였다.

2. 빨치산 활동

한국전쟁이 일어나기 전에 지리산일대에서는 좌익계열에 의한 빨치산활동이 전개되고 있었다. 빨치산을 영어로 파티산(partisan)이라고 하는데 이 어원은 프랑스어의 파르티(Parti) 즉 당원, 동지라는 어원에서 유래하였다. 따라서 빨치산이라고 하면 정치적인 목적을 가진 당원들의 투쟁 즉 비 정규전을 수행하는 유격대원을 뜻하는 것이다.

우리나라에서도 해방 후 공산주의 이념을 가진 빨치산들이 지리산을 중심으로 백운산, 백아산 일대에서 활동하고 있었는데 이러한 빨치산의 근원은 ① 여수반란사건의 잔당, ② 북한 강동정치학원에서 양성되어 남파된 무장공비, ③ 한국전쟁 시 낙동강 전선에서 퇴로가 막혀 남아있던 잔당들이다.

일제 36년간의 속박에서 벗어나 해방이 되자 남한에서는 미군정이 시작되면서 좌익과 우익 간에 정치적인 주도권을 잡기 위하여 치열한 투쟁이 계속되었다. 이러한 가운데 위조지폐사건 즉 "정판사(精版社)"사건이 일어나면서 미군정은 좌익인 남노당 소탕작전에 들어가게 되었고 노동당 수뇌인 박헌영은 북으로 도망가고 남노당 잔당들은 지하로 숨어들면서 남한사회를 전복시키기 위하여 폭동을 수시로 일으켰다.

이때 정판사 사건으로 지하로 숨어들어간 남노당 계열은 육지에서 멀리 떨어져 정부의 통제력이 미치기 어려운 제주도로 들어갔다. 일본군이 버리고 간 무기를 가지고 폭동을 일으키기 위하여 한라산 기슭에서 훈련을 하고 있었던 것이다. 이러한 상황 하에서 1948년 유엔감시하에 남한에서의 국회의원 총선거 즉 5·10총선이 발표되자 이에 반대하기 위하여 1948년 4월 3일 새벽2시에 남노당 무장폭도들은 일제히 폭동을 일으켰다.

이들은 제주도내 15개 경찰서를 습격, 14개 경찰서를 점령하고 경찰 및 우익인사들을 무참하게 살해하였다. 당시 폭동으로 숨진 경찰 및 우익청년과 그 가족의 희생자는 154명에 달하였고 많은 총기와 탄약 등도 약탈당했다.

당시 남로당 무장폭도들이 내걸은 구호와 요구사항은 다음과 같다. ① 미제는 즉시 물러가라, 미 제국주의를 타도하자, ② 남한 단독선거, 단독정부수립 결사 반대한다, ③ 이승만 매국도당 타도하자, ④ 경찰대와 테러단은 즉시 철수하라, ⑤ 신탁통치를 찬성한다.

이와 같은 구호에서 볼 수 있듯이 제주도 4・3사태는 남로당에 의해 조직적으로 발생한 것이고, 그 배경에는 남한 땅에 자유민주주의체제가 들어서는 것을 막기 위한 것이다.

제주도에서 일어난 4・3사태에 대한 진압이 어렵게 되자 정부는 여수에 주둔하고 있던 국군 제14연대 병력 3,000여 명을 제주도로 급파하기로 결정하였다. 제14연대는 1948년 5월에 각 부대에서 병력을 차출해서 창설되었기 때문에 오합지졸과 다름없었다. 원래 부대를 창설할 때는 새로 입대하는 신병들만 가지고 창설하게 되면 병력이 한꺼번에 부대에 들어 왔다가 한꺼번에 제대를 하기 때문에 신참과 고참을 골고루 썩어서 편성하게 된다. 즉 각 부대에서 병력을 차출하여 새로운 부대를 편성하게 된다. 병력을 차출할 때는 통상적으로 기존부대에서 문제를 일으키는 골치 아픈 병사를 차출해 주기 때문에 창설하는 부대는 좋은 병력으로 구성되기가 어렵다.

제14연대는 창설부대라 병력의 질도 좋지 않은데다가 연대 안에도 이미 공산 프락치들이 침투되어 있었다. 이 연대가 제주도 4・3사태를 진압하기 위하여 여수항을 출발하기로 되어 있었던 1948년 10월 20일 새벽 2시에 연대 안에 있던 반란군 주모자인 김지회 중위와 지창수 상사 등이 미리 포섭해 놓았던 행동대원 40여 명과 함께 병기고에서 무기를 탈취해서 폭동을 일으킨 것이 여수반란사건이다.

반란 주모자들은 무기고를 탈취한 후 비상나팔을 불어 병력을 연병장에 집결시켜 놓고 말을 듣지 않는 병사들을 단상에 올려놓은 후 총살을 시키게 되니 순진한 병사들은 반란군의 말을 듣지 않을 수 없었다. 이렇게 부대를 장악한 주동자들은 "① 지금 경찰들이 우리한테 쳐들어오고 있다. 우리 모두 경찰을 타도하자. ② 동족상잔인 제주도 출동을 반대하자. ③ 조국의 염원인 남북통일을 이룩하자. ④ 지금 인민군이 38선을 넘어 남진 중이니 우리는 북으로 공격하여 인민군과 합류하자." 라고 하면서 주모자들은 부대를 이끌고 여수시내로 진군하였다.

10월 20일 날이 밝으면서 여수의 주요 공공건물과 요소요소에는 일제히 수십 개의 대형 인민공화국 깃발이 게양되고 이날 13시부터 중앙동 광장에서 여수인민대회가 열리게 되니 여수사람들은 빠짐없이 모이라는 광고들이 나붙었다. 20시가 되면서부터 좌익청년들과 학생들은 거리 곳곳에 인공기 다발을 준비해 놓고 여수사람들에게 나누어주면서 모두 인민대회장으로 나가라고 독려했다.

이것은 모두 이현상의 지령에 따라 여수 지하당 조직에서 사전에 치밀하게 준비하고 짜놓은 계획에 따른 행동이었다. 여수읍 사무소에서는 김지회, 지창수, 정낙현, 최일주, 유창남 등을 중심으로 작전회의가 열렸다. 그 자리에는 김지회의 처 조경순도 권총으로 무장하고 한쪽에 자리잡고 있었다. 그녀는 그 동안 여수읍의 김지회 하숙집에 머물러 있었던 것이다. 이밖에 여수 지하당 측에서 이용기를 위시한 몇 명의 간부급이 이 작전회의에 옵저버로 참가하여 반란군 지휘자들을 격려했다.

이 회의에서 김지회는 당초 이현상이 지시한 대로 주력부대는 곧 열차를 이용하여 순천으로 북상, 그 곳 홍순석의 2개 중대와 합류하여 지리산으로 들어가서 이현상의 지도를 받아야 한다고 했다. 그래서 여수에는 2개 중대 정도만 잔류시키고 주력은 순천으로 북상 후 벌교, 보성,

고흥, 화순, 광주지역으로 진출시켰다.

결국 1주일 만에 반란은 진압되었지만 이 사건으로 많은 인명피해가 나고 수 만 채의 가옥이 불타게 되었다. 김지회 중위를 비롯한 반란 세력들은 지리산으로 들어가 최초의 한국 빨치산이 되었다.

한편 정판사 위조지폐사건 후 북으로 넘어간 박헌영은 김일성 밑에서 조선노동당 부주석이 되었다. 다시 말하면 박헌영이 이끄는 남로당과 김일성의 북로당이 합당하여 조선노동당을 창설하게 되고 조선노동당 주석은 김일성, 부주석을 박헌영이가 맡게 되었다.

조선노동당 부주석 박헌영은 강동정치학원이라는 빨치산 양성소를 평양에 설치해 놓고 훈련된 빨치산을 태백산맥을 따라 소백산을 거쳐 지리산 일대로 남파하였다. 이들은 여수반란사건 시에 지리산으로 들어가 빨치산 활동을 하던 무리와 합류를 하였다. 즉 강동정치학원에서 조직적으로 교육을 받은 빨치산은 지리산 일대에서 빨치산 지도자로서 역할을 하였다.

그리고 한국전쟁 시 낙동강 선까지 밀고 내려왔던 북한인민군이 맥아더 장군의 인천상륙작전에 의하여 허리가 절단되니 낙동강 선에 집결되었던 인민군 주력은 북으로 철수를 하지 못하고 대부분 지리산으로 들어가 기존의 빨치산과 합류하였다.

이러한 빨치산을 규합한 것을 남부군이라고 하는데 이 남부군을 총지휘한 사람이 이현상이다. 그는 해방 전부터 공산주의사상에 투철한 지도자로서 김일성과 박헌영에 못지 않은 공산주의자이었다. 남부군이라고 칭하며 지리산일대에서 활동하던 빨치산은 후방지역에서 열차를 폭파하고 관공서 등을 불지르면서 통신, 철도, 수도 등 국가기간산업을 마비시키면서 후방교란작전을 하였다.

빨치산들은 밤에 마을로 내려와 닭, 돼지, 소 등을 잡아가면서 보투(보급투쟁)활동을 하였기 때문에 지리산 일대에는 밤에는 빨치산 세상,

낮에는 국군 세상이 반복되었다. 이러한 빨치산을 소탕하기 위하여 정부에서는 수도사단, 8사단, 11사단 등을 지리산 지역으로 투입하여 백선엽 장군의 지휘하에 "백야전 전투사령부"를 설치하고 빨치산 토벌작전을 실시하였다. 빨치산 소탕작전은 중공군이 압록강을 건너 한국전쟁에 투입되면서 이들과 연결작전을 하기 위하여 더욱 기성을 부리고 있었다.

이러한 토벌작전을 실시하는 가운데 피아간에 식별이 잘 되지 않아 아군에 의한 "거창양민학살사건" 등이 발생하였다. 빨치산 토벌작전은 겨울에 하는 것이 가장 효과적이다. 겨울에는 산에 눈이 쌓여있기 때문에 발자국이 남고 또 추위와 배고픔에 시달리기 때문이다.

결국 빨치산들은 1953년 9월 지리산 빗점골에서 빨치산 남부군 사령관이었던 이현상이 사살되면서 남한지역에서 활동하던 빨치산은 완전히 소탕되었다. 빨치산 사령관 이현상의 시신은 서울에서 많은 사람들에게 공개된 후 섬진강 가에서 화장이 됨으로써 한국 빨치산의 신화는 막을 내리게 되었다.

휴전협상이 진행될 때 남한은 빨치산도 포로로 간주하고 북으로 넘겨주기 위해 노력을 하였지만 북측은 이를 거부함으로써 빨치산은 남과 북으로부터 동시에 버림 받은 비운의 존재가 되었다. 이러한 빨치산을 배경으로 하여 만든 책으로 태백산맥, 남부군, 겨울골짜기 등 베스트셀러가 많은데 "태백산맥"은 너무 좌익적인 측면에서 묘사가 되었다고 하여 10년 이상 재판에 계류되었다가 보안법에 저촉되지 않는다는 판결을 받게 되어 베스트셀러가 되기도 하였다.

3. 북한군의 남침과 한강교 폭파

1950년 6월 25일 4시 북한 인민군은 38도선을 불법으로 남침하여 파죽지세로 공격을 하였다. 이러한 북한군의 남침작전은 작전개시 50일 이내에 부산을 점령하고 전 한반도를 공산화시킨다는 계획이었다.

북한군이 남침을 개시한 6월 25일은 일요일로서 부대원의 1/3 정도가 외출 중에 있었다. 더욱이 북한군이 남침초기의 공격수단으로 운용하였던 전차에 대한 대비태세는 57미리 대전차포와 2.36인치 로케트포 이외에는 아무것도 준비된 것이 없었다. 이러한 여건 하에서 북한군의 기습공격을 받게 된 것이다.

북한군이 남침을 개시한지 3일 만이 6월 28일에 수도 서울이 함락되고, 동일 2시 30분에는 한강교가 폭파되었다. 한국군은 임진강에서 교량을 폭파하지 못하여 북한 인민군이 신속히 공격을 했기 때문에 전황이 불리하면 한강교는 반드시 폭파할 계획을 가지고 있었다.

1950년 6월 26일 채병덕 육군참모창장은 공병감 최창식 대령을 불러 한강교 폭파에 대한 준비를 하도록 했다. 북한군이 의정부전선에 도착하자 최창식 대령은 공병학교 폭파교관에게 한강인도교를 폭파할 수 있도록 모든 준비하라고 지시했다.

6월 27일 5시에는 육군본부 참모총장실에서 국방장관과 육군수뇌부들이 연석회의를 개최하였는데 이 자리에서 한강교량 폭파는 시기를 놓치지 않기로 다짐하였다. 국방부와 육군본부 수뇌부의 회의가 끝나고, 채병덕장군은 육군본부 참모회의를 개최하였는데 이 자리에서 육군본부를 경기도 시흥 보병학교로 철수시키기로 하였다. 이어서 채병덕 참모총장은 총장실로 와서 공병감 최창식대령을 불러 북한군 전차가 서울시내에 들어오기 2시간 전에 한강교를 폭파하라고 구체적인 지시를 하였다. 이러한 지시를 받은 공병감 최창식 대령은 공병학교장 엄학섭 중령에게 지시하였고, 공병학교 후보생들은 28일 3시 30분까지 한강교 4개 교각에 폭약 설치작업을 완료하였다.

이 무렵에는 수많은 피난민과 차량들이 한강을 건너고 있었고, 육군본부는 시흥으로 철수를 하였다. 그러나 미 해·공군의 참전과 맥아더 장군이 한국 전방지휘소를 설치한다는 소식이 전해지자 시흥으로 철수했던 육군본부는 다시 원위치로 복귀하는 등 우왕좌왕하는 모습을 보였다.

이러한 상황하에서 비가 억수로 내리는 가운데 6월 28일 0시 1분에 미아리방어선이 붕괴되기 시작했다. 북한군 전차 2대가 미아리고개를 넘어 길음동으로 들어왔고, 한국군 병사들은 전차에 공포감을 느끼고 무질서하게 철수를 하였다.

6월 28일 2시경 육군참모총장 채병덕 장군은 공병감 최창식 대령에게 전화를 걸어 "지금 적의 전차가 서울시내에 들어왔다. 한강교를 폭파하도록 하라"라고 지시를 한 후 시흥으로 출발했다. 참모총장이 떠나자 전선에서 철수하는 지휘관들이 들어 닥쳤고, 한국군의 지휘체제는 무질서한 상태가 계속되었다. 한강교 폭파명령을 받은 공병감 최창식 대령은 즉시 엄학섭 중령에게 지시하고 엄중령은 폭파장교 황인덕 중위에게 점화명령을 내렸다.

한편 전방에서 철수하는 군인들과 민간인들이 뒤엉킨 상황 속에서 현지 지휘관들은 한강교 폭파시간을 늦추도록 건의하였다. 그러나 이러한 의견은 공병감에게 전달이 되지 못하였다.

결국 6월 28일 2시 30분 한강교가 폭파되었다. 교량폭파 실패를 우려해서 필요한 용량보다 더 많은 폭약을 장치해서 폭파시켰기 때문에 그 폭음은 하늘을 찌를 듯 하였다. 용산동, 흑석동 일대의 모든 유리창이 파괴되었고, 집들의 기둥이 틀어지기도 하였다. 파괴된 교각은 공중으로 날라가고 교량본체는 물속으로 떨어졌다.

이때 서울시민이 모두 150만 명이었는데 100만 명만 피난을 하였고 50만 명은 한강을 건너지 못하고 서울에 잔류하면서 서울이 다시 수복될 때까지 공산치하에서 어려운 생활을 하게 되었다. 서울에 남아있던 시민들은 의용군이라는 이름으로 북한군에 끌려가고 그들의 말을 듣지 않은 사람들은 손발이 묶인 채 우물에 집어넣어져 죽임을 당했다.

한강교량이 폭파되니 한국군의 주력은 한강이북에서 다리를 건너지도 못하고 괴멸되었다. 일부 장병들은 무기와 장비를 버리고 맨몸으로 강을 건너 영등포일대에서 자기부대를 못 찾아 우왕좌왕하는 모습까지 보이고 있었다.

그 후 한강교량을 조기에 폭파시킨 것이 정치적인 문제로까지 확대되기에 이르렀다. 한강다리를 조기에 폭파시킨 사람을 처벌해야 된다는 여론이 고조되니까 가장 난처한 입장에 처한 사람은 신성모 당시 국방장관이었다. 국방장관이 궁지에 몰리게 되니까 여론을 조기에 수습하기 위하여 다리를 폭파한 아랫사람을 처벌하는데 서두르고 있었다.

당시 한강교량 폭파에 군사적인 책임이 있는 채병덕 육군참모총장에게 책임을 물으려고 하였으나 그는 하동전투에서 이미 전사한 상태였다. 따라서 참모총장의 명령을 받고 한강교를 폭파한 공병감 최창식 대령이 1950년 8월 26일 체포되어 군법회의에 회부되었다.

군법회의에서 공병감 최창식 대령은 사형을 언도 받고 1950년 9월 21일 2시 부산에서 총살되었다. 최창식 대령의 사형이 집행된 후에 유가족에게 이 사실을 알리지 않았다. 나중에 최창식 대령의 부인 옥정애 여사는 남편의 사형집행 사실을 알고 시신이라도 찾으려고 여기 저기 돌아다니며 진실을 확인하고 있었다. 결국 최대령 부인은 남편이 처형된 후 3년이 지난 후에야 남편의 유골이 국립묘지에 있다는 것을 알게 되었다.

이 당시 군법은 단심제이었기 때문에 항고할 기회도 없었다. 그러나 박정희 대통령 시대에 군법이 재심제로 개정되자 옥정애 여사는 남편의 명예를 회복시키기 위하여 1961년 9월에 육군고등군법회의에 재심을 청구하였다.

이 소송에서 군인은 상부의 명령에 절대 복종하는 것이 기본임무이기 때문에 참모총장의 명령에 따라 한강다리를 폭파할 수 밖에 없었던 최창식 대령에게 1964년 10월 23일 무죄가 선고되어 명예가 회복되었다. 최대령이 무죄가 됨으로써 한강교량을 폭파한 책임자가 명확하게 가려지지 않은 상태 하에서 오늘에 이르고 있다.

한강방어선이 무너진 데 이어 오산에 배치되었던 미군 스미스 특수임무부대도 북한군의 공격에 견디지 못하고 평택으로 후퇴하였다. 이때 미국은 유엔군을 한국전선에 파견해줄 것을 유엔에 요청하였다. 한국을 한반도의 유일 합법정부로 승인했던 유엔은 북한 인민군의 남침을 저지하기 위하여 1950년 6월 28일 유엔안전보장이사회를 열었다. 여기에서 유엔군을 투입하기로 결정함으로써 유엔 16개국이 한국전에 참전하였다. 이들 나라들은 미국을 비롯하여 영국, 프랑스, 캐나다, 호주, 뉴질랜드, 네덜란드, 필리핀, 터키, 태국, 그리스, 남아공, 벨기에, 룩셈부르크, 콜롬비아, 이디오피아 등이었다.

한국전에 참전한 유엔은 군대를 가장 많이 보낸 미국에게 유엔군 사령관을 임명해줄 것을 요청하였다. 미국은 이 요청에 따라 일본에서 극동군사령관을 하던 맥아더 장군을 유엔군사령관에 임명하였다. 유엔군 사령관에 임명된 맥아더 장군은 워커(Walton H. Walker) 장군을 유엔군 지상구성군 사령관에 임명하였다. 후에 워커 장군은 의정부 전투에서 전사를 하였으며 서울에 있는 워커힐 호텔은 워커 장군을 기념하기 위하여 붙여진 이름이다.

한편 이승만 대통령은 지휘통일의 원칙에 따라 한국군의 작전통제권을 유엔군사령관인 맥아더 장군에게 넘겨주었다. 한국군의 작전통제권을 비롯하여 전 유엔군을 지휘하게 된 맥아더 장군은 일본에 있던 미 제24사단의 본대를 금강방어선에 투입하였지만 북한군에 당할 수가 없었다. 결국 금강 방어선에서 배합전술을 사용하는 북한군에게 무너지고 미 제24사단장인 딘 장군까지 포로가 되었으며, 북한 인민군은 1950년 8월 4일에 낙동강 선까지 이르게 되었다.

이 과정에서 충북 영동 부근에서 "노근리" 양민학살사건이 발생하였다. 북한 인민군은 민간인으로 위장한 침투부대를 아군 후방에 침투시켜 중요한 시설을 파괴하고 지휘소를 습격한 다음 주력부대가 공격하는 식으로 전진하는 배합전술을 사용하였기 때문에 사복으로 갈아입은 인민군과 선량한 민간인을 구분할 수 없었다. 그래서 양민의 피해가 본의 아니게 많이 나타나게 되어 "노근리" 양민학살사건이 일어나게 되었다.

1950년 8월 무더운 삼복더위가 계속되는 가운데 전선은 낙동강 선에서 교착상태에 빠졌다. 낙동강은 천연장애물이라 방어하는 편에게 유리한 지형적인 조건을 제공하고 있었을 뿐만 아니라 유엔군의 계속되는 증파로 북한군의 진격이 낙동강 선에서 소강상태를 보이게 되었다. 낙동강 선에서 지루한 공방전이 계속되는 가운데 왜관 지역에서는 B-29에 의한 융단폭격까지 실시되어 많은 민간인 피해가 발생하기도 하였다.

북한군 남침작전

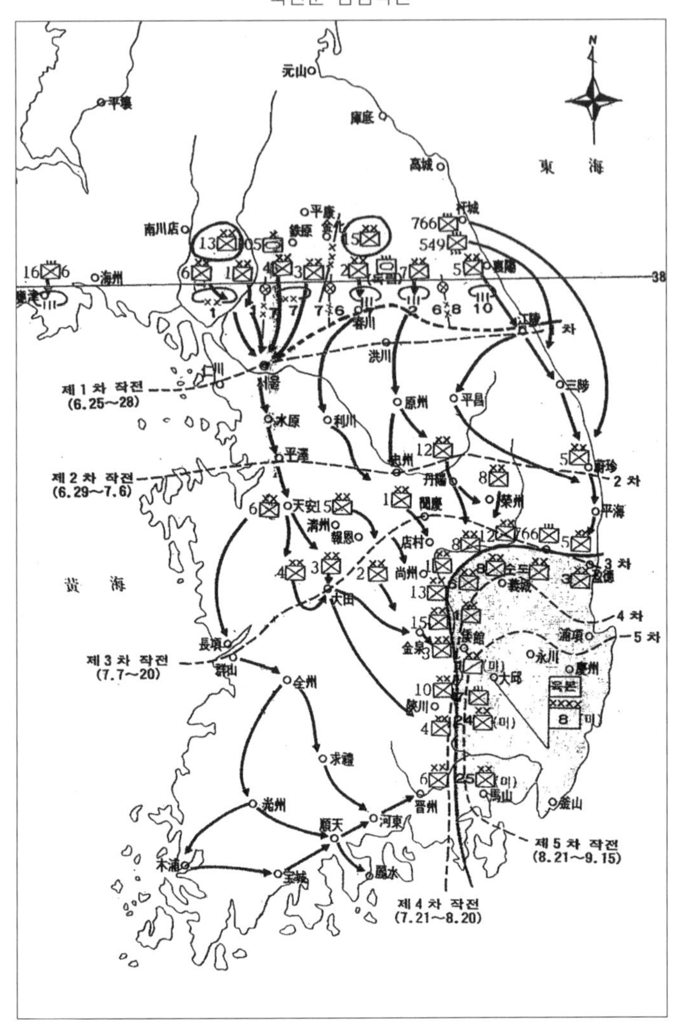

8월 하순으로 접어들면서 전세의 역전이 확실해지자 맥아더 유엔군 사령관은 인천상륙작전계획을 구체화하기 시작하였으며, 미국을 위시한 유엔회원국들은 유엔군의 작전을 38선 이북지역까지 확대할 것을 논의하기 시작했다. 이때에 논의된 내용은 만일 전세가 호전될 경우 북

한군을 38선까지만 격퇴하고 북한지역의 군사적 점령을 포기한다면 북한에게 또다시 재침할 수 있는 기회를 주게 되는 결과가 될 것이므로 한반도의 평화와 안전을 위해서는 보다 장기적인 정책적 조치가 뒤따라야 한다는 것이었다.

4. 유엔군의 반격 및 북진

맥아더 장군은 낙동강 선에서 교착상태에 빠진 전선을 승리로 이끌기 위해 1950년 9월 15일 인천상륙작전을 실시하게 되는데 최초 이 작전을 계획할 때는 많은 사람들이 반대를 하였다. 왜냐하면 인천은 조수간만의 차가 심하고 수심이 얕을 뿐만 아니라 갯벌로 되어 있어 상륙함을 해안에 접안 시키기가 어려워 상륙작전지역으로는 적당하지 않았기 때문이었다. 이에 대해 맥아더 장군은 "많은 사람들이 반대하는 그 이유가 내가 인천에서 상륙을 하려는 이유이다. 적도 그러한 이유로 허술하게 해안방어를 할 것이기 때문에 우리는 기습적인 상륙을 할 수 있을 것이다"라고 주장하면서 인천상륙작전을 강행하였다.

당시 북한군은 13개 보병사단과 1개 전차사단 그리고 2개 기갑여단을 낙동강 전선에 투입하고 있었으며, 8월과 9월 사이에 신편된 5개 보병사단과 5개 보병여단을 후방지역에 예비로 보유하고 있었다. 이 중 경인지방은 인천경비여단과 제9사단의 일부 부대 그리고 제18사단이 경비임무를 맡고 있었다.

인천 상륙작전

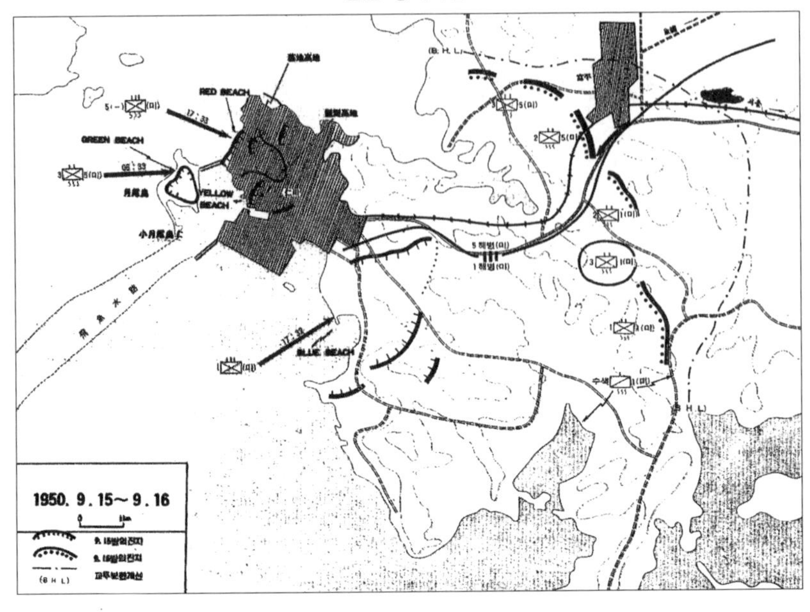

이때 북한군의 총 병력은 낙동강선에 투입된 70,000명을 포함하여 100,000명 수준에 불과한 것으로 판단되고 있었다. 낙동강 전선에 투입된 사단은 그 전투력이 30% 정도에 불과하였고, 사기는 극도로 저하되어 있었다. 한국군과 유엔군의 전력은 낙동강 방어작전 중에도 계속 증강되어 한국군 2개 군단 6개 사단, 미군 2개 군단 4개 사단과 1개 연대 전투단, 영국군 1개 보병여단이 낙동강 전선에서 반격태세를 갖추고 있었다. 이러한 가운데 미군 1개 군단(미 해병 제1사단, 미 제7보병사단, 한국 육군 제17연대, 한국 해병 제1연대)이 인천상륙작전에 투입되었다. 이 당시 유엔군 병력은 낙동강 전선에 157,000명, 인천 상륙작전에 75,000명 그리고 그 외 지원부대를 합하여 도합 320,000여 명에 달하였다.

인천상륙작전부대인 미 제10군단은 9월 15일 기습적인 인천상륙에 성공하였다. 상륙 익일에는 교두보를 확보한 다음 경인가도로 진출하여 경미한 북한군의 저항을 물리치고 9월 18일에 김포를 점령하였으며, 9월 19일에는 한강선에 이르게 되었다.

유엔군 반격

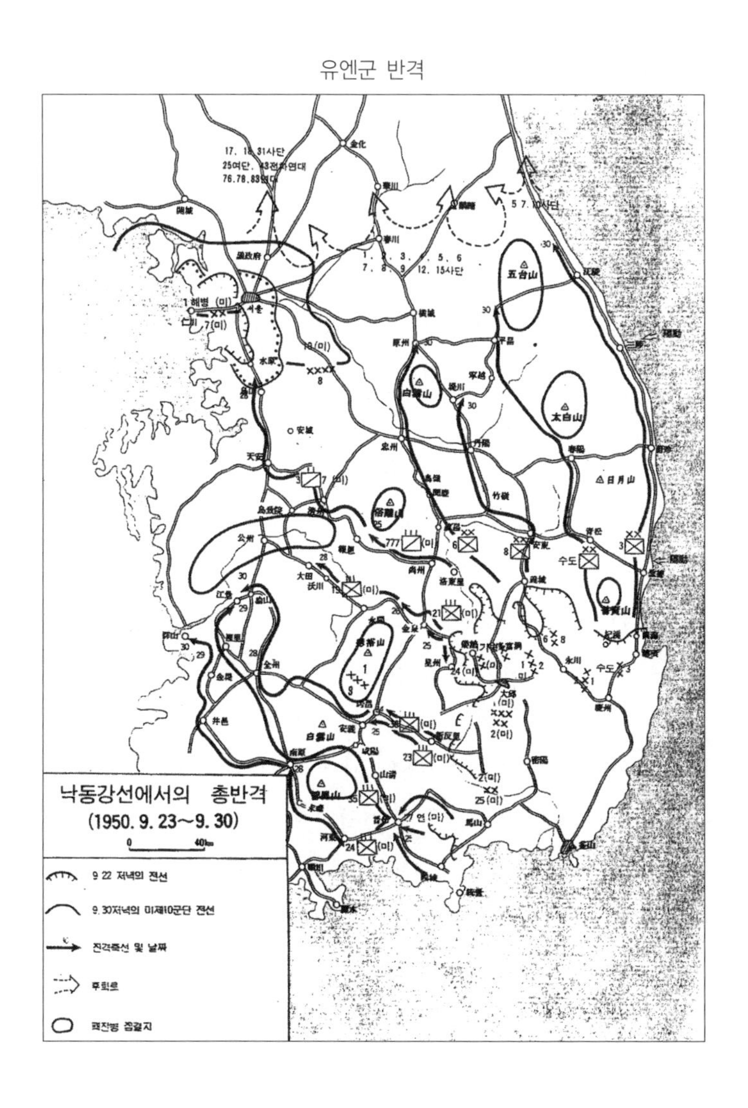

한편 9월 16일 낙동강 전선에서 총 반격을 개시한 미 제8군이 9월 26일 오산북방에서 제10군단과 연결작전을 한 후 9월 28일에는 서울을

수복하였다. 이때 지리멸렬한 북한군은 중동부의 산악지대를 거쳐 38선 이북으로 패주하였고, 패잔병들은 지리산으로 들어가 빨치산이 되었다. 이어서 한국군과 유엔군은 9월 말에 38선까지 진출하였다. 전력이 극도로 약화된데다가 전의마저 상실한 북한군은 외부로부터 새로운 지원이 없는 한 더 이상의 저항이 불가능하게 된 반면, 전쟁의 주도권을 장악한 한국군과 유엔군은 38선 이북에까지 진격하여 신속히 전과를 확대할 수 있는 유리한 입장에 서게 되었다.

이때 38선을 넘는 것은 정치적인 민감한 문제가 되었다. 모택동은 유엔군이 38선을 넘으면 즉각 중공군을 한국전선에 투입하겠다고 공언하고 있었다. 그러나 이승만 대통령은 38선을 반드시 넘어야 한다고 주장하면서 한국군 단독으로라도 북으로 계속 공격하여야 한다고 주장하였다. 그리하여 38선을 한국군 제3사단이 속초지역에서 1950년 10월 1일 돌파를 하였다. 이날을 기념하여 한국군은 국군의 날로 정하고 있다.

이와 같은 새로운 군사적 상황은 미국으로 하여금 유엔군의 38선 돌파에 관한 계획을 한층 더 적극적으로 추진하게 하는 촉진제 구실을 하였다. 만일 유엔군이 38선을 돌파하지 않는다면 그것은 곧 소련에 대한 미국의 유화정책을 의미하는 것이라는 우방국들과 미국 국민들의 여론이 일어나고 있었다. 이러한 분위기에 따라 트루만 미국대통령은 마침내 38선 돌파에 관한 훈령안을 승인하였으며, 9월 27일 미 합동참모본부는 이 훈령을 맥아더 유엔군사령관에게 시달함으로써 38선 이북지역에 대한 유엔군의 작전이 승인되었다. 그러나 미국은 이 훈령에서 유엔군의 38선 돌파작전은 중국이나 소련의 직접적인 군사 개입행동이 없어야 한다는 것을 전제로 하였다. 모든 작전은 한반도 내에 국한시키고, 한반도 북단 중 · 소 접경지대에서의 작전은 한국군이 전담해야 한다는 규제조치가 있었다.

당시 맥아더 유엔군사령관의 작전개념은 서부전선의 미 제8군이 육로로 진격하여 평양을 점령하고 동부전선의 미 제10군단이 원산으로 상륙한다는 것이었다. 양군은 평양과 원산을 잇는 선을 확보한 후 유엔군이 정주~흥남 선에 도달하면 그 이북의 중·소 접경지역에 대한 작전은 한국군이 전담하도록 한다는 것이었다. 그러나 10월 20일로 예정되었던 미 10군단의 원산상륙은 육로로 진격한 한국군 제1군단이 10월 10일 원산을 점령함으로써 실효를 거두지 못하였다. 더욱이 원산항 내의 기뢰제거에 많은 시일을 소비한 결과 미제10군단은 10월 26일에야 원산에 행정적 상륙을 하는 데 그치고 말았다.

한국군과 유엔군이 38선을 돌파하면서부터 미국의 관심은 중국과 소련의 반응을 파악하는데 집중되었으며, 특히 소련의 지원 하에 이루어질 중공군의 개입 가능성을 주시하고 있었다. 중국은 유엔군이 낙동강 전선에서 반격을 개시하여 38선으로 진격을 계속하고 있던 9월 한순부터 이미 미국에 대한 비난을 시작하고 있었다. 9월 22일, 중국 외상 주은래의 북한에 대한 미국의 침략을 묵과하지 않을 것이라는 경고에 이어 10월 3일에는 중국 주재 인도대사 파니카(Pannikar)에게 만일 유엔군이 38선 이북으로 진격을 계속할 경우 중국군이 한국전쟁에 투입될 것이라고 중국의 공식태도를 표명하기도 하였다.

그러나 미국은 전세가 호전됨에 따라 고조되고 있던 낙관적 분위기 속에서 그때까지만 하더라도 정치적으로나 군사적으로 취약점이 많은 것으로 알려지고 있던 중국의 경고나 개입 징후를 그다지 심각하고 구체적인 것으로는 받아들이지 않았다. 특히 파니카 인도대사를 통한 경고는 일종의 정치적인 위협으로만 단정하고 있었다. 오히려 미국은 10월 9일 맥아더 장군에게 내린 또 하나의 훈령을 통하여 "비록 중국군이 침공해 온다고 하더라도 귀관의 판단에 따라 북진작전을 계속하라"는 지침을 내렸다.

미국이 중국의 개입경고나 그 능력을 경시하고 북한의 점령을 낙관하였던 것은 1950년 10월 15일에 있었던 트루만 미국 대통령과 맥아더 장군의 웨이크(Wake)섬 회담의 분위기에서도 나타나고 있었다. 이 회담에서 맥아더 장군은 트루만 대통령에게 설사 중국군이 압록강을 건너 북한으로 침입해 온다고 하더라도 그들이 평양선까지 도달하기 전에 유엔군의 막강한 공군력에 의하여 큰 타격을 받게 될 것이라고 말하였다. 맥아더 장군은 조기에 이 전쟁을 마무리할 수 있다는 가능성을 확언하였으며, 트루만 대통령은 맥아더 장군의 그와 같은 낙관적인 소신에 크게 만족하여 별다른 의문점을 제기하지 않았다.

5. 중국의 참전과 휴전

유엔군이 중국과 소련의 개입을 염려하면서 38선을 돌파하고 있을 무렵, 중국군은 이미 30만에 가까운 대병력을 북한지역으로 잠입시키고 있었다. 그러므로 북진을 계속 중이던 한국군과 유엔군은 아무런 사전정보를 가지지 못한 채 10월 말경에는 중국군의 저지를 받게 되었으며, 그 이후의 작전에 많은 혼선을 빚게 되었다. 당시 유엔군은 중국군의 참전 목적이나 참전 규모 그리고 그들의 기도 등에 대해 정확한 판단을 내리기에는 너무나 아는 것이 없었다. 한국군과 유엔군은 한국군이 북한군의 남침 시에 당한 기습과 같이 완전한 중국군의 기습을 받게 된 것이다.

그러나 이러한 불투명한 상황 속에서도 맥아더 유엔군사령관은 인천상륙작전 이후 유엔군이 장악하고 있던 작전의 주도권을 이용한 북한 전역의 조속한 점령이라는 당초의 작전목표를 포기하지 않았다. 11월 6

일에는 미 극동공군에게 압록강상의 모든 교량의 남단을 폭격할 것을 명령하였다. 이에 당황한 미 합동참모본부는 즉시 미 극동공군의 출격을 중지시키고 맥아더 사령관에게 확전의 위험성을 지적하며 보다 신중한 작전을 하라고 권고하였다. 그러나 그때의 상황은 결국 맥아더 장군의 독단적 조치를 묵인하지 않을 수 없게 되어 11월 7일 트루만 대통령은 맥아더 장군의 이러한 조치를 승인하였다.

중국군의 침입 사실이 확인되자 큰 충격을 받은 미국은 북한전역의 점령이라는 유엔군의 작전목표를 재고하게 되었다. 이에 대하여 맥아더 장군은 만일 미국이 유엔군의 작전목표를 변경한다면 이는 역사상 중대한 과오를 남기게 될 것이라고 경고하면서 이에 반대하였다. 당시 미국으로서는 맥아더 장군의 과감한 작전에 의한 조기 종전의 가능성을 완전히 배제할 수 없는 입장이었다. 그렇다고 그에 내포된 확전의 위험성을 고려하지 않을 수도 없었으므로 이를 속단하기가 매우 어려운 상황이었다. 특히 군사적 승리를 요구하는 미국 국민들을 위시한 온 자유세계 국민들의 절대적인 기대 속에 북한 전역의 점령을 목전에 두고 있는 맥아더 장군에게 작전상 결정적인 제약을 가한다는 것은 트루만 대통령으로서는 큰 정치적 모험이 아닐 수 없었다. 이리하여 미국의 정책당국은 그들의 정책결정을 전세의 추이가 좀더 분명해질 때까지 보류하게 되었다.

이리하여 맥아더 장군은 11월 24일을 기하여 이른바 종전을 위한 총공세를 전개하여 북진을 강행하였다. 그러나 중국군의 강력한 반격에 부딪쳐 작전을 개시한 지 2일만에 공세가 좌절되고, 이때부터 작전의 주도권을 중국군이 장악하게 되었으며, 1951년 1월 초에는 이들이 다시 서울 이남으로까지 침공을 계속하였다.

한편 미 제8군이 서부전선에서 중국군 제13병단과 격전을 전개하고 있을 때 동부전선의 미 제 10군단에 예속되어 있던 미 제1해병사단이 서부전선부대와 접촉을 유지하려고 장진호 북방으로 진출하고 있었다. 그러던 중 미 해병 제2사단은 중국군 제9병단의 공격을 받고 7개 사단 규모의 중국군이 포위망을 형성한 장진호 계곡을 빠져 나오기 위하여 1950년 11월 27일부터 12월 11일까지 2주일 동안에 걸쳐 전투를 치렀는데 이것이 바로 유명한 장진호 전투이다.

장진호 전투

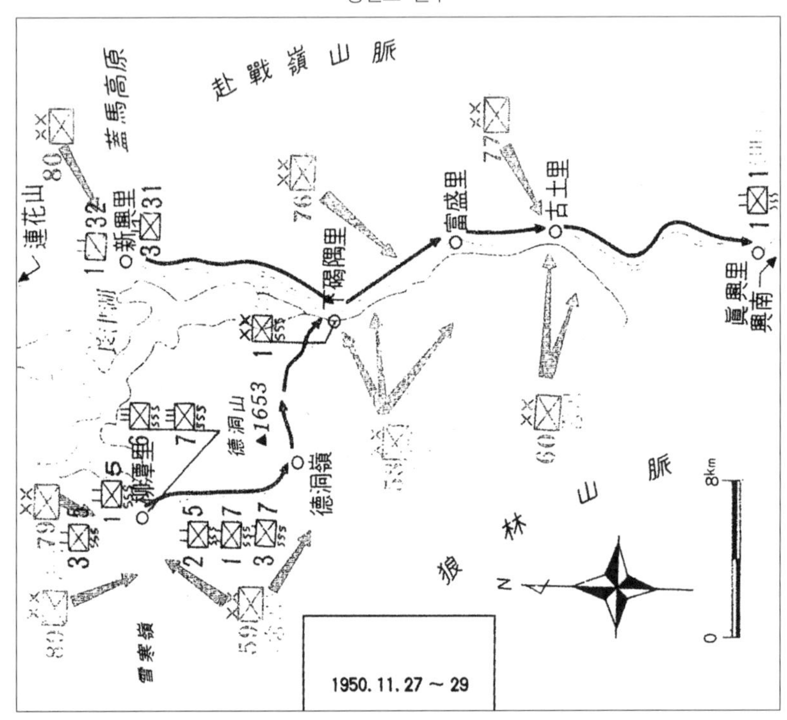

이 전투에서 미 제1해병사단은 혹독한 추위를 무릅쓰고 유담리로부터 진흥리까지 40km가 넘는 협곡지대에 겹겹이 에워싸인 중국군의 포위망을 벗어나는 동안 수많은 사상자가 발생하였다. 그러나 유엔군 공군의 항공 근접지원 하에 과감한 돌파작전을 전개하여 함흥으로 철수

하는데 성공하였다. 이 전투로 중국군의 함흥 지역 진출이 2주일간이나 지연됨으로써 동북지방으로 진격하였던 한국군과 유엔군 부대들이 흥남으로 집결할 수 있는 시간을 얻게 되었으며, 곧 이어 개시된 흥남철수작전이 가능하게 되었다.

홍남철수작전은 장진호에서 철수한 미 해병 제1사단과 한국군 및 기타 유엔군 부대들이 12월 24일까지 근 20일간 선박을 이용하여 후방으로 철수한 작전이다. 이 철수 작전에서 유엔군은 105,000명의 병력과 17,000대의 차량, 91,000명이 피난민과 350,000톤의 화물을 안전하게 해상으로 철수시키는데 성공하였다.

이렇게 중국군의 한국전쟁 개입으로 상황이 악화되자 미국의 중국에 대한 입장은 경직되고 한국전쟁에 대한 서방제국의 태도도 급변하기 시작하였다. 서방국가들은 한국전쟁이 중국이나 소련과의 전면전쟁으로 확대될 경우 미국의 나토(NATO)에 대한 지원이 약화될 것이고, 이렇게 될 경우 당시 거의 무방비 상태에 있던 서유럽에 공산진영의 위협이 가해질 것이라는 우려를 가지기 시작했다. 결국 1950년 12월 4일 미국은 당시 서유럽제국의 견해를 대변한 것으로 알려진 영국의 애틀리 수상의 제의를 수락함으로써 한국전쟁은 새로운 전환점을 맞이하게 되었다. 이때 애틀리 수상의 제의는 협상을 통하여 한국전쟁의 휴전을 모색하자는 것과 유엔의 목표인 한반도의 통일은 평화적 방법에 의하여 별도로 추구되어야 한다는 것이었으며 이러기 위해 중국군의 공격을 38선에서 정지하게 하자는 것이었다.

이리하여 북한을 군사적으로 점령하여 한반도의 정치적 통일을 기하기로 한 유엔의 통일한국 결의는 백지화되었다. 이를 계기로 서방국가들은 유엔 내의 아시아 및 아프리카 제국들과 더불어 한국전쟁의 정전을 위한 일련의 협상을 시작하였으며 미국도 이에 적극 협조하였다.

이와 같은 국제적 분위기 속에서 미국은 한국전쟁의 새로운 국면에 대처하기 위한 정책의 재검토가 불가피하게 되었다. 이에 미 정책당국은 당시 한국전쟁에 투입되었던 유엔군의 전력만으로 중국군의 침공을 저지하도록 하여 일정한 선을 확보 유지하도록 하였다. 이러한 상황하에서 만일 상황이 불리해지면 한반도로부터 유엔군의 전면철수를 단행하여 일본 영토방위를 위한 전력을 보존하도록 한다는 개념으로 전환하게 되었다. 그렇다고 유엔군의 한반도 철수가 군사적으로 불가피해지지 않은 한 자진 출수한다는 것은 아니었으며, 유엔군의 과도한 손실만 피할 수 있다면 좀더 전세의 추이를 관망하자는 것이었다. 이러한 가운데 유엔군사령관은 중국군에 대한 보복과 전쟁종결을 위한 확전의 필요성을 내세워 미 정책당국에 유엔군의 전력증강을 위한 새로운 정책과 전략의 전개를 요구하였다.

이러한 상황에서 1951년 1월 4일 재개된 중국군의 신정공세로 유엔군이 다시 서울에서 후퇴하여 수원남쪽의 평택−삼척 선으로 후퇴하게 되었다. 그러자 유엔군이 한반도의 일정선에서 중국군의 진출을 저지할 전망이 불투명해지게 됨으로써 맥아더 장군의 확전 건의와 미 정책당국의 유엔군 철수론을 둘러싼 의견대립이 더욱 날카롭게 표면화 되기에 이르렀다.

이때 1951년 4월 11일 맥아더 장군이 해임되고 그의 뒤를 이어 리지웨이 장군이 신임 유엔군사령관으로 임명되었다. 이리하여 그동안 전세의 진전과 더불어 혼미를 거듭하였던 한국전쟁 수행에 대한 미국의 정책은 1951년 5월 16일 미 국가안보회의의 결정에 따라 전쟁 전 현상을 회복하는 선에서 휴전협상을 모색하는 것으로 일단락되었다.

이러한 가운데 1951년 6월 23일 유엔 소련대표 말리크가 유엔연설을 통하여 휴전협상을 제의하고 미국이 이 제의를 수락함으로써 한국전쟁은 일면 전쟁, 일면 협상이라는 새로운 양상을 띠게 되었다. 이리하여 1951는 7월 10일 개성에서 첫 휴전회담이 개최되고 그 후 만 2년여 동안 유엔군측은 공산군 측과의 휴전협상에서 온갖 우여곡절을 겪어야만 하였다. 그러는 동안에도 전선에서는 휴전회담의 주도권 장악을 위해 제한적 성격의 전투가 계속되는 가운데 무위한 인명피해만을 가중시켰으나 커다란 전국의 변화는 일어나지 않았다.

휴전회담이 계속되는 동안 한치의 땅이라도 더 탈취하기 위한 고지쟁탈전이 전개되었는데 그 중에서 유명한 전투가 백마고지(395m) 전투이다. 이 전투는 1952년 10월 6일부터 10월 14일까지 한국군 제9사단과 중국군 제38군 사이에 9일간에 걸쳐 전개되었다. 이 전투에서 한국군 제9사단이 최종적으로 승리함으로써 철의 삼각지의 좌변 일각인 철원 지역을 장악하게 되었으며 중국군 제38군은 그들 제23군과 교대한 후 후방으로 물러서게 되었다.

그 후 접촉선을 중심으로 진지전이 계속되는 가운데 1953년 6월 7월 두 차례에 걸친 공산군의 이른바 마지막 공세를 끝으로 7월 27일 10시 판문점의 제159차 본회의에서 쌍방 대표가 휴전협정문에 서명하였다. 이로서 한국전쟁은 북한이 남침을 개시한 지 만 3년 1개월 만에 명분 없는 휴전상태로 접어들게 되었다.

6. 한국전쟁의 기원

1) 개요

한국전쟁을 일으킨 책임이 누구에게 있는가 하는 논란은 오랫동안 계속되었다. 한국과 서방측은 이 전쟁이 북한의 계획적인 전면 남침으로 발발했다고 하고, 반면에 북한과 공산 측은 한국과 미국의 공모에 의한 북침으로 발발했다고 각각 주장해 왔다. 그런데 주요한 전쟁들이 대개 그러하였듯이 한국전쟁 역시 전쟁 중이나 전쟁이 끝난 뒤에도 상당한 기간 동안 이 전쟁이 왜, 그리고 어떻게 일어났는가에 대한 의구심이 끊이지 않았다.

한국전쟁의 기원과 원인에 대한 논의는 이 전쟁의 성격뿐 아니라 한국 현대사의 전개과정을 1차적으로 규정한다는 점에서 매우 중요한 의미를 갖는다. 과연 이 전쟁은 국내적 갈등 구조를 폭력적으로 해결하기 위한 내전으로 보아야 하는가, 아니면 미국과 소련의 냉전 초기에 불거져 나온 세력권 확보를 위한 국제전으로서 이해되어야 하는가? 이 전쟁은 한국 현대사의 전개 과정에서 불가피한 역사의 행로였는가, 아니면 조급히 한반도에서의 정치적 주도권을 잡고 사회혁명도 달성하고자 하는 의지적 선택의 결과였는가? 이 같은 문제들은 결국 전쟁의 개전 부분이 해명되어야 판단할 수 있는 논의들이다.

그동안 전개되었던 한국전쟁의 발발에 대한 학문상의 논쟁은 기본적으로 전쟁 과정에서 형성된 이들 교전 양측간의 구조가 상당 기간 유지되었다는 사실에 기인한다고 할 수 있다. 전쟁이 한쪽의 일방적 승리로 끝나지 않고 전쟁 전 상태와 거의 유사한 상황으로 끝나게 되면서 전쟁발발 에 대한 1차적 사실 규명이 쉽지 않았고, 또한 전후에도 쌍방의 정치적 영향력이 일정하게 유지되는 가운데 이들로부터 제시되는 논거들을 결정적으로 반박할 만한 증빙자료를 확보하기가 쉽지 않았던 것이다. 결국 한국전쟁의 발발에 대한 논의는 상당기간 동안 확실한 논증자료가 없는 가운데 주로 관계 당국이 제시한 자료와 심증만으로 논의가 진행된 까닭에 다분히 이념적 성향을 띨 수밖에 없었다.

그런데 한국전쟁 연구의 외연으로 작용하게 되는 국제정치 구조와 자료상 여건, 그리고 이념적 성향이라는 세가지 요소는 그 자체가 점차 변화하게 되었고, 이에 따라 시기별로 전쟁 연구의 방향이 재 규정되기에 이르렀다. 예를 들면 미국의 경우, 1960년대 베트남 전쟁의 후유증으로 국제적인 데탕트 체제가 구축되는 가운데 국내적으로 자국의 외교정책에 대한 비판 분위기가 고조되고 이것이 1970년대 정보공개법에 따른 당시 외교문서의 공개와 이어져 한국전쟁에 대한 수정주의 연구가 확산되는 계기가 되었다.

이 점에서 한국전쟁의 배후 세력이었던 구 소련의 와해로 특징지워지는 탈냉전의 도래는 한국전쟁 연구의 또 다른 결정적 계기로 작용하고 있다. 먼저 탈냉전기의 국제정치 구조에서 냉전의 한 주역이었던 소련이 붕괴되고 중국도 과거의 자립갱생식 경제전략을 완전히 포기한 가운데 1950년을 전후해서 존재했던 사실에 대해 비교적 객관적인 사실 검토가 가능하게 되었다. 또한 자료면에서도 구소련 시절에 진행되었던 스탈린 유산의 역사적 청산 작업의 후속작업으로 자연스럽게 구소련 냉전문서의 공개가 이루어졌고, 그 과정에서 한국전쟁의 원인과 발발 과정을 해명할 수 있는 자료들이 많이 등장하게 되었다. 미국과 러시아간에는 이미 1990년대 초부터 미국 우드로 윌슨 센터 등의 주도로 구 소련 시대의 비밀문서 발굴 작업이 이루어지고 있으며, 러시아는 한국과의 수교를 계기로 한국전쟁과 관련한 자국의 외교문서 일부를 한국에 수교한 바 있다. 중국 역시 개혁 · 개방이 가속화되면서 한국전쟁 참전에 대한 자국의 기록을 출판하였고 관련자들의 회고담도 나오게 되었다.

탈냉전기의 여건 변화에 따라 한국전쟁 연구에서 이제는 이념적 성을 다소나마 탈피할 수 있게 된 것도 새로운 방향의 연구가 가능해진 배경이 되었다. 구 소련과 중국이 정치적 상황이 크게 변하면서 이들 국가의 전쟁개입 문제를 역사적인 차원에서 논의하는 것이 용이하게 되었던 것이다. 또 과거 이 전쟁에 관한 연구는 곧 남북한의 국가 성격

뿐 아니라 정치 지도부의 책임 문제와 직결되는 것으로 이해되었던 터라 연구자의 이념적 성향에 의해 논의의 방향이 규정되는 경향이 많았으나 남북한 공히 관련 당사자들이 대부분 사망하게 되면서 그 같은 제약도 크게 줄었다.

이 같은 관점에서 탈냉전기의 한국전쟁 연구는 비로소 본격적인 학문적 논의의 대상이 되기에 이르렀다고 평가할 수 있다. 물론 아직 북한측 자료가 공개되지 않고 있고, 중국측 자료도 체계적으로 나와 있지는 않지만 일단 이 전쟁을 우리가 보는 모습으로 만든 주요한 외부 개입자로서 미국과 구 소련의 자료가 공개되면서 보다 객관적인 연구의 수행이 가능해진 것이다. 그리고 현재까지의 자료와 연구 결과를 바탕으로 볼 때 이는 북한이 소련과 중국의 전면 후원 하에 수행한 전면 남침으로 비롯된 전쟁으로 이해할 수 있다.

그동안 학자들이 연구한 자료를 보면 한국전쟁의 기원은 전통주의적인 시각과 수정주의적 시각으로 나누어지고 있다. 이러한 전통주의와 수정주의 시각의 대립은 제2차 세계대전 이후 미국과 소련 양대 진영에 의한 냉전의 원인을 설명하는 데서부터 찾을 수 있다.

2) 냉전의 원인

냉전의 원인은 전통주의적인 시각과 수정주의적인 시각으로 나누어진다. 전통주의 시각은 소련이 세계공산화 혁명전략의 일환으로 전개한 공산주의 이데올로기의 팽창정책이 자유민주주의를 신봉하는 미국에 의해 단호한 거부반응을 불러일으켰고 여기에서 냉전이 확대되었다고 보는 입장이다.

반면에 수정주의 시각은 자본주의적 제국주의 팽창세력을 봉쇄하기 위한 소련의 거부 정책이 냉전의 원인이라고 보는 것이다. 1970년대부터 확산되기 시작한 이 수정주의 시각은 미국을 중심으로 한 자본주의적 제국주의 세력이 소련보다 강력한 군사력과 경제력으로 세계를 지배하려는 것에 대해 소련이 불가피하게 대응하면서 냉전이 확대되었다고 보는 견해이다.

3) 한국전쟁의 기원

한국전쟁의 기원에 대해서도 같은 맥락을 가지고 전통주의와 수정주의적인 시각에서 분석하고 있다. 전통주의적인 학설에 의하면 한국전쟁은 소련을 중심으로 한 공산주의세력의 팽창전략의 일환으로 발생되었다고 보는 시각이다. 반면에 수정주의 학설은 전통주의학설에 대응한 시각으로서 미국의 제국주의적 정책에서 한국전쟁의 원인을 찾고 있으며 전쟁의 책임을 남한과 미국측에 전가시키고 있는 시각이다.

전통주의적 시각에서 본 한국전쟁 원인은 스탈린 주도설, 스탈린·모택동 지원하의 김일성 주도설 등이 있다. 스탈린 주도설은 소련의 세계공산화 전략에 따라 스탈린이 한국전쟁을 주도했다는 것이며 이는 한국전쟁초기부터 자유진영국가에서 주장하고 있었던 학설이다. 당시 스탈린은 제2차 세계대전 이후 동유럽 국가들을 공산화하는데 성공하였고 아시아 지역에서도 1949년 중국에 이어 한반도도 공산화하고자 하는 마르크스주의 이데올로기 팽창의 일환으로 스탈린이 한국전쟁을 주도했다는 것이다.

특히 1949년 6월 29일 미국이 한반도에서 군대를 철수시킨 후 1950년 1월에는 애치슨(Dean acheson) 미 국무장관이 기자회견을 통해 한국을 미국의 극동 방위선에서 제외시킨다는 내용을 발표함으로써 한국을 공산화 하더라도 미국이 개입을 하지 않을 것이라는 것을 판단한 스탈린이 김일성을 앞세워 한국전쟁을 일으켰다는 것이 스탈린 주도설이다.

스탈린·모택동 지원하의 김일성 주도설은 한국전쟁은 김일성이 주도권을 쥐고 스탈린을 유혹하여 지지를 얻고 스탈린은 모택동과 협조하여 김일성을 지원하였다는 것이다.

1949년 10월 모택동이 중국을 공산화 시킨 후에는 스탈린은 아시아 지역에 대한 공산혁명 전략의 주도권을 중국에 위임하였기 때문에 스탈린은 모택동과 협의 하에 김일성을 도와주었다는 것이다. 김일성은 박헌영이 남한에 구축해 놓았다고 하는 50만 명의 남로당 지하조직과 20만 명의 빨치산이 지리산에서 활동을 하고 있다고 생각했다. 그렇기 때문에 소련과 중국의 지원을 받아서 미군이 전쟁에 개입하기 전에 남한을 쉽게 무력적화통일을 할 수 있다는 자신감에 차서 한국전쟁을 김일성이 주도해서 일으켰다는 것이다.

김일성은 소련과 중국의 지원을 받게 되는데 구체적인 내용을 보면 소련으로부터는 한국계로 구성된 소련군 한인들과 T-34전차 240대, 비행기 210대, 기타 포병 및 장갑차 등을 지원 받았으며 중국으로부터는 2차 세계대전 시 중국군에 편입되었던 팔로군 내의 조선인 병사들을 북한으로 보내어 지원하였다. 즉 1949년에는 중국군 제 4야전군에 있던 약 2개 사단 병력의 조선인 병사들이 북한으로 돌아가 인민군 제5사단과 6사단에 편입되었다. 추가로 1950년 4월에는 약 1개 사단규모의 조선인 병사들이 북한으로 돌아가 인민군 제7사단을 형성하였다. 따라서 한국전쟁은 스탈린으로부터 무기를 지원 받고 모택동으로부터 실전 경험을 쌓은 조선족을 지원 받아 인민군을 창설해서 김일성이 남침을 주도했다는 것이다.

수정주의적 시각에서 본 한국전쟁의 원인은 이승만 맥아더 장개석의 음모설, 남한의 전쟁 유인설, 북침설 등이 있다. 이승만, 맥아더, 장개석의 음모설은 북한이 남침을 할 것이라는 것을 남한이 미리 알고 있으면서도 이승만, 맥아더, 장개석은 일부러 사전에 아무런 조치를 취하지 않고 남침을 묵인했다는 것이다. 그 이유는 이승만은 1950년 5월에 있었던 2대 국회의원 총선에서 전체 의석 210석 가운데 45석 밖에 얻지 못하여 정치적인 위기에 처하게 되었는데 이를 모면하는 수단의 하나로 국내위기를 밖으로 전환시키기 위하여 전쟁을 일으켰다는 것이다.

그리고 당시 태평양지역 극동군 최고사령관이었던 맥아더 장군은 한국전쟁이 일어나면 유럽 우선주의적이었던 미국정책을 아시아 우선주의적으로 전환시킬 수 있기 때문에 한국전쟁의 발발을 묵인했을 것이라는 주장이다.

한편 장개석은 잃어버린 본토를 수복하기 위하여 한국에서 전쟁이 일어나서 미국이 만주를 거쳐 중국까지 공격해 주기를 원하고 있었을 것이라는 설이다. 따라서 이승만과 맥아더 그리고 장개석 3자가 한국전쟁에 대한 각자의 이해관계에 따라 한반도에서의 위기가 임박한 것을 알고도 묵인했을 것이라는 학설이 이승만, 맥아더, 장개석의 음모설이다.

남한의 전쟁 유인설은 인도 캘거타 대학의 굽타(Gupta) 교수의 주장인데 굽타 교수는 1950년 6월 25일 한국 신문에 보도된 "한국군 해주시 돌입"이라는 기사를 근거로 하여 황해도 해주에서 한국군이 도발을 함으로써 전쟁을 유도했을 것이라는 설이다.

이는 1950년 6월 25일자 신문에 보도된 내용을 근거로 하고 있는데 이에 대한 실체는 나중에 밝혀지게 되었다. 당시 황해도 옹진 반도에 있었던 최기덕이라는 종군기자가 북한의 침략이 있자 옹진반도 방어를 담당하고 있던 제17연대장 백인엽 대령에게 철수를 권유했지만 백대령은 "나는 이 지역을 사수하겠으니 당신은 서울로 가서 제17연대는 해주를 향해 진격한다는 말을 전해달라"고 했다. 서울로 돌아온 최기덕 기자는 국방부 기자실에서 이 말을 다른 기자들에게 전하게 되니 남한의 언론들은 국군의 사기를 북돋우기 위하여 전국신문에 "한국군 해주시 공격"이라는 제목으로 기사를 송고하게 되었다. 그래서 인도의 굽타 교수는 남한이 일부러 전쟁을 유인했다고 주장하는 학설을 논문으로 발표하였던 것이다.

북침설은 북한이 주장하는 것으로서 북한은 남쪽이 먼저 38선에서 도발을 하였기 때문에 북한이 이에 대한 반격을 불가피하게 하였다고 주장을 하고 있다. 당시 38선은 행정적인 경계선이라 현장에서 보면 지역구분이 확실하지 않아 38선 일대에서는 크고 작은 충돌이 계속되고 있었다. 김일성은 남한이 전 휴전선에 걸쳐 공격을 해 왔기 때문에 할 수 없이 반격을 했다는 것이다.

이러한 시나리오를 만들기 위하여 북한은 남침하기 전에 사전에 전쟁계획을 치밀하게 수립해서 D-day를 1950년 6월 25일로 정해놓고도 남쪽에서 도발해서 반격을 하였다는 위장계획을 수립했다. 즉 남침명령도 "반타격 공격명령"이라고 하였던 것이다.

이러한 사실은 당시 인민군 총참모부 부참모장으로써 6·25 남침계획을 작성했던 이상조씨의 증언에서도 확인되고 있다. 그리고 북한은 새벽4시에 38선을 공격했지만 남한이 먼저 공격했기 때문에 아침 10시에 반격을 개시한다고 라디오를 통하여 공식적으로 선전포고를 하는 쇼를 벌리기도 하였다.

4) 한국전쟁의 진상

이러한 한국전쟁의 기원에 대한 학설은 1994년에 공개된 후로시초프 회고록과 소련 외교문서에서 그 진상이 명확하게 밝혀지고 있다.

후로시초프 회고록에 의하면 1949년 3월 김일성은 모스코바로 가서 남침계획을 스탈린에게 설명하면서 "남조선을 총검으로 찌르기만 하면 남조선에서 인민폭동을 촉진시키게 되어 남한을 무력 적화 시킬 수 있다"라고 보고하고 스탈린의 동의를 얻고자 했으나 스탈린은 "남조선 침략은 신중한 계획을 세워야 하며 좀 더 구체적인 계획을 가지고 다시 오라"라고 하였다.

북한으로 돌아온 김일성은 남침준비를 철저히 하면서 1950년 1월에는 신년사에서 전쟁준비가 완료되었다는 것을 공포까지 하였다. 한편 이 무렵 미 국무장관 에치선은 "한반도는 미국의 극동방위선에서 제외된다"고 하는 선언을 하게 되니 김일성은 남침을 위한 호기가 왔다는 것을 확신하게 되었다.

1950년 3월에 김일성은 다시 남침계획을 가지고 스탈린에게로 가서 "절대적인 승리를 확신하면서 미군이 남조선에 상륙하기 전에 한반도를 무력적화통일 할 수 있다고 강조하자" 스탈린은 중국의 모택동에게 의견을 물은 후 모택동도 동의한다는 것을 확인한 후에 김일성의 전쟁계획을 승인해 주었다고 후로시쵸프 회고록에서 밝히고 있다.

또한 소련외교문서 공개에서도 남침이라는 것이 명확히 밝혀지고 있다. 1994년 7월에 공개된 소련외교문서는 총 2백 16건에 달하는 것으로써 1949년부터 1953년까지 북한과 소련 및 중국간에 오고 간 김일성의 남침과 관련한 상세한 내용들이 모두 포함되어 있다. 이 문서는 후로시쵸프 회고록에서 주장하는 남침관련 자료들도 구체적으로 제시되고 있다. 이 자료는 김영삼 당시 대통령이 소련을 국빈 방문하면서 공개된 문서로 한국전쟁에 대한 명백한 기원을 설명하는 객관적인 자료가 되고 있다.

공개된 문서 중에서 김일성이 개전과 관련해서 중국 및 소련과 가졌던 회의록을 요약하면 다음과 같다. 1949년 3월 5일, 김일성 일행이 모스크바를 방문했을 때, 스탈린이 김일성·박헌영에게 제시한 의견은

"① 북조선군이 남조선군에 대해 절대적인 우위를 확보하지 못하는 한 공격해서는 안 된다. 그 이유는 남조선에도 아직은 미군이 주둔하고 있고, 소련과 미국은 38선 분할의 합의자이기 때문이다. ② 북조선의 남조선에 대한 공세적 군사활동은 남조선에 의해 야기된 침략을 격퇴하는 경우에만 허용된다."라고 하였다.

1949년 5월 14일, 모택동이 김일 인민군 정치국장에게 제시한 의견은 "① 한국전쟁과 관련해서 김일성 동지는 어느 순간에도 기습이든 지구전이든 이를 수행할 수 있는 준비를 갖추어야 한다. ② 지구전이 될 경우 일본이 남측에 가담할 수도 있을 것이나, 소련과 중국 양국이 북조선과 인접하여 있으므로 이를 두려워할 필요는 없다. 필요 시에는 북조선을 돕기위해 중국군을 파견할 수 있다. ③ 그러나 김일성 동지는 가까운 시일 내에는 남조선을 공격할 필요가 없다. 국제정세가 별로 유리하지 않기 때문이다. ④ 조선인 의용군의 이양과 관련해서는 3개 조선인 사단 중 북조선 국경에 가까운 무단장, 장춘 지구에 배치된 2개 사단을 즉시 이관할 것이나 잔여 1개 사단은 중국 남단에서 국민당과의 전투에 참여하고 있으므로 빠르면 1개월 후에나 이관이 가능하다."라고 되어있다.

1950년 4월, 스탈린이 김일성 · 박헌영에게 제시한 의견은 ① 중국과 소련동맹조약 체결로 미국은 아시아의 공산세력에 대한 도전을 망설일 것이다. 소련이 원자탄을 보유하고 유럽에서 위상이 강화됨으로써 미국 내 불개입 분위기가 심화되고 있지만 미국의 개입 여부를 재검토해야 한다. ② 통일과업 개시에 동의한다. 그러나 이 문제의 최종적인 결정은 중국과 북조선에 의해서 공동으로 이루어져야 하며, 만일 중국측의 의견이 부정적이라면 새로운 협의가 이루어질 때까지 이 문제의 결정은 연기된다.

1950년 5월 14일, 모택동과 김일성 · 박헌영의 회담 내용을 보면 ①

북한은 3단계 전쟁계획을 가지고 있다. 제1단계는 군사력을 준비하고 이를 증강한다. 제2단계는 평화적 통일에 관한 대남 제의를 한다. 제3단계는 남조선 측의 평화통일 제의 거부 후 전투행위를 개시한다. ② 중국측은 전쟁을 대체로 찬성하였고, 모택동은 개인적으로 작전 준비와 도시공격 요령을 강조했다. 모택동이 일본군이 전쟁에 개입할 가능성이 있는지에 대해 묻자 김일성은 2~3만 명 정도가 참전할 가능성은 있으나 상황을 결정적으로 변화시키지는 못할 것이라고 답변했다. 모택동은 만일 미군이 참전한다면 중국은 병력을 파견해서 북조선을 도울 것이며, 중국이 대만을 점령한 후에 남쪽에 대한 작전을 개시한다면 중국은 북조선을 충분히 도울 수 있다. ③ 북조선 측이 현 시점에서 작전을 개시하기로 결정하였으므로 중국은 이 작전이 공동의 과제가 되었음에 동의하고 필요한 협력을 제공하겠다고 밝혔다. 조.중 국경에 대한 중국군의 추가 배치나 북한군에 대한 무기와 탄약의 공급을 제의했으나 김일성은 이를 사양했다."라고 되어 있다.

이러한 공개된 자료를 종합해 볼 때 한국전쟁은 김일성의 무력적화통일 야욕이 직접적인 동기였고 스탈린과 모택동이 이를 배후에서 강력하게 지원했다는 것이 밝혀졌으며 후로시쵸프 회고록에서도 이를 뒷받침하고 있다.

이러한 증거는 수정주의학파의 주장을 침묵시키게 하는 명확한 자료가 되고 있으며 한국전쟁은 김일성이 주도하고 스탈린과 모택동의 지원 하에 2년 가까이 치밀하게 계획된 남침 전쟁이었다는 것을 명백하게 밝혀지게 되었다.

제5장 한반도 정전체제

1. 정전협정 서명 당사자

한반도는 완전한 평화도 아닌 그렇다고 전시도 아닌 어정쩡한 휴전 상태이다. 휴전은 말 그대로 전쟁을 하다가 지쳐서 휴식을 한 후 다시 전쟁을 하자고 하는 쌍방 군사령관 간의 약속이다. 즉 축구경기를 하다가 전반전 45분간 뛰고 15분간 휴식을 한 후 다시 후반전으로 들어 가듯이 휴전도 어느 한쪽이 선전포고 없이 이제 휴식을 그만하고 다시 전쟁을 하자고 총을 쏘게 되면 바로 전쟁상태로 갈 수 있게 되는 것이 휴전체제이다.

이와 같은 한반도 휴전상태가 반세기 이상이나 지속되니 마치 평화상태인양 느껴지지만 사실 한반도 휴전체제는 대단히 불안한 상태인 것이다. 따라서 우리는 휴전협정 대신에 항구적인 평화상태가 보장될 수 있는 평화협정을 체결하자고 주장하지만 북한은 한국이 휴전당사자가 아니라는 것을 내세워 한국하고는 평화협정을 논의하지 않으려고 하고 휴전협정당사자인 미국과 직접 평화협정을 체결하려고 해 왔다. 앞으로 6자회담이 잘 진행되면 6자회담을 통해서 한반도휴전체제를 논의하기로 한 것은 늦었지만 다행한 일이라고 할 수 있다.

1953년 7월 27일에 체결된 휴전협정 즉 공식적으로 정전협정 서명 당사자는 유엔군 총사령관 미국 육군대장 마크 더블유 클라크, 공산군측을 대표해서 조선인민군 최고사령관 김일성원수, 중국인민지원군사령관 팽덕회이었다. 정전회담대표로 참석했던 국제연합군 대표 윌리암 케이 해리슨과 공산군측 대표 남일이 위 3명의 당사자 밑에 함께 서명을 하였다.

그 당시 한국대표는 왜 서명을 아니했느냐 하면 이승만 대통령은 전력상으로 우세한 유엔군이 계속 북진을 하여 한반도를 통일하기를 바랐기 때문에 휴전을 반대하였다. 그래서 이승만 대통령은 정전협정체결을 반대하고 정전협상테이블에 나가 있는 한국대표를 철수시켰던 것이다.

그러나 미국은 한국전쟁을 조기에 끝내려고 하였기 때문에 한국의 의사와 관계없이 휴전이 체결되었다. 그 당시에 한국이 일부러 정전협정에 서명을 하지 않았지만 지금에 와서는 정전협정 당사자가 아니라는 것 때문에 외교적으로 불리한 위치에 놓여 있는 것도 사실이다.

북한은 한국이 정전협정당사자가 아니기 때문에 정전협정을 평화협정으로 대체하기 위한 당사자도 미국이 되어야 한다고 주장하고 있다. 정전협정에 서명한 당사자는 미국 과 중국 그리고 북한인데 중국은 군대를 이미 북한에서 철수를 하였고, 군사정전위원회에서도 물러났기 때문에 미국 과 북한이 정전협정을 평화협정으로 대체하기 위한 당사자가 되어야 한다는 것이다.

그러나 유엔군측의 입장에서 보면, 정전협정에 서명한 클라크(M. W. Clark) 장군은 미군을 대표한 것이 아니라 유엔 군을 포함한 그의 통제하에 있는 모든 군대를 대표하여 서명을 하였기 때문에 유엔군의 작전통제 하에 있는 한국 군은 휴전협정의 당사자라고 보아야 하기 때문에 정전체제를 평화체제로 전환하기 위한 당사자 문제가 주요 쟁점이 되고 있었다.

일반적으로 정전협정의 당사자는 적대행위를 하고 있는 교전당사자이다. 이러한 교전당사자는 국제법상의 주체로서 승인받은 국가, 국제조직, 교전단체 또는 반도단체 여야 한다.

즉, 국제법상 조약의 당사자가 되기 위해서는 ① 법적인 행위를 자기 명의로 할 수 있어야 하며, 하나의 법 인격으로서 권리와 의무를 가질 수 있는 주체가 되어야 한다. ② 조약의 체결권은 국내법으로는 헌법에 의하여 규정되지만 국제법상으로는 국가 또는 국제기구가 당사자가 되는 것이다. 국제기구의 하나인 유엔에 관련해서는 유엔 헌장 제43조 에 의하여 안전보장이사회가 특별협정을 체결할 수 있도록 되어있다. 그리고 제104조에는 유엔의 법 인격을 명시 하고 있으며, 1946년에 설정된 조약의 등록에 대한 유엔 총회의 결의 제4조 제1항에는 유엔의 조약체결능력이 인정되고 있다. 따라서 유엔의 모든 기관은 유엔을 대신해서 조약체결 권한을 갖는다고 보아야 한다. ③ 휴전협정이나 정전협정은 해당 군사령관에 의해서 체결이 가능하도록 국제법에 의하여 보장되고 있다. 통상적으로 국제적인 조약은 외무부 장관이나 외교관에 의하여 주무적인 기능이 수행되지만 전쟁과 관련된 정전협정이나 휴전협정과 같은 경우에는 야전군사령관에 의하여 직접 처리되며 비준도 요하지 않는다. 물론 조약이 체결되기 전에 통수권자의 양해나 승인이 있고, 또 국가는 이에 대한 승인을 묵시적으로 했다고 볼 수는 있다.

1) 정전협정 당사자로서의 유엔

1953년 7월 27일에 체결된 한반도 정전협정은 공식적으로 "유엔군사령관을 일방으로 하고, 조선 인민군사령관과 중국 인민지원군사령관을 또 다른 일방으로 하는 한반도 군사정전에 관한 협정"이라고 규정하고 있다.

앞에서 언급한 바와 같이 양측협상대표 즉 유엔군측 수석 대표였던 해리슨 중장과 공산군측 수석대표이었던 남일 대장이 먼저 서명한 협정문은 상호간에 교환되어 이를 다시 양측 사령관인 클라크 유엔군사령관과 팽덕회 중국 인민지원군사령관 및 김일성 조선인민군사령관에게 보내어져서 각각 서명을 하게 된 것이다. 따라서 최종 서명 당사자는 유엔군과 조선인민군 및 중국인민지원군이었다.

이렇게 서명된 정전협정과 관련해서 유엔군사령관은 당사자로서 어떠한 성격을 가지게 되는가에 대해서 알아보면 유엔군사령부는 유엔의 주요기관인 유엔안전보장이사회의 결의에 의하여 1950년 7월 7일 설치되었으며, 사령관은 유엔안전보장이사회가 당시 한국전쟁에 가장 많은 병력을 파병한 미국에 위임해서 미국이 사령관을 임명하도록 하였다.

따라서 유엔군사령관은 결국 법적으로 유엔의 이름으로 휴전협정에 서명을 하였다. 그러나 휴전 당시 안전보장이사회는 정전협정에 관한 체결권을 유엔군사령관에게 위임한 바가 없고 유엔총회나 유엔사무총장도 이에 대한 권한을 유엔군사령관에게 위임한 일이 없기 때문에 유엔군 사령관이 유엔을 대표해서 정전협정에 서명했다고 할 수 있느냐에 대한 논란이 있을 수 있다.

이에 대해서는 휴전협정이나 정전협정은 야전군사령관에 의하여 순수한 군사적인 면에서만 체결되는 조약이기 때문에 전쟁이라는 특수한 상황을 고려할 시 한국전쟁을 현장에서 지휘하고 있는 야전사령관인 유엔군사령관이 유엔의 이름으로 직접 정전협정에 서명을 했다고 해석할 수 있다.

따라서 클라크 장군이 한반도 정전협정에 유엔군사령관의 이름으로 서명을 한 것은 유엔총회나 안전보장이사회 또 는 유엔사무총장을 대신해서 서명을 한 것이 아니라 한국 전쟁을 직접수행하고 있는 야전군사령관 직권으로 결정한 것이라고 해석하는 것이 타당하다.

물론 휴전협정이나 정전협정은 체결되기 전에 야전군사령관은 당사자인 국제기구나 국가통수권자의 지침을 받고, 서명이 된 후에도 상위결정권자의 의사에 따라야 하지만, 경우에 따라서는 국가원수나 국제기구의 당사자인 상위 권한자의 의사에 반하는 협정을 체결하는 경우에도 정전협정이나 휴전협정은 체결하자마자 효력이 발생된다는 특성이 있기 때문에 타 협정과는 차이가 있다.

이러한 논리에서 볼 때 유엔군사령관은 유엔총회나 유엔 안전보장이 사회로부터 정전협정에 관련된 지시나 지침이 없이도 유엔을 대표해서 정전협정을 체결할 권한을 가질 수 있다.

그리고 당시 한반도 정전협정이 체결되고 즉시 유엔사무총장에게 유엔군사령관이 휴전에 관련된 내용을 보고 했을 때 유엔사무총장은 그 사실을 권한외의 행동이라고 지적한 바도 없으며, 유엔사무총장이 발간한 공개되지 않은 각서에도 특별한 지시가 없었기 때문에 유엔군사령관이 체결한 한반도 정전협정을 인정한다는 것이 확인되는 것이다.

2) 북한, 중국의 당사자 관계

정전협정에 서명을 한 장본인은 유엔군사령관 이외에는 분명히 조선인민군사령관과 중국인민지원군사령관 있다. 그러나 정전협정의 성격상 아무리 많은 당사자가 있다고 하여도 그 본질은 양자관계로 성립이 된 것이기 때문에 정전협정의 당사자를 크게 볼 때에는 유엔군 측과 공산군 측으로 나누어 진다.

일반적으로 다수국가가 연합군을 구성하여 전쟁에 참가 하였을 경우 양측의 연합군 사령관이 휴전협정에 서명을 하는 것이 통례이기 때문에 연합군으로 참여한 전 국가는 교전 당사국이 되는 것이며, 그 효력도 교전당사국 전체에 구속된다.

이와 같은 관점에서 볼 때 공산군측 당사자인 조선인민군 과 중국인민지원군의 관계를 분석해 볼 필요가 있다. 중국 인민지원군(中國人民志願軍)이라고 하면 용어적인 측면에서 볼 때 중국의 정부군이 아니라 자원해서 한국전쟁에 참여한 지원군과 같은 인상을 주지만 내용면에서는 분명히 중국을 대표하는 정규군이다. 모택동은 유격전을 전개할 때부터 인민의 자발적인 참여를 강조하였기 때문에 군대도 인민지원군이라고 이름을 불렀지만 실제로는 강제적인 징집에 의하여 동원된 정규군이다.

또한 정전협정에 서명을 한 중국인민지원군사령관인 팽덕회는 중국군을 대표해서 서명을 한 것이기 때문에 중국 군이 공산군측의 한쪽 당사자가 된다. 한편 북한과 관련해서 조선인민군사령관자격으로 정전 협정에 서명을 한 김일성의 한국전쟁에 대한 역할과 정전 협정이 체결되기까지의 과정을 볼 때 공산군측의 주된 당사자는 북한군이 되고, 중국군은 지원적인 역할을 한 보조적인 당사자라고 할 수 있다.

3) 한국의 당사자 문제

1953년 7월 27일 정전협정에 서명한 유엔군사령관 클라크 장군은 참전 16개국 각각을 대표했다기 보다는 유엔이라는 이름으로 정전협정에 임하였기 때문에 좁은 의미에서 보면 개개의 국가는 정전협정 당사자가 될 수 없다.

그렇기 때문에 미국도 엄격히 말하면 개별적으로는 한반도 정전협정의 당사자라고 볼 수 없는 것이다. 그러나 넓은 의미로는 정전협정의 효력발생 면에서 유엔군사령관의 작전통제 하에 있는 모든 군대는 정전협정을 유지관리할 책임이 있기 때문에 한국을 포함한 참전 17개국이 모두 정전협정 당사자라고 해석할 수 있다.

한국은 이승만 대통령이 보낸 공한에 따라 한국군의 작전 지휘권이 유엔군사령관에게 이양되었기 때문에 유엔군사령관이 체결한 정전협정 당사자로서 협정을 이행하고 있는 것이다.

한국군이 휴전협정의 효력에 당사자가 된다는 것은 휴전협정체결 당시의 유엔군측과 공산군측간에 확인 및 양해된 바 있다. 즉 휴전협정이 체결되기 직전인 1953년 6월 9일 김일성은 유엔군사령관 앞으로 한국군이 휴전협정에 구속을 받는가라는 서한을 다음과 같이 보낸 바 있다.

"한국에서의 휴전협정이 한국군에게도 적용되는가? 만약 한국군도 휴전협정 효력발생에 포함된다면 남한군의 휴전 협정이행을 위해 어떤 보장이 있는가?"라는 내용이었다. 또한 1953년 7월 10일 휴전회담 시에 공산군측에서는 "대한민국이 휴전회담에 포함되느냐?"의 질문을 재확인했다.

이에 대해 유엔군측 대표는 "우리는 현재 유엔군사령부의 지휘 하에 있는 한국군 병력이 이후에도 그들은 유엔군사령부의 지시를 이행하며 휴전협정에 따라 현재 그들이 전개하고 있는 비무장지대로부터 철수할 것이다" 라고 함으로서 한국군이 정전협정에 적용되는 당사자로서 확인이 된 바 있다.

비록 북한이 주장하는 대로 작전지휘권을 가진 유엔군사령관이 정전협정에 서명한 것이 한국군에게는 당사자로서 해당되지 않는다고 하더라도 유엔군 측의 당사자문제는 유엔과 한국과의 관계에서 해석할 일이며, 유엔과 북한 및 중국과의 관계에서는 한국군의 당사자 문제를 논할 수가 없는 것이다.

또한 한국군은 그 동안 정전협정 규정 제20항에 의하여 1954년 3월 9일 제38차 군사정전위원회 본회의부터 유엔군사령관이 임명한 군사정전위원회 유엔군측 대표로서 회담에 참여해 왔으며, 이에 대하여 공산군 측에서는 아무런 의의를 제기한 바도 없다.

따라서 정전협정의 법적 성격과 역사적 선례에 비추어 볼 때 한국의 당사자 자격을 부인하고 미국만이 연합국의 당사자라고 하는 북한측의 주장은 전혀 타당성이 결여된 것이다. 즉 법적 측면에서 볼 때 유엔군측의 경우 유엔군사령관이 17개국의 대표로서 서명한 것으로 미국은 17개 참전국의 일원에 불과하며 한국군 및 유엔참전 16개국 모두가 조약 당사자 자격을 보유한 것이다.

또한 역사적 선례로 볼 때도 제1차 및 제2차 대전 후 연합국과 독일, 일본간 평화협정 체결 시 연합국 구성 국가가 모두 대등한 당사자의 지위에서 서명했으며, 그밖에 한국이 정전협정체결이래 실질적인 협정당사자로서 동 협정의 구속을 받아왔고, 1954년 제네바 평화회담에도 참가했다는 점을 볼 때 북한측의 주장은 받아들이기 어려운 것이라 보고 있다.

현실적인 측면에서도 반세기 이상 휴전상태로 지나온 한반도에서 남측의 주도적인 당사자는 한국군이라는 것에는 아무도 부인할 수 없다. 한국군은 당사자로서 정전협정을 성실히 유지관리해 오고 있으며, 대한민국이 한반도의 한쪽 주인국으로써 위치를 확고히 하고 있는 사실을 볼 때 한국이 한반도평화의 당사자가 아니라는 것은 논리에 맞지 않다.

한국전쟁의 교전당사자로서의 입장을 볼 때도 한국전쟁이 발발할 때인 1950년 6월 25일부터 7월 초까지 한국전쟁의 교전당사자는 한국군과 북한군이었다. 그 후 전쟁이 계속되면서도 유엔군측의 주요병력은 한국군으로 구성되어 있었기 때문에 한국전쟁의 교전당사자는 한국군이 틀림없다.

또한 중국의 유엔가입과 탈냉전시대의 전개양상, 7 · 4 남북공동성명, 남북기본합의서, 제1차 남북정상회담, 제2차 남북정상회담 등 역사적 흐름을 볼 때 한반도 문제 해결의 국내외의 법적 기초가 되는 정전협정 당사자에서 한국을 제외한다는 것은 이론적 측면 뿐 아니라 현실적으로도 법 감정에 맞지 않기 때문에 한국이 정전체제 하에서는 물론이고 한반도 평화문제에 있어서 직접적인 당사자라고 하는 것은 논란의 여지가 있을 수 없는 것이다.

한반도 정전협정의 당사자 문제의 핵심은 정전체제를 평화체제로 전환하는데 관련된 사항이기 때문에 정전협정의 당사자와 평화협정의 당사자가 반드시 동일해야 하는가에 대한 문제가 대두된다. 북한은 정전협정의 서명자만이 당사자가 될 수 있으며 정전협정 당사자가 아니면 평화협정의 당사자도 될 수 없다고 주장하고 있다.

그러나 일반적으로 볼 때 평화협정을 맺기 전에 체결되는 휴전협정의 당사자와 평화협정의 당사자는 반드시 일치하지 않는 것이 관례로 되어 있다. 특히 연합작전을 하기 위하여 다국적군을 구성해서 전투행위를 하는 경우 휴전협정의 당사자와 평화협정의 당사자는 각각 개별적으로 정해지며, 양자의 당사자가 일치하지 않는 것이 오히려 당연하다.

이상에서 언급한 것을 종합해서 한국의 평화협정 당사자로서의 당위성을 살펴보면, 첫째, 정전협정 전문에 나와있는 바와 같이 정전협정은 군사적 사항에 한정된 것으로 전쟁의 중지가 주 내용으로 되어 있으며, 평화협정은 별도로 협의하는 것으로 되어 있다. 정전협정은 제5조에서 정치적 문제에 관한 것은 차후에 별도로 고위의 정치적 수준에서 해결하기로 제62항을 통해서 명시하고 있다.

정전협정 제60항에는 한국문제의 평화적 해결을 위한 정치회담의 개최를 규정하고 있으며, 이에 따라 1953년 8월 28일 유엔총회의 결의 이후 1954년 제네바 정치회담의 당사자로서 대한민국도 포함시키고 있는 것이다. 1954년 1월 15일 개최된 베를린 외무장관 회담에서는 한국과 북한을 포함한 7개국을 정치문제의 당사자로 할 것에 합의함으로써 제네바 정치회담에 한국이 대표로 참가할 수 있었다. 따라서 현재의 통일문제 주체인 한국은 당연히 평화협정의 당사자이며 그 자격 또한 시비거리가 될 수 없다.

둘째, 미국이 한반도 평화협정의 상대가 되어야 한다는 북한측 주장은 남북기본합의서에 천명된 '자주'의 통일 원칙에도 위배된다. 남북기본합의서는 평화와 공존을 그 기본정신으로 현 정전체제를 평화체제로 전환하여 남북이 평화통일을 성취하자는 약속이다. 또 불가침분야 부속합의서에서도 상대방에 대한 무력불사용, 분쟁의 평화적 해결 및 우발적 무력충돌방지, 군사 직통전화 설치 등 대 부분의 조항에 대해 합의하였다.

그런데도 북한은 이런 약속은 뒤로 한 채 또 다른 주장을 펴왔다. 북한이 주장하는 평화협정도 전쟁상태를 종결하고 현재의 긴장상태를 평화상태로 바꾸는 것을 내용으로 하는 정치적 협상이다. 즉 남북대치상태를 해소시켜 평화체제를 수립하자는 것이 정전협정을 대체할 다른 협정체결의 핵심을 이루고 있다.

따라서 정정협정과 평화협정의 당사자는 정전협정체결 직후 파리에서 논의된 평화협정체결 논의사례에서와 같이 반드시 일치하지는 않는다고 보아야 하며, 국제적 관행 또한 일치하지 않는 경우가 대부분이다. 그것은 군사문제의 당사자와 평화문제의 당사자가 동일하지 않기 때문이다

위에서 살펴본 바와 같이 한국이 정전협정에 서명을 하지 않았다고 하여 한국이 한반도의 평화체제 수립에 당사자가 아니라는 것은 억지에 불과하고 또 현실성도 없는 주장이다. 한반도문제는 어디까지나 남북한 당사자가 풀어야 하며, 주변국으로부터 이에 대한 보장을 받도록 해야 한다. 정전협정에 서명한 클라크 미 육군대장은 유엔군사령관 자격으로 서명을 하였기 때문에 국적은 미국인이지만 소속은 유엔군사령관이다.

만약 당시 유엔군사령관이 프랑스 인이었더라면 프랑스가 정전협정의 당사자가 되어야 하고, 캐나다인이었더라면 캐나다가 정전협정의 당사자가 되어야 한다는 논리와 같은 것이다.

당시 한국은 유엔군사령관에게 작전지휘권을 이양한 상태이기 때문에 유엔에는 가입하지 않았지만 정전협정의 한쪽 당사자로서 유엔군사령관이 서명한 정전협정규정을 지키고 유지관리하는 주된 당사자임에 틀림없는 것이다. 비록 정전협정의 당사자가 아니라고 하더라도 정전체

제를 타 체제로 전환하는 과정에서 새로운 한반도의 평화체제를 구축하는 데는 한반도의 절반을 차지하고 있는 한국이 당연히 한쪽 당사자가 되어야 한다는 것은 더 이상 논의의 대상이 될 수 없다.

2. 포로교환

휴전회담을 할 시 어려운 문제가 된 것은 포로교환이었다. 포로송환은 제네바 협정에 따르면 양측이 잡고 있는 포로를 모두 돌려주면 되기 때문에 간단하다. 그러나 유엔군이 잡고 있는 포로들 중에 많은 사람들이 북으로 돌아가지 않고 자유민주주의 체제인 남한에서 살겠다고 하였다. 이러한 송환을 거부한 포로들을 반공포로라고 한다.

반공포로는 북한이 남한을 점령하였을 시 강제로 남한사람들을 징집해서 인민군에 편입시켰고, 남한에서 잡은 포로들에게 사상교육을 시켜 인민군으로 전환시켰다. 또한 중공군 포로들 중에 중국을 모택동이 공산화 통일을 할 시 장개석 군대에 있던 국부군을 중공군에 편입시켰다. 이들이 한국전쟁에 참전하여 포로가 되었는데 이들은 휴전이 되어도 공산주의체제인 중국으로 돌아가지 않고 대만으로 가서 살겠다고 하는 사람들이 많았다.

이 반공포로를 본인들의 의사를 무시하고 강제로 북으로 송환할 수가 없는 것이 유엔군측의 입장이었다. 거제도 포로수용소에 있는 포로들은 친공포로와 반공포로로 나누어져 포로수용소 내에서 서로 충돌이 일어나고 있었다.

포로들간의 충돌로 175명이나 사망하였으며 공산군은 장교들을 일부러 포로로 위장하여 거제도 포로수용소로 들여보내어서 친공포로들을 지휘하도록 하였다. 친공포로들이 포로수용소장 돗트 미군 장군을 납치하는 비극이 발생하기도 하였다. 결국 돗트 장군은 친공포로들의 요구사항을 들어주는 조건으로 풀려나기는 하였지만 거제도 포로수용소사건은 유엔군의 큰 오점이 되었다.

이러한 가운데 이승만 대통령은 1953년 6월 18일 반공포로 27,000여 명을 일방적으로 석방시킴으로써 세계적인 이목을 끌게 되었다. 정전협정체결을 반대했던 이승만을 설득하기 위하여 미국은 로버트슨 특사를 한국으로 보내어 “만약 한국이 정전협정체결을 묵인하면 한미상호방위조약을 체결해서 한국방위를 미국이 보장해주겠다”는 약속을 하였다.

이러한 미국의 설득과 함께 1953년 3월 휴전협정에 강경한 입장을 보였던 소련의 스탈린이 사망함으로써 휴전협상은 급진전하였다. 결국 반공포로문제는 중립국에서 관리하면서 본인들이 원하는 지역으로 보낸다는 합의가 나오면서 먼저 부상자 포로를 송환하고 1953년 7월 27일에 정전협정이 조인되었다.

포로송환에 대한 구체적인 내용을 보면 “스위스, 스웨덴, 체코슬로바키아, 폴란드 및 인도에서 각 1명씩의 위원을 임명, 중립국 포로송환위원회를 설립하고 포로관리 임무를 넘겨받은 중립국 포로송환위원회는 90일간 포로를 관리하면서 포로에 대한 해설사업 등을 통하여 포로들로 하여금 피 송환권 행사를 하도록 했다.

이 기간이 끝나면 정전협정 60항에 의한 정치회의에 넘겨져 30일 이내에 해결하도록 하게 하며, 정치회의에서도 해결하지 못한 포로는 중립국송환위원회가 그들의 전쟁포로 신분을 해제하여 일반 민간인으로 선포하기로 했다. 이후 중립국으로 갈 것을 희망하는 자는 중립국 송환위원회와 인도 적십자사가 이를 협조하도록 했다.

이 사업은 30일 이내에 완수되었으며, 완수 후에 중립국 송환위원회는 해산되었다. 중립국 송환위원회가 해산된 후 전쟁포로의 신분으로부터 해제된 사람으로써 그들의 조국에 돌아가기를 희망하는 자가 있으면 그들이 거주하는 당국은 그들의 조국에 가는 것을 책임지고 협조하기로 하였다. 이러한 규정에 따라 포로들은 1953년 8월 5일부터 9월 6일까지 포로송환위원회가 포로교환을 집행하였으며 1954년 2월 21일 포로송환문제는 종결되었다.

먼저 포로송환을 위한 구체적인 협의를 위하여 군사정전위원회가 1953년 7월 28일에 판문점에서 최초로 열렸는데, 이때 유엔군측 수석대표는 미 극동군사령부 참모부장이었던 브라이언(B. M. Bryan) 소장이었고, 공산측 대표로는 인민군 소장 이상조이었다.

이 제1차 군사정전위원회 본회의에서 논의된 내용은 공동감시소조(共同監視小組)의 운영과 비무장지대 관리 그리고 포로교환과 중립국감시위원회 캠프설치 등이었다.

포로를 교환하기 위한 포로송환위원회는 1950년 8월 5일부터 실시할 것을 합의하고, 1950년 9월 6일까지 33일간에 걸친 포로교환이 일명 "Big Switch"라는 이름으로 실시되었다.

〈표 1〉 송환포로현황

단위 : 명

국별	병상포로	송환희망포로	총계
한국	471	7,862	8,333
미국	149	3,597	3,746
영국	32	945	977
터키	15	229	244
필리핀	1	40	41
캐나다	2	30	32
콜롬비아	6	22	28

호주	5	21	26
프랑스		12	12
남아연방	1	8	9
그리스	1	2	3
네덜란드	1	2	3
기타		3	3
계	684	12,773	13,457
북한	5,640	70,183	75,823
중국	1,030	5,640	6,670
계	6,670	75,823	82,493

출처 : 국방부 전사편찬위원회편, 『한국전쟁 휴전사』, p.325.

포로송환현황은 이미 송환이 이루어진 병상포로를 제외하고 <표 1>에서 보는 바와 같이 북한군 포로 70,183명, 중국군포로 5,640명 총 75,823명인데 반해 유엔군측으로 송환되는 포로들은 한국군 7,862명, 미군 3,597명 등 총 12,773명이었다.

〈표 2〉 송환거부포로 현황

공산군포로 　단위 : 명

구분	북한군	중공군	계
공산군측으로 귀환	188	420	628
탈출 및 행방불명	11	2	13
인도군의 관리 중 사망	23	15	38
인도로의 이송	74	12	86
유엔군으로 전향	7,604	14,704	21,839
총계	7,900	14,704	22,604

한국군 및 유엔군 포로 　단위 : 명

구분	한국군	미군	영국군	계
유엔군측으로 귀환	8	2		10
인도로 이송	2			2
공산군측으로 전향	325	21	1	347
총계	335	23	1	359

출처 : 국방부 전사편찬위원회편, 『한국전쟁 휴전사』, p.331.

한편 송환을 거부한 포로들은 1953년 6월 8일에 합의된 중립국송환위원회를 통하여 처리한다는 규정과 "정전협정에 대한 임시적 보충협정"에 따라 해결되었다.

송환을 거부한 포로들의 현황을 보면, <표 2>에서 보는 바와 같이 유엔군이 체포한 공산군측 포로 중에서 13명이 탈출 및 행방불명이 되었고, 38명이 인도군이 관리하는 과정에서 사망했다.

그리고 인도로 이송된 포로는 86명이었으며, 21,839명이나 되는 송환거부 포로들이 유엔군 측으로 전향한 반면, 공산군 측에서 체포한 포로 중에서 송환을 거부하고 공산군측으로 전향한 포로는 359명밖에 되지 않았다.

유엔군 측 포로송환거부 포로 22,604명은 인도 관리군에게 인계하였고, 공산군 측은 9월 24일에 359명을 넘겨주게 됨으로써 송환거부포로들은 인도 관리군에 의하여 제2의 포로생활을 하였다.

90일간의 포로설득기간이 만료된 1953년 12월 23일에는 인도군의 티마이어(K. S. Thimayya) 중장에 의한 구체적인 처리계획에 따라 1954년 1월 20일에 반공포로들이 다시 유엔군측에 인도되어 한국과 자유중국 등으로 돌아가게 됨으로써 모든 포로송환문제가 종료되었다.

그러나 일부 포로들은 북한에 강제로 남아있으면서 송환되지 못한 사람도 있었다. 이들에 대한 문제를 해결하기 위하여 현재도 한국은 한국전쟁 시 돌아오지 않은 포로를 송환해 달라고 북한에 요구하고 있고 북한은 돌아가지 않은 포로는 없다고 주장하고 있다.

그러나 요즈음 매스컴에서도 나오고 있지만 한국전쟁 당시 잡혔던 포로들이 중국으로 탈출해서 남으로 오는 경우가 있고 포로 1세들이 세상을 떠난 경우에는 그 자손들이 제3국을 경유해서 한국으로 오고 있다.

3. 군사분계선

1) 비무장지대

정전협정이 체결될 시 포로송환 다음으로 논쟁이 되었던 이슈는 군사분계선 설정이었다. 당시 양측간의 접촉선은 38선보다 북으로 올라가 있었기 때문에 공산군측은 38선을 군사분계선으로 하자고 하였고 유엔군측은 현 접촉선을 군사분계선으로 하자고 주장하였다. 결국 유엔군측의 주장이 관철되어 군사분계선은 현 접촉선을 하는 것으로 합의가 되었다.

군사분계선

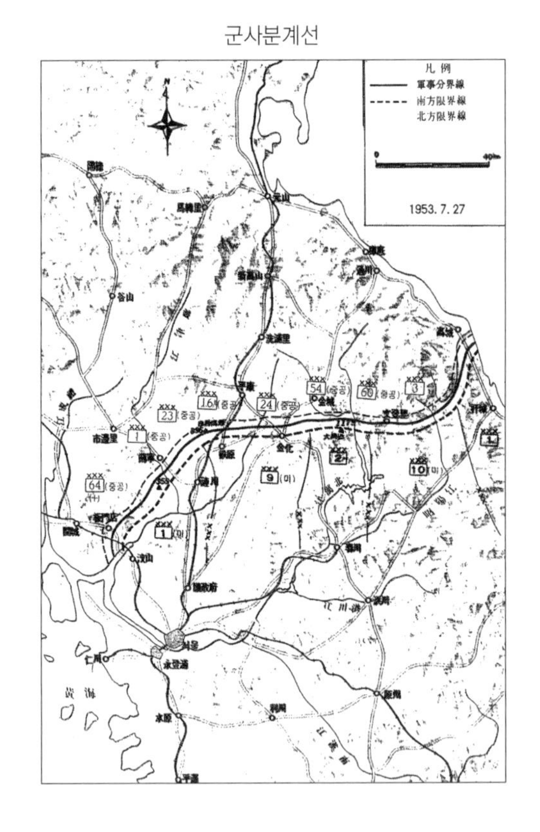

따라서 군사분계선(MDL : Military Demarcation Line)은 휴전협정이 조인되던 날인 1953년 7월 27일 남북 쌍방이 대치하고 있었던 선이 되었다. 군사분계선으로부터 북으로 2km 지역에 북방한계선(NLL : Northern Limit Line)을 설치하고, 남쪽으로 2km 지역에 남방한계선(SLL : Southern Limit Line)을 설치하였다.

군사분계선으로부터 남북으로 각각 2km떨어진 지역 즉 폭 4km 지역을 비무장지대(DMZ : DeMilitarized Zone)라고 한다. 정전협정상에 비무장지대는 남북이 각각 비 무장한 인원 1,000명 이내의 병력만 투입할 수 있도록 되어 있다. 그러나 이 규정이 서로 잘 지켜지지 않아 실제로는 수십 개의 GP(Guard Post)를 설치해서 수천 명의 병력이 비무장지대에 들어가 있으며 남북이 각각 기관총, 무반동총 등 공용화기를 비밀리에 설치해 놓고 있다.

비무장지대 서쪽은 임진강 하구에 있는 말도로부터 동쪽은 고성까지 155마일로 되어 있는데 비무장지대에 들어가기 위해서는 남방한계선 통문을 열고 들어가야 한다. 이 통문은 유엔군사령관의 허가가 있어야 들어갈 수 있도록 되어 있다. 비무장지대에는 낮에는 무장한 병사들에 의하여 정찰을 하고 야간에는 매복작전을 하고 있다. 매복을 할 때는 호 속에 들어가 저녁부터 익일 아침까지 숨소리 하나 내지 않고 매복을 하는데 여름에 비가 올 때는 허리까지 물이 찬 호 속에서 얼굴에 모기가 와서 물기도 하지만 꼼짝하지 않고 밤새도록 매복을 하고 있다.

비무장지대 밑으로는 북한이 파놓은 땅굴이 있는데 1974년 제1땅굴이 발견된 이래 현재까지 모두 4개가 발견되었다. 북한이 땅굴을 파는 이유는 비무장지대는 철조망과 지뢰 등 강력한 장애물로 되어 있기 때문에 이러한 장애물을 피해서 땅굴로 넘어와 아군 후방에서 기습적인 공격을 하기 위함이다. 땅굴을 찾는 방법은 땅 위에서 시추봉을 지하 깊이 넣으면 땅굴이 있는 곳에는 시추봉이 푹 빠지는 현상이 나타난다.

1미터 직경인 땅굴을 발견하기 위하여 155마일 휴전선을 시추봉으로 수없이 뚫으면 운이 좋아 북한군이 파놓은 땅굴 위에 시추봉이 닿으면 땅굴을 발견하게 된다. 땅굴탐지는 모래사장 위에 바늘 찾기만큼이나 어려운 일이지만 현재까지 이렇게 하여 4개를 발견하였다.

비무장지대에 들어갈 때는 허가를 받은 사람만이 남방한계선상에 있는 통문을 열고 들어가게 되는데 복장은 반드시 헌병(MP)이라고 표시된 모자를 쓰고 민정경찰이라는 표시를 한 방탄 쪼끼를 입고 들어가야 한다. 헌병이라고 쓴 표시는 정전협정상 비무장지대를 관리하는 민정경찰이라는 의미이다.

2) 공동경비구역

판문점에 있는 공동경비구역(JSA : Joint Security Area)은 남북이 서로의 지역구분 없이 함께 경계근무를 하는 지역을 말한다. 그러나 공동경비구역 안에서 북한군에 의한 8·18 도끼만행사건이 일어나면서 이곳에도 경계선을 설정하여 남북이 각각 구분된 구역에서 경계근무를 하고 있다.

8·18 도끼만행사건은 1976년 8월 18일 오전 10시경 미군 6명이 한국군 카츄사 5명과 함께 공동경비구역 안에 있는 "돌아오지 않은 다리" 부근에서 시야를 차단하고 있는 미루나무 가지를 치고 있었다. 시계청소를 하면 북한군이 자기들 방향으로 관측이 잘 된다는 이유로 북한군 수십 명이 트럭을 타고 나타나 도끼로 미군을 살해하였다. 이 사건으로 미군 장교 2명이 도끼에 맞아 머리가 깨지면서 즉사하고 9명이 중상을 입었다.

8·18 도끼만행사건으로 전쟁 일보 전까지 갔으나 김일성이 사과편지를 보내왔기 때문에 평온을 되찾았지만 그때부터 공동경비구역은 남북으로 구분해서 근무하고 있어 실제로는 공동경비구역이 아닌 남북으

로 분리된 경비구역이 되었다.

JSA(공동경비구역)라는 영화가 있지만 그 영화 내용은 실제상황이 아니라 소설같이 가상적으로 그린 내용이다. 실제로는 남북 병사들이 구분되어 일체 접촉을 못하게 되어있고, 군기도 세계에서 가장 엄격한 지역이 공동경비구역이다. 공동경비구역에 근무하다가 제대를 한 사람들이 JSA에 근무하는 병사들을 군기가 없고 무질서한 군인으로 영화에서 묘사를 했다고 하여 영화사를 찾아가 데모를 한 일도 있었다. 그러나 어디까지나 영화는 사실과 달리 묘사될 수도 있기 때문에 우리가 볼 때 사실과 다르다고 생각하고 보면 되는 것이다.

북한은 한국군병사를 귀순 시키기 위하여 "적공조"라는 심리전 팀을 운용하면서 한국군을 귀순시키기 위하여 온갖 노력을 다하고 있다. 적공조들은 한국군들의 마음을 움직이기 위하여 야간에 몰래 경계선 위에 시계와 담배 그리고 뱀술 등을 귀순권고 편지와 함께 놓고 가지만 한국군들은 여기에 현혹되지 않고 오직 경계에만 열중하고 있다. 북한에서 장교를 비롯하여 많은 병사들이 판문점을 통하여 남한 쪽으로 귀순해 오고 있지만 아직까지 남한 쪽에서는 판문점 공동경비구역을 통하여 북으로 넘어간 사람이 없다.

4. 서해5도 수역과 NLL

1) 서해5도 수역의 일반적 특성

서해5도란 북위 38도 N 바로 아래 연안반도, 해주만, 옹진반도, 대동만을 둘러싸고 있는 5개의 도서군으로 백령도, 대청도, 소청도, 연평도, 우도를 말한다. 북한과의 거리는 매우 가까워서 백령도의 경우 인천항에서는 180km나 떨어져 있지만 중국 산동반도에서는 157km, 북한 장산곶에서는 불과 17km 거리에 위치하고 있다. 이들 섬들에 대한 구체적인 내용을 살펴보면 다음과 같다.

(1) 백령도

인천시 옹진군 백령면에 위치하고 있는 백령도는 길이 11km, 폭 7.4km, 면적 47평방km로서 한국에서 14번째로 큰 섬이다. 삼국시대에는 따오기 이름을 따서 곡도라고 불렀으며 고려시대부터 백령도로 불리기 시작하였다. 당시에는 따오기가 많았던 것으로 보이나 현재에는 찾아볼 수 없다. 백령도는 역사적으로 중국을 왕래하는 사신들의 유숙지로 지금도 그 흔적을 찾아볼 수 있다. 특히 효녀 심청이가 빠져 죽은 후 연꽃으로 다시 태어났다는 인당수가 백령도 수역에 위치하고 있다.

백령도는 제4기 빙하기에 서해가 육속화했다가 후빙기에 옹진반도의 저지가 침수되어 생긴 섬이다. 평균 50~100m의 낮은 고도를 나타내며 지형기복이 심하지 않아 하천은 폭 2~4m, 길이도 1km 이내이고 우기를 제외하면 거의 물이 흐르지 않은 건조천을 이루고 있다. 백령도와 인천간에는 정기여객선이 운항하고 있으며 고기가 많이 잡히는 시기에는 용기포항에 어선이 모인다. 홍어, 삼치, 꽃게, 가자미, 조기, 꽁치, 멸치, 까나리, 뱀장어 등의 자원이 풍부하며 굴, 전복, 홍합, 해삼, 미역 등이 명물이다. 특히 6월이 되면 꽃게가 대단히 많이 잡히고 김장 액젓으로 유명한 까나리아도 많이 잡히는 곳으로 유명하다.

(2) 연평도

연평도는 옛날부터 조기잡이로 널리 알려진 유명한 섬으로 연평군의 중심을 이루고 있다. 이중 연평도를 중심으로 남쪽에 위치한 섬은 한국의 섬이나 북쪽에 위치한 섬은 북한의 통제를 받는다. 북한쪽 섬 중 연평도와의 최단거리는 6.33km로 서해5도와 북한섬 간의 최단거리가 된다.

(3) 대청도

대청도는 북위 37도 50부, 동경 124도 42부에 위치한 섬으로 면적은 25평방km이며, 북한 하련도에서 19km가 되는 위치에 있다.

(4) 소청도

소청도는 북위 37도 46부, 동경 124도 46부에 위치한 섬으로 면적은 6평방km이고, 하련도에서 15km 거리에 있다.

(5) 우도

서해5도의 다섯 번째 섬인 우도는 가장 작은 무인도이나 이 섬에서 남쪽에 위치한 섬들을 보호하는데 큰 역할을 하고 있다. 북방한계선이 우도와 함박도 사이를 지나가고 있으므로 교동도, 서검도, 석모도 등을 북으로부터 차단하고 있다.

2) 서해5도 수역의 전략적 가치

서해5도 수역이 남북관계에 있어서 복잡한 문제로 대두되고 있는 이유는 정전협정상에 바다 경계선이 명확하지 않은데다가 남북한간에 중요한 전략적 가치가 있기 때문이다. 이곳은 경제적으로는 어업뿐 아니라 인천과 해주로 통하는 경제교통로로 유용하기 때문이다. 전략적으로 서울의 관문인 인천 앞에 위치하고 있으면서 북한의 서남부를 둘러싸고 있다는 것으로 볼 때 매우 중요하다고 할 수 있다.

황해도와 경기도의 경계선 북쪽과 서쪽에 있는 섬들은 비록 1950년 6월 25일 이전에 한국의 관할 하에 있었지만 휴전 당시 북한에 점령당한 황해도 남부에 근접하였기 때문에 북한측에 내어주었다. 그렇지만 백령도 등 5개 도서는 1953년 7월 27일 정전협정이 체결될 당시 유엔군의 관할 하에 있었을 뿐만 아니라 한국의 국민이 많이 살고 있었기 때문에 유엔군이 관할하게 되었다.

서구 유럽이 한반도에 관심을 가지기 시작했던 1810년대 무렵 그들이 조선의 후두부라고 생각한 곳은 해주, 인천 그리고 아산만이었다. 미국과 프랑스가 인천을 주목해 병인양요와 신미양요를 일으킨 곳이 강화도 일대였고 독일은 아산만, 영국은 해주만의 섬에 관심을 가졌다. 1945년 8월 미국방부 작전국은 다른 곳과 달리 서해5도를 주목해 서쪽 끝은 북위 38도 10분(장산곶)에서 시작해 북위 37도 40분(주문진)에 이르는 서고남저의 분할선을 그렸는데 그들이 옹진반도를 중요시한 것은 바로 서해5도 때문이었다.

당시 미국의 대한반도 전략은 미국 해군사관학교 교장으로서 해상권이 역사에 미치는 영향(1918년)이라는 명저를 쓴 앨프리드 마한의 논리에 따라 『육지를 잃는 한이 있더라도 바다(섬)을 잃어서는 안된다』는 전략에 기초를 두고 있었다. 미국의 이와 같은 대 극동전략은 맥아더의 전폭적인 지지를 받았다.

북한의 대남전략은 남한의 빨치산과 이를 지원하는 지상군 개념에 몰두하고 있었고, 미국은 마한의 전략에 따라 서해5도를 장악하는 것으로 향후에 일어날 군사분쟁에서 우위를 장악할 수 있을 것이라는 확신을 가지고 있었다. 게다가 당시 유엔군측의 정전협상대표 터너 조이제독은 철저한 마한주의자였다. 그는 어떠한 희생을 치르더라도 서해5도는 결코 포기하지 않는다는 단호한 각오를 가지고 있었는데 후에 해리슨 중장으로 교체된 이후에도 이 정신은 그대로 승계되었다. 이러한 의지로 정전회담에 임한 해리슨과 미국의 전략을 간파하지 못한 북한의 수뇌부는 향후에 있을 서해5도의 중요성을 간과하고 유엔군측의 제안에 특별한 의의 없이 동의했다.

그 결과 정전협정 제2조 (정전의 구체적 조치) 13항 ㄴ목에는 "전정협정이 효력을 발생한 후 10일 이내에 상대방의 연해섬 및 해변으로부터 모든 군사역량 및 장비를 철수한다. "연해섬"이란 정전협정이 효력을 발생할 때에 비록 일방이 점령하고 있더라도 1950년 6월 24일에 상대방이 통제하고 있던 섬들을 말한다. 단 황해도와 경기도의 도 경계선 북쪽과 서쪽에 있는 모든 섬 중에서 백령도(북위37도 58분, 동경 124도 40분), 대청도(북위 37도 50분, 동경 124도 42분), 소청도(북위 37도 46분, 동경 124도 46분), 연평도(북위37도 38분, 동경125도 40분) 및 우도(북위 37도 36분, 동경125도 58분)의 도서군들은 국제연합군 총사령관의 군사 통제하에 남겨 두는 것을 제외한 기타 모든 섬들은 조선인민군 최고사령관과 중국인민지원군 사령원의 군사통제하에 둔다. 한국 서해안에 있어서 상기 경계선 이남에 있는 모든 섬들은 국제연합군 총사령관의 군사통제하에 남겨 둔다." 라고 되어있다.

이와 같은 정전협정은 해상경계선을 명확하게 하지 않음으로써 정전협정체결 이후 많은 문제를 야기시키고 있는 것이다. 1952년 1월 말에 집중적으로 전개된 영해수역(Coastal Waters) 관련 협상과정에서 해상경계선을 확실하게 명시하지 못한 이유는 공산군측은 유엔군측에 의한 해상봉쇄를 우려하였기 때문에 12해리로 주장하고, 유엔군측은 그 당시 국제적으로 통용되고 있는 3해리를 주장하면서 유엔군측이 해상봉쇄를 하지 않는다는 규정(15항)이 별도로 있기 때문에 문제가 없다고 설득하였으나 공산군측은 입장을 굽히지 않으면서 관련 조항의 전면 삭제를 요구하였다.

유엔군측이 3해리를 주장한 것은 당시 국제적으로 통용되는 해양법을 적용하자는 것뿐만 아니라 서해 5도서 사이 즉 연평도와 소청도 사이의 간격이 45해리 이상이 되기 때문에 대청도와 연평도에서 12해리 영해를 적용한다 하더라도 도서 사이의 공간이 발생하기 때문에 공산군측이 영해확장으로 인한 서해 5도서 군의 통제에 어려움이 있었기 때문이었던 것이다. 결국 휴전을 빨리 해야 하겠다는 유엔군측의 정책적인 이유로 해상경계선을 설정하지 못하고 이에 대한 관련 조항을 삭제하는 등 공산군측의 의견을 받아들여 해상경계선에 관한 규정이 합의되지 못한 체 휴전협정이 체결되었던 것이다.

따라서 최종 협정서에는 휴전선 조항에 명시되어 있지도 않은 별도 조항(제2조 13항의 ㄴ)에서 위와 같이 즉 『황해도와 경기도의 도계선의 북방 및 서방에 위치하고 있는 모든 도서는 조선인민군 최고사령관 및 중국인민지원군 최고사령관의 군사지휘 하에 둔다』고 규정해 놓고서도 그 단서에 『단, 백령도, 대청도, 소청도, 연평도, 우도는 이 규정에 의하지 아니한다』고 합의했던 것이다.

이러한 과정을 거쳐 북한의 앞마당에 한국의 눈을 가지게 된 것이고, 이 지역은 만일의 사태 발생시 그 징후를 가장 빨리 포착함과 동시에 가장 빨리 타격을 받을 수 있는 곳 중의 하나가 되었다. 다시 말하면 서해 5도서는 한국에서 가장 북쪽에 위치한 섬으로서 북한의 안방을 훤히 들여다 볼 수 있는 한국군의 눈과 귀 역할을 하는 곳이다. 백령도 지역에 안테나를 높이 세워놓으면 북한지역의 통신 내용을 모두 감청할 수 있기 때문에 육・해・공군 감청기관들이 안테나를 가지고 이 섬에서 북한을 집중적으로 감시하고 있다.

또 서해 NLL은 해주항을 포함하여 황해도 전체를 봉쇄하는 역할을 한다. 따라서 북한의 선박들은 해안을 따라 위로 올라갔다가 공해로 나올 수 밖에 없는 것이다. 그리고 서해5도서는 유사시에 북한 지역으로 한국 해병대가 상륙하기 가장 좋은 곳이다. 백령도 기지에서 고무 보트만 타고도 바로 북한 지역으로 상륙을 할 수 있기 때문에 북한군은 이 지역을 방어하기 위하여 많은 병력을 배치할 수밖에 없다. 실제로 전쟁이 일어나게 된다면 2개 사단 정도는 남쪽으로 공격하지 못하고 이 지역에 묶어놓게 하는 효과를 한국군이 얻을 수 있다.

이러한 상황을 반영하듯 뒤늦게 서해5도 수역의 중요성을 인식한 북한은 수시로 주변수역에 대한 관할권을 주장하며 한국을 견제하는 행동을 계속하고 있는 것이다. 이것만 보아도 서해5도와 주변수역이 양측에 얼마나 중요한 가치를 지니고 있는지 가히 짐작할 수 있다.

3) 유엔군사령부의 북방한계선(NLL) 설정

정전협정 상에 해상 경계선이 규정되지 않았기 때문에 1953년 8월 30일 유엔군사령관은 유엔군측 함정의 경비활동 통제와 안전유지 그리고 함정 및 항공기가 서해상에서 월북 또는 북쪽 영공으로 월선할 경우 발생하게 될 남북간의 충돌을 방지하기 위하여 정전협정상에는 명시되지 못한 해상 NLL(Northern Limit Line)을 일방적으로 설정한 것이다.

이 NLL(북방한계선)은 한국 및 북한의 도서로부터 3해리를 연결하고 한국의 서해 5도서와 북한측의 도서 사이의 중간 점을 연결하였다. 지상의 군사분계선에 맞추어 유엔군측의 해상세력을 남쪽으로 철수시키고 서해상에서 유엔군의 활동을 제한 할 목적으로 정전협정이 체결된 이후 설정된 이 NLL은 해양법 협약 제15조의 대향 및 인접 국가간의 영해를 규정하기 위한 것에도 부합되는 것이다.

즉 해양법 협약 제15조는 "2개국의 해안이 상호 대향 또는 인접하고 있는 경우 양국 중 어느 국가도 양국간의 합의가 없는 한 양국의 각 영해 혹은 기선상의 최근 점에서 같은 거리에 있는 모든 점을 연결하는 중간선을 넘어서 영해를 설정하지 못한다. 단, 본 조항의 규정은 역사적 근원 또는 기타 특수 사정으로 인하여 본 규정과 상이한 방법으로 양국의 영해를 획정할 필요가 있는 경우는 적용되지 아니한다."라고 되어 있기 때문에 서해 NLL설정은 해양법 정신에 부합되는 것이다. 이러한 NLL은 유엔군사령관이 북측에 위와 같이 한강하구에서부터 11개 좌표를 이은 선을 양측 경계선으로 정하자고 공식적으로 통보한 후 실질적으로 관리해 왔으며, NLL를 선포 후 20년간 북측도 아무런 의의를 제기하지 않았다.

따라서 북한은 이러한 유엔군사령부의 NLL설정을 그 동안 묵시적으로 인정해 왔던 것이다. 1963년 5월에는 남측 함정(LSMR 311)이 북측 간첩선을 격침했을 시 그 위치를 군사 정전위원회 제168차 회의에서 따지는 과정에서 NLL를 간접적으로 시인했으며, 1984년 9월에는 수해물자를 수송하면서 상봉점을 백령도 서방 NLL선상의 비엽도 남방 3.2NM로 합의한 바 있다. 또한 2000년 6월 12일 평양에서 열렸던 김대중 대통령과 김정일 국방위원장 사이의 남북 정상회담 시, 김대중 대통령이 탑승하였던 한국공군1호기를 호위하던 한국공군 전투비행대가 서해 NLL상공에서 북한공군 전투기에게 경호임무를 인계하였다. 이때 NLL 직 상공에서 한국공군 경호전투기는 영접 나온 북측 공군기(미그21)에게 직접 통신과 날개 짓으로 경호임무를 인계하였다.

4) 서해 NLL수역의 분쟁사례

유엔군 측의 함정 및 항공초계활동을 통제하고, 남북한간 분쟁의 소지를 없애기 위해 서해 5도와 북한의 옹진반도의 중간을 연결한 NLL은 1973년까지 별다른 충돌없이 남북 상호간에 존중되어 왔다. 그러나 북한이 체코제 스틱스 미사일을 탑재한 소련의 미사일 고속정 "오사", "코마"를 도입하는 등 해군 세력이 점진적으로 커지고, 국제적으로 12해리 영해법이 보편화됨에 따라 북측은 1973년 10월 이후부터 NLL을 침범하기 시작하였다. 1973년 11월과 12월 사이에는 12회나 NLL을 침범하였고, 이와 병행해서 북측은 1973년 12월에 개최된 제346차 군사정전위원회 본회의에서 정전협정 제13항 ㄴ목을 인용하여 황해도와 경기도의 경계선 북쪽의 해면은 북한측 연해이며, 서해5도 도서는 북측의 수역이라고 하면서 서해5개 도서를 출입 시에는 북측의 사전 승인을 받아야 한다고 억지 주장을 하기 시작하였다. 제346차 군사정전위원회 본회의 이후 1976년 1월까지 NLL남쪽에서 유엔군측 선박들이 정전협정을 위반하였다고 비난한 회수는 무려 88건이나 되었다.

1975년 2월에는 공해상에서 기관총으로 무장한 북한 어선 10척이 NLL을 한국군 구축함인 서울함(DD-92)이 긴급 출동해 북한 무장어선 한 척을 들이받아 격침시킨 바 있다. 북한은 어선이 격침되자 "오사", "코마" 등 40여 척이 대오를 이루어 전 속력으로 남하를 시도했고, 공중에서는 미그 전투기들이 위협비행을 하는 등 전쟁 일보 직전의 긴장을 조성하기도 했다. 당시 미그기는 34회에 걸쳐 NLL을 침범하여 무력시위를 하였으며, 그 중 6대는 NLL남방 45마일까지 남하하였다. 북한 미사일 함정 "오사", "코마"에 놀란 박정희 대통령은 국민들의 성금을 모아 코리아 타코마에서 한국형 고속정을 건조하기 시작했다는 일화도 있다.

그 후 한동안 잠잠했던 북한측 도발은 1991년부터 다시 NLL을 침범하기 시작하였다. 북측의 NLL침범은 주로 대청도와 연평도간 해역에서 발생했다. 1996년에는 한해 동안 13차례나 침범했고, 1997년 6월에는 사상 최초로 남북한 해군간 함포사격이 실시되었다. 그러나 한국 해군은 초기부터 강력한 대응을 함으로써 북한 경비정을 몰아내었다. 그 당시 상황은 북한 경비정 1척과 어선 9척이 NLL을 침범한 상태에서 상호 대치 중이던 북한 경비정이 돌연 한국해군 고속정 후미에 함포 3발을 발사하자 한국해군은 2발의 함포사격으로 응사하며 위력항해를 시도하면서 북한경비정을 NLL북방으로 완전히 몰아내었다.

1999년 6월 15일 9시 25분에는 제1연평해전이 있었다. 인천 옹진군 연평도 서쪽 10km해상에서 NLL을 9일째 침범한 북한 경비정과 한국해군 함정간에 큰 교전이 벌어졌던 것이다. 이 해전에서 북한 어뢰정 1척이 침몰하고, 중형 경비정 1척이 대파되었으며, 나머지 북한 경비정 3척과 어뢰정 2척도 선체 등이 파손된 채 퇴각하였다. 이 결과 북한 수병 20여 명이 사망하고 30여 명이 부상하였다. 반면 한국 해군은 고속정과 초계함 2척의 기관실이 북한 경비정이 쏜 25미리 기관포에 의해 일부 파손되었으며 7명의 장병만 부상을 입었다.

이 제1연평해전의 전개과정을 좀더 세부적으로 보면 해전이 발발하기 9일전부터 북한 해군은 NLL을 침범하고 있었는데 한국해군이 수 차례에 걸쳐 경고방송을 하였지만 여전히 북측은 NLL을 침범하고 있었다. 이때 한국해군 초계함이 포위하는 방식으로 작전을 구상하던 중 갑자기 측면에서 나타난 북한 경비정이 25미리 기관포를 가지고 선제사격을 가해오고, 이어서 북한 어뢰정이 공격에 가담하면서 양측간 교전이 시작되었다.

한국해군은 초계함에 장착된 76미리 함포와 고속정에 장착된 40미리 기관포로 즉각 응사에 들어가 양측은 오전 9시 30분까지 5분간 교전을 벌였으며, 북한 어뢰정 1척을 향하여 한국 함정에서 발사한 포탄이 명중시킴으로써 북한 함정은 검은 연기를 내뿜으며 서서히 침몰하였다. 이러한 상황하에서 한미연합군사령부는 연평도와 백령도 등 서해5도서지역에 대북 전투태세인 데프콘3에 준하는 전투태세와 정보감시태세인 워치콘2를 발령, 전시상태에 돌입했으며, 조업에 나섰던 어선들도 긴급대피에 들어갔던 것이다. 이 제1연평해전에서는 한국해군이 교전규칙에 따라 평소 훈련한 대로 일사 불란하게 대응하였기 때문에 북한군의 선제사격에도 불구하고 큰 피해를 보지 않고 상황을 종결시킬 수 있었다.

교전규칙(Rule of Engagement)이란 상급자의 명령 없이도 자동적으로 병사들이 행동할 수 있도록 한 규정을 말한다. 교전규칙이 없으면 적이 불시에 공격할 경우 상급부대에 발포명령을 기다리는 동안 최전방에 있는 병사가 희생을 당하기 때문인 것이다. 그래서 상급부대의 명령 없이도 최전방 병사가 자위적인 행위를 할 수 있도록 교전규칙이란 것을 만들어 놓고 있는 것이다. 한국군에 대한 교전규칙은 1953년 유엔군사령부가 만든 교전규칙을 사용하고 있다. 지상군의 경우 북한군이 군사분계선을 넘어오면 경고방송과 함께 신원을 확인하고 이에 불응하거나 도주할 경우 사격을 하게 되어있다. 또 상대방이 소총 또는 자동화기, 야포 등으로 선제공격을 하면 구경 별로 각 제대 지휘관에게 부여된 권한에 따라 자위권을 행사할 수 있도록 하고 있다.

해군의 경우 지상에서 보다는 상황이 불명확하기 때문에 대응 절차가 더욱 세심하게 규정되어있다. 유사시 북한군 함정이 NLL을 넘을 경우 방송을 통해 이를 주지시킨 후 퇴각을 요구한다. 만약 경고방송에 응하지 않을 경우 경고사격과 위협사격 그리고 격파사격 순으로 대응하게 된다. 경고사격은 공포탄을 사용하는 것을 원칙으로 하고 있으며, 위협사격은 함정의 전방이나 측방으로 쏘는 것이다. 그래도 불응하거나 적이 사격을 가해올 때엔 직접 함정을 공격하는 격파사격으로 맞서게 되어있다.

제1연평해전에서는 수일간에 걸쳐 상황이 계속되고 있었기 때문에 이미 경고방송은 실시한 상태이었으며, 피아식별은 더욱 할 필요가 없는 상황이었다. 그리고 북측에서 먼저 선제공격을 가해온 만큼, 위협사격수준의 대응을 할 상황도 아니었다. 해군작전사령부에서는 이미 적이 사격을 가해오면 자위권행사 차원에서 즉각 응사하라는 작전지시가 내려져 있었기 때문에 기존의 교전규칙에 따라 교전이 일어나게 되었던 것이다.

2002년 6월 29일에는 제2연평해전이 있었다. 제2연평해전은 북한의 일방적인 도발이었다. 북한의 상습적인 단순월경 정도로 봤던 한국해군으로선 허를 찔린 것이었다. 제2연평해전의 과정을 보면 6월 29일 9시 54분쯤 연평도 쪽 7마일 지점에서 북한측 SO-1급 경비정 1척이 NLL을 넘어왔다. 이에 한국해군은 해상경비를 전담하는 고속정(Pkm)2를 긴급 발진, 대응에 들어갔다. 한국측은 북한측에 "NLL북쪽으로 돌아가라"고 경고방송을 했다. 하지만 북한 경비정은 아랑곳하지 않았으며 또 다른 경비정 한 척이 넘어왔다.

북한측 두번째 경비정은 남쪽 3마일 지점까지 깊숙이 들어왔다. 이에 인근에서 작전하던 한국측 고속정 2척도 출격, 1마일까지 접근하면서 경고방송을 계속하였다. 9시 25분쯤 한국측 고속정과 북한측 경비정 거리가 불과 500야드 정도까지 가까워진 순간 갑자기 북한측 경비정의 85미리 함포가 27명이 탑승한 한국측을 향해 불을 뿜었다. 고속정 2척에 승선했던 한국해군장병들은 즉각 총원전투태세에 돌입 40미리포와 30미리포 등에서 사격을 개시했다. 약 20여 분간 치열한 전투상황이 이어졌다. 10시 35분쯤엔 인근에서 작전 중이던 한국측 고속정 2척과 초계함 2척 등을 포함해서 모두 8척의 전투함이 북한 경비정을 향해 공격을 퍼부었다.

10시 43분 북측 경비정의 함상에서 화염이 치솟으면서 북의 공격이 뜸해지기 시작했다. 기수를 북으로 돌린 북 경비정은 화염에 휩싸인 채 북한해역으로 들어간 직후 먼저 넘어가 있던 경비정의 예인을 받아 기지로 돌아갔다. 한국측 고속정들은 NLL인근까지 도주하는 북한 경비정을 추격하다가 10시 56분쯤 사격을 중지하고 회항했다. 이 전투에서 한국해군 측은 6명의 전사자를 냈다. 북한측도 10여 명이 전사하고 상당수가 부상을 당한 것으로 한국해군은 평가하고 있다.

이상과 같은 분쟁이 서해5도 수역에서 빈번하게 발생하고 한국 어선들이 북한측 경비정에 의하여 자주 납치를 당하고 있다. 한국정부는 어부들을 보호하기 위하여 NLL 남쪽 4km 지역에 어로한계선을 설치해놓고 이 선 너머로는 어부들이 조업을 못하도록 하고 있지만 어부들은 어로한계선을 넘어가서 조류가 심할 때는 본의 아니게 NLL을 넘어갈 때도 있다. 따라서 한국해군은 조업을 하러 나갈 때는 출항증이라는 것을 휴대하고 나가도록 함으로써 어민들이 NLL을 넘지 못하도록 통제를 하고 있다.

이러한 서해상에서의 충돌을 예방하고, 어부들이 자유로운 조업을 할 수 있도록 남북한간에는 공동어로구역을 논의하고 있다. 그러나 남북국방장관회담에서 남한과 북한의 주장이 엇갈려 합의를 보지 못했다. 남한은 NLL상에 동일한 면적으로 공동어로 구역을 설정하자고 하고, 북한은 NLL 남쪽에 공동어로구역을 설정하자고 주장하고 있다. 서해 평화협력지대를 만들기 위해서도 서해 NLL에 대한 문제가 해결되어야 한다. 그러나 NLL을 북한에 양보할 수 없기 때문에 NLL을 지키면서 공동어로구역과 서해 평화협력지대 설정을 지혜롭게 해결하는 방안이 모색되어야 할 것이다.

5) 서해 NLL수역의 평화적 이용

(1) 남북 간 NLL수역 이용실태 분석

서해 NLL수역은 수십년 동안 남북 상호간에 활용이 제한되어 이 수역 일대의 황금어장을 방치한 채, 주민들의 생활을 불편하게 할 뿐만 아니라 국가적인 부의 손실을 가져오고 있다. 특히 꽃게철이 되면 남북간에 황금어장을 놓치지 않으려고 상호 충돌을 빈번히 일으키고 있는 수역이기도 하다. 1999년과 2002년에 있었던 제1 및 제2 연평해전도 이러한 황금어장에 따른 주도권 다툼에서 충돌한 면이 있는 것이다. 또한 이 수역은 서해 5도 주민들과 북측의 황해도 주민들에게 안보상의 위협을 주고 있는 곳이기도 하며, 자기들이 살고 있는 곳의 뱃길도 남북간의 분쟁에 의하여 막히고 있는 곳이기도 하다.

따라서 지난 수십년간 황금어장이 방치되어온 이 수역에 대한 불편함을 개선하고 남북간에 충돌을 사전에 방지할 수 있도록 하며, 나아가 한반도의 평화정착에 기여를 할 수 있도록 하기 위해서도 평화적이고 안정적인 이용방안이 요구되고 있다.

남측은 유엔군사령관이 설치한 NLL을 넘지 않기 위하여 완충수역을 설치하고, 어업활동도 NLL수역 훨씬 남쪽에서만 할 수 있도록 스스로 제한하고 있다. 성어기에 한하여 제한된 어로작업을 할 수 있도록 특정 해역을 설정하여 어민들의 어업활동을 통제하고 있다.

북측도 해주일대를 포함한 황해도 주민들은 공해로 나오는데 많은 불편을 받고 있을 뿐만 아니라 어업활동도 남측과 같이 제한을 받고 있다. 즉 북측은 선박이 공해로 나가기 위해서는 역행군을 강요받고 있으며 해주항의 발전에도 큰 장애가 되고 있다.

따라서 이 NLL수역은 한국의 민족자산의 손실이며 남북 지역주민들에게 어려움을 주고 있기 때문에 수십년 동안 사용하지 않고 방치되어 온 서해 NLL주변수역을 남북 상호간에 적절한 협의에 의한 평화적인 이용방안을 모색해 보는 것이 절실히 요구되고 있다.

(2) 남북 공동어로수역

서해 NLL수역의 분쟁은 단순한 영해경계선의 분쟁이상으로 어업활동이라는 경제적 측면도 상당한 원인을 제공하고 있는 것도 사실이다. 따라서 남북공동어로수역 설정문제는 북한에게 경제적 실리를 보장하여 어느 정도 군사적 갈등을 완화시켜줄 있는 방법이 될 수 있다.

남북공동어로수역에 대한 문제는 2007년 노무현 대통령과 김정일 국방위원장간의 제2차 남북정상회담에서도 논의된 바 있다. 북한이 NLL을 순수한 경제적 목적 이상으로 이용하여 공동어로수역을 더욱 확대하고 정전협정 무실화를 통한 군사적 영향력 확대로 연결시키려는 주장 때문에 이 문제가 해결되지 못하고 있다.

남북공동어로수역에 대한 논의 자체가 북한이 의도하는 바의 중간목표이고 북한의 의도대로 발전되어 간다고 비판하는 목소리도 있으나 서해 NLL수역에서의 분쟁을 예방하고 남북한 어민들의 경제적인 활동을 확대한다는 민족적 견지에서 볼 때 남북공동어로수역에 대한 연구는 계속 되어져야 할 것이다.

서해 NLL수역의 공동어로수역문제를 해결하기 위해서 해상경계선에 대한 문제가 없는 동해 NLL수역에서의 공동어로수역을 시험적으로 설정해서 운영해보는 것도 필요할 것이다. 동해 공동어로수역에서의 운영이 성공적으로 이루어지면 서해 NLL수역에서의 공동어로수역 논의도 비교적 쉽게 이루어지리라고 본다.

(3) 서해 평화협력지대

2007년 10월 2일부터 4일까지 노무현 대통령과 김정일 북한 국방위원장이 제2차 남북정상회담을 실시하면서 서해 평화협력지대 설정을 논의한 바 있다. 이 정상회담에서 남과 북은 민족경제의 균형적 발전과 공동의 번영을 위해 경제협력사업을 공리공영과 유무상통의 원칙에서 적극 활성화하고 지속적으로 확대 발전시켜 나가기로 하였다.

남과 북은 경제협력을 위한 투자를 장려하고 기반시설 확충과 자원개발을 적극 추진하며 민족내부협력사업의 특수성에 맞게 각종 우대조건과 특혜를 우선적으로 부여하기로 하였다. 남과 북은 해주지역과 주변해역을 포괄하는 서해평화협력특별지대를 설치하고 공동어로구역과 평화수역설정, 경제특구건설과 해주항 활용, 민간선박의 해주직항로 통과, 한강하구 공동이용 등을 적극 추진해 나가기로 하였다.

남과 북은 개성공업지구 1단계 건설을 빠른 시일 안에 완공하고 2단계 개발에 착수하며 문산－봉동간 철도화물수송을 시작하고, 통행·통신·통관 문제를 비롯한 제반 제도적 보장조치를 조속히 완비해 나가기로 하였다.

남과 북은 개성－신의주 철도와 개성－평양 고속도로를 공동으로 이용하기 위해 개보수 문제를 협의, 추진해 가기로 하였다. 남과 북은 안변과 남포에 조선협력단지를 건설하며 농업, 보건의료, 환경보호 등 여러 분야에서의 협력사업을 진행해 나가기로 하였다.

그러나 이명박 정부가 들어서면서 "비핵·개방·3000구상"에 대한 북한의 부정적인 입장에 따라 남북관계는 당분간 경색국면에 빠지게 되었다. 공동어로수역과 서해평화협력지대 설정은 NLL문제와 직결이 되어있다. 1992년 남북기본합의서에는 "해상불가침 구역은 해상 불가침 경계선이 확정될 때까지 쌍방이 지금까지 관할하여 온 구역으로 한다"고 되어있다. 이러한 합의에 따라 남북은 남북기본합의서 이행을 실질적으로 행동으로 옮겨야 한다. 그래야만 군사공동위원회가 개최되고 거기에서 NLL문제도 논의가 될 수 있는 것이다.

그러나 북한이 남북기본합의서에 대한 실천의지를 보이지 않고 있는 상태하에서는 현 상황에 대한 모든 현안을 인정하는 가운데 서해수역을 평화의 바다로 재창조하기 위한 호혜적인 노력이 있어야 할 것이다.

5. 전시작전통제권 전환과 한반도 안보

2007년 2월 24일 한미양국 국방장관은 전시작전통제권을 2012년 4월 17일까지 전환하기로 합의를 하였다. 그 동안 한국이 전시작전통제권을 환수하겠다고 하니까 미국은 한국이 전시작전통제권을 가져가기를 원한다면 2009년까지 조기에 이양하겠다고 하였다. 우리 정부가 너무 빠르다고 주장에 따라 2012년으로 결정이 된 것이다.

미국입장으로는 소련의 위협이 사라진 탈냉전시대에 와서 연합작전이든 단독작전이든 답답할 것이 없다고 보는 것이다. 연합작전체제가 필요한 것은 한국이지 미국이 아니기 때문이다. 미국은 한미연합작전체제에서 빠져나가는 것이 주한미군을 융통성 있게 운용할 수 있는 전략적 유연성 군사전략에도 자유로울 수 있다. 또 한국이 자주국방을 강화하는 차원에서 무기를 구입해야 하는데 더 많은 무기를 서둘러 구입하는 과정에서 미국은 새로운 무기를 팔 수 있는 기회가 되고 반미감정까지 순화시킬 수 있기 때문에 울고 싶은데 빰을 때려 준 격이 된 것이다.

미국으로 봐서는 그들의 국익에 1석 3조의 효과를 안겨주는 "꽃놀이

패"라고 할 수 있기 때문에 그렇게 가져가고 싶으면 빨리 가져가라는 것이었다.

여기에서 우리는 연합작전체제하에서 과연 "한국군의 전시작전통제권이 미군에게 있는가?", "오늘날에도 군사주권이 없는 대한민국인가?" 하는 것을 확인해보면서 그간의 작전통제권 진화과정과 현 연합방위체제 및 단독행사 시의 과제와 조건 등에 대해서 알아 보고자 한다.

1) 작전통제권 진화과정

사관학교에 들어가면 제일 먼저 가르치는 내용 중에 하나가 전쟁원칙이라는 것이 있다. 전쟁원칙 중에서 가장 강조되는 것이 지휘통일의 원칙이다. 사공이 많으면 배가 산으로 올라간다는 말이 있듯이 전쟁에는 단일지휘체제가 되어야만 적과 싸워 이길 수 있다는 것이 전쟁의 기본 원칙이다.

이와 같은 지휘통일의 원칙에 따라 한국전쟁 발발 직후인 1950년 7월14일, 이승만 대통령은 유엔 참전 16개국 군대를 통제하고 있는 유엔군사령인 맥아더 장군에게 한국군의 작전지휘권을 넘겨주었던 것이다.

그 후 1953년 7월 27일 정전협정이 체결되면서 직접적인 전쟁행위는 중지되었지만 완전한 평화체제가 되지 않았기 때문에 1954년 한미상호방위조약과 이어서 개정된 한미합의의사록에서 한국군에 대한 작전통제권 행사가 지속적으로 유엔군사령관에게 주어진다는 것을 보장해 주었다.

이때 중요한 것은 작전지휘권이 작전통제권으로 수정이 된 것이다. 한국전쟁이 발발할 시 이승만 대통령이 맥아더 장군에게 넘겨준 것은 작전지휘권(operational command)이었지만 한미합의의사록에 명시된 것은 작전통제권(operational control)이 된 것이다.

작전통제권은 군 통수권의 일부분에 불과하다. 군 통수권에는 군정권(Military Administration)과 군령권(Military command)으로 나누어 지는데 작전통제권은 군령권의 한 부분이다. 군령권에는 군사전략수립, 군사력건설 소요제기, 작전부대운용 등이 포함되는데 이중에서 작전통제권은 작전부대 운용권한만 포함된다. 따라서 작전통제권은 군 통수권의 손자 격인 2단계 하위개념이 되는 것이다.

그 후 정전체제가 고착화되면서 유엔참전국들이 점진적으로 철수하게 되고 주한미군도 1957년 7월에는 유엔군사령부에서 미 태평양사령부로 작전통제권이 이전됨으로써 한국군만 유엔군사령부 작전통제하에 있다가 1978년 11월 7일 한미연합사령부가 창설되면서 한국군의 작전통제권이 유엔군사령부로부터 한미연합사령부로 이양되었다.

그래서 현재 유엔군사령부 예하부대는 용산에 있는 의장행사병력과 판문점 경비병들 뿐이므로 유엔군사령부가 정전협정을 유지관리하기 위하여 소요되는 병력은 필요시 한미연합사령부로부터 지원을 받도록 되어있다.

그리고 한미연합사령부에 작전통제되는 부대도 한국군 전체가 아니라 전투작전에 직접적으로 임하는 지정된 한국군 부대만 전시에 작전통제 된다. 즉 제2작전사령부와 수방사령부 부대 등은 한미연합사령부의 작전통제하에 들어가 있지 않고 한국 합참의장이 단독으로 이들에 대한 작전지휘권을 행사하고 있다.

1994년 12월 1일에는 한국군에 대한 평시작전통제권이 한국합참으로 이양되면서 한미연합사령부는 전시에만 지정된 한국군과 주한미군 및 미 증원군을 작전통제하면서 한반도에 대한 정규작전에 임하게 된다.

평시작전통제권이 한국으로 이양된 것은 평시작전은 주로 대간첩작전이 되는데 대간첩작전은 한국군 위주로 하는 것이 효율적일 뿐 아니라 주한미군도 평시에는 미 태평양사령부의 작전지휘를 받다가 전시에만 한미연합사령부로 작전통제가 되기 때문에 평시작전통제권은 한국군과 미군이 각각 행사하고 전시에만 한미연합사령부에서 작전통제권을 행사하는 것이다.

평시작전통제권이 환수됨으로써 사실상 군사주권은 회복된 것이다. 전시작전통제권은 말 그대로 전쟁이 일어났을 때 효과적으로 작전을 할 수 있는 시스템상의 문제일 뿐 주권과는 거리가 먼 것이다. 전시에는 국가존망이 달린 문제이기 때문에 적과 싸워 이길 수 있는 지휘체제가 중요하다. 즉 전쟁을 억지하고 전투작전에 가장 효율성이 높은 연합작전체제가 최상의 방책이 되는 것이다.

지금까지 전시 작전통제권이 한미연합사령부로 넘어가게 되는 시기를 의미하는 데프콘 3이 발행된 적이 한번도 없었으며 앞으로도 없을 수 있다. 전쟁이 일어나서도 아니 되겠지만 만약 전쟁이 일어나더라도 전시작전통제권이 한미연합사령부에 있는 것은 평화를 위한 보험과 같은 것이다.

2) 한미연합사령부 구성

그러면 여기에서 우리는 한국군에 대한 전시작전통제권을 가지고 있는 한미연합사령부가 미군부대인가? 하는 것을 알아볼 필요가 있다. 한미연합사령부는 유엔군사령부와는 달리 한미간에 공동으로 구성된 말 그대로 연합사령부이다.

한미 공동으로 구성된 한미연합사령부는 모두 850여 명으로 편성이 되어있는데 그 중에서 한국군이 500명, 미군이 350명으로 미군보다 한국군이 더 많이 보직되어 있고 부대운영비도 한미공동으로 부담을 하면서 모든 작전계획을 한미간에 연합으로 작성하고 있다.

한미연합사에 보직되어있는 7개 장군참모 중에 5개는 한국군(인사, 정보, 군수, 통신, 공병)이 맡고, 2개(작전, 기획)만 미군으로 보직되어 있다. 예하 지휘관도 7개 구성군사령관(지상군, 해군, 공군, 해병대, 연합특전사, 연합심리전사, 연합항공사) 중 지상구성군사령관을 비롯하여 4개 구성군 사령관을 한국군 장성이 맡고 있다. 특히 지상구성군은 한국육군과 주한미군 그리고 증원되는 미 육군 60여 만 명을 작전통제하게 되어있어 사실상 지상구성군사령관인 한국군 대장이 한미연합사령부 병력 대부분을 작전통제하고 있는 것이다.

예를 들어 을지프리덤가디언(UFG : Ulchi Freedom Guardian)이라고 하는 전시훈련 등을 할 시 텍사스에 있는 미3군단이 한국군 대장으로 보직되어 있는 지상구성군사령관에게 작전통제되고 지상구성군사령관은 미3군단을 다시 용인에 있는 한국군 제3작전사령부에 작전통제를 주게 된다. 이때 미3군단장은 한국군 제3작전사령관에게 작전통제된 것을 신고하고 제3작전사령관 밑에서 임무를 수행하게 된다. 동두천에 있는 미2사단도 장호원에 있는 한국군 7군단에 작전통제되면서 7군단장의 통제를 받게 된다.

비록 연합사령관은 미군이 맡고 있지만 그의 권한행사는 한국군 대장으로 보직되어있는 부사령관과 협의 하에 이루어지고 있다. 그리고 한미연합사령관은 한국대통령으로부터 통제를 받아 임무를 수행한다. 다시 말하면 한미연합사령부는 대통령을 보좌하는 군사지휘기구인 한미군사위원회 즉 MCM의 작전지침 및 전략지시를 받아서 한국군과 주한미군을 작전통제한다. 한미군사위원회는 한국 합참의장과 미국 합참의장으로 구성되므로 미국이 일방적으로 한국군에 대한 전시작전통제권을 행사한다고 하는 것은 연합작전체제를 잘못 이해한 데서 기인된 것이다.

예를 들면 한국방어계획인 작전계획 5027를 작성할 때 연합사령부는 한국합참으로부터 지침을 받고 초안을 작성해서 보고하며 또 작전계획이 완성되면 최종안을 한국합참으로부터 승인을 받고 있기 때문에 한미연합사령부는 한국 대통령의 통수권 하에 임무를 수행하고 있다.

유엔군사령부는 한국전쟁 당시 유엔안전보장의사회의 결의에 따라 모든 지시를 유엔 아닌 미국합참으로부터 통제를 받도록 되어있었기 때문에 미군사령부라고 할 수 있지만 한미연합사령부는 한국군과 미군에 의해서 공동으로 구성된 사령부이며 한국대통령의 승인 없이는 어떤 임무도 수행할 수 없도록 되어있다.

예를 들면 1994년 북한 핵 위기 때 미국 클린턴 대통령이 대북군사제재를 결정했다. 주한미군에 추가 전력이 증원되고 한반도 주변해역에 해군력이 증강 배치됐다. 일촉즉발의 상황이었다. 당시 미 대사가 청와대에 와서 김영삼 당시 대통령에게 영변에 있는 핵 시설을 폭파하고 한미연합사령부 부대를 움직여서 전쟁상태에 돌입할 가능성이 있다고 했다. 그래서 주한미군 가족 10만 명을 일본으로 철수시키겠다고 보고했다. 그러나 전시작전통제권의 공동행사자인 김영삼 전 대통령의 반대로 한미연합사령부를 움직일 수 없어 미국의 일방적인 공격에 차질이 생겼고, 결국 지미 카터 전 미국대통령이 평양을 방문하여 위기는 일단락된 바 있다.

독일과 일본에는 우리나라보다 더 많은 미군이 주둔하고 있는데 독일군도 전시에는 NATO의 연합작전체제로 들어가서 미군이 사령관으로 되어 있는 NATO사령부의 작전통제를 받고 있다.

일본은 연합체제가 아닌 각각 단독으로 작전을 하는 병렬체제로 되어 있다고 하면서 우리도 일본같이 한미간에 병렬체제로 가야 한다고 주장하는 사람들이 있다. 그러나 일본자위대는 법적으로 군대가 아닌 말 그대로 자위대이기 때문에 연합작전체제로 가지 못하고 있는 것이다. 만약 일본이 보통국가로 발전하게 되면 전시에 가장 효율성이 높은 미일연합작전체제로 가야 한다는 주장이 나올지도 모른다.

왜냐하면 전시에는 단일한 연합작전체제가 되어야만 전쟁에서 승리할 수 있기 때문이다. 그래서 물리적으로 일본은 주일 미군과 일본자위대가 한 울타리 안에 함께 위치하면서 연합작전과 같은 효과를 내고자 하는 방향으로 가고 있는 것이다.

3) 전시작전통제권 전환 시의 과제와 조건

그러나 아직도 정전체제에서 평화체제로 전환이 되지 못하고 있는 한반도 안보환경에서 전쟁을 억지해주는 값싼 보험과 같은 연합작전체제를 해체하는 것으로 결정이 되었다. 이러한 현실 하에서 전시작전통제권 전환시의 과제와 조건은 무엇인지에 대해서 한번 알아보도록 하겠다.

첫째, 전시 증원군과 핵심 전투력 구축이 보장되어야 한다. 한미연합방위체제는 미국의 대한 안보공약 전반과 안정적 전시증원을 보장하고 있다. 한미연합사령부가 작성한 작전계획 5027에 의하면 한반도에서 전쟁이 발발하게 될 경우 막강한 미군전력이 추가적으로 투입될 수 있도록 시차별 부대전개목록(TPFDD : Time Phased Force Deployment Data)이 준비되어 있다. 이 제원에 따라 한미연합사령부는 매년 3, 4월에 KR/FE(Key Resolve/Foal Eagle) 훈련을 실시하면서 그 실효성을 점검하고 있다.

시차별 부대전개목록에 따른 증원부대 규모는 미 공군 전력의 50%, 미 해군 40%, 미 해병대 70% 이상이 한반도에 전개된다. 즉 전쟁 발발 90일 이내에 미 본토와 일본 기지로부터 전차 1,000대, 화포700문, 아파치 헬기 269대 등을 포함한 지상군 2개 군단, 항공기 2,000대를 포함한 공군 32개 전투비행대대, 160척의 함정을 포함한 5개 항공모함전단,

2개 해병 기동군 등 한반도로 증원되는 미군전력은 69만여 명에 이른다. 국방연구원(KIDA)의 발표에 의하면 이를 비용으로 환산할 경우 250조원의 가치가 있다.

평시에도 전장의 눈과 귀가 되고 있는 정보감시수단 즉 전략정보의 대부분을 미군으로부터 제공 받고 북한 신호정보와 영상정보를 미군 장비와 기술력에 전적으로 의존하고 있다. 주한미군이 운용하고 있는 U-2기는 한번 임무를 수행하는데 10억 원이라는 비용이 들기 때문에 우리는 주어도 사용을 할 수 없으며 한국군이 국방개혁상에 구입하게 되어있는 정찰기와는 비교가 되지 않는다.

또 미국은 군사위성을 24시간 북한상공에 띄워놓고 있는데 우리가 쏘아 올린 통신위성 아리랑과는 그 차원이 다르다. 이와 같이 한미연합 방위체제는 미 본토에서 지원되는 증원군과 정보 및 핵우산 등 압도적 군사력 우세를 통하여 북한이 한국을 공격하지 못하게 하는 전쟁억지 역할을 하고 유사시 한반도를 지켜주는 담보가 되고 있다.

한국 국방부가 전시작전통제권 단독행사를 전제로 해서 작성한 국방개혁에는 총 621조원이 투입되어야 한다. 이를 위해선 국방비가 GDP의 2.8%에서 3.2%까지 증가되어야 한다. 이와 같은 한국군의 전투력 건설이 차질 없이 진행되고 미군의 안정적 전시증원을 보장 받을 수 있는 제도적 장치를 구축해야 한다.

둘째, 한반도 전구(戰區) 내에서 지휘통일의 원칙이 깨어지는 문제를 해결해야 한다. 단기 속전속결로 전개되는 현대전에서 공동의 적에 대하여 한국군과 미군이 각각 단독으로 작전을 하게 될 경우 엄청난 혼란이 올 수 있다.

정부에서는 한미군사협조본부(MCC)를 설치해서 양국군간 작전협조를 한다고 한다. 그러나 빠른 속도로 변화되는 현대전의 전투작전상황에 대비하기 위해서는 작전협조만으로는 불가능하다. 평택에 있는 미군사령부와 서울에 위치한 합참이 전시에 작전협조를 유기적으로 한다는 것은 기대하기 어렵다. 전투작전은 우발상황의 연속이다. 이러한 우발상황에 신속한 대응을 할 수 있는 전략적인 연합작전기획능력까지 구비한 조직이 있어야 한다.

북한의 비대칭무기에 대비하기 위해서 연합작전은 필수 적이다. 따라서 한미연합전략사령부 같은 조직을 만들어 연합작전을 기획할 수 있도록 해야 한다. 이 조직은 한미군사위원회 산하에 상설로 설치하고 전시에 대비한 작전계획을 평시부터 작성 및 시험을 해야 한다. 전시에는 전투작전의 시행 및 감독을 하면서 양국군 간의 긴밀한 협조가 이루어지도록 하고, 그 규모는 북한의 위협이 상존할 때까지 현 한미연합사령부의 기능까지 할 수 있을 정도가 되어야 한다.

셋째, 독자적인 작전기획능력문제를 해결해야 한다. 한국자체의 작전기획 및 군사전략 수립능력이 전제되지 않는 한 전시작전통제권을 한국군 단독으로 행사한다는 것은 무의미하다.

전시작전통제권을 단독으로 행사하게 되면 한국군이 주도적인 역할을 하고 미군이 지원적인 역할을 할 것이다. 이때 합참에서 지상군 작전계획은 만들 수 있겠지만 미 공군과 해군구성군 작전을 통합하기는 어렵다. 미 5, 7공군과 미 7함대의 운영개념을 모르고는 완전한 작전계획을 만들 수 없다. 현대전은 통합전력이 발휘되어야 하는데 미군의 화력지원을 빼놓고 작전계획이 작성되면 그것은 절름발이 계획이고 실행성도 없다.

무엇보다 중요한 것은 작전계획 및 군사전략 발전을 위해서는 정부차원의 국가안보전략의 구체화가 선행되어야 한다. 현 정부의 국가안보전략은 추상적인 원론 차원의 것으로 작전계획 및 군사전략 발전의 지침이 되기에는 한계가 있다.

한미연합사령관도 "전시작전통제권 전환이 이루어지기 전에 한국의 전략적 전쟁목표와 희망하는 전쟁의 최종상태가 무엇인지 명확히 해야 한다"라고 주장한 바 있다. 이는 북한의 남침으로 한반도에 전쟁이 일어났을 때 한국이 전쟁을 어떤 상태에서 끝내겠느냐 하는 것이다. 반격을 해서 북한 지역을 완전히 통일하는 것을 목표로 하는지, 아니면 휴전선 정도만 회복하고 전쟁을 종료하는지를 명확히 해야 한다. 이런 목표에 따라 한.미군의 작전계획이 결정되기 때문이다. 한미연합사령부 작전계획 5027에는 북한의 침공을 받으면 초기의 방어단계를 거쳐 북한 지역으로 반격하도록 되어 있다. 만약 미군의 지원이 없으면 북한지역으로의 반격이 불가능한데 한미연합작전체제가 무너진 상태에서 미군의 지원이 어떻게 될 것인가를 심각하게 고려해야 된다. 또 휴전선에서 전쟁의 최종상태가 종결될 경우 미 증원군의 단계적 투입은 어떻게 될 것인가도 사전에 합의가 있어야 한다.

넷째, 한미연합사령부해체 시 정전체제를 유지・관리하는 유엔군사령부와 한국군의 관계가 정립되어야 한다. 1978년 10월에 체결된 한미연합사령부 설치에 대한 교환각서에는 유엔군사령부와 한미연합사령부의 관계가 잘 정립되어 있다. 즉 "한미군사위원회의 연합사령부에 대한 권한위임사항이 1953년에 서명된 상호방위조약 및 1954년에 서명되고 1955년과 1957년에 각각 개정된 바 있는 합의의사록 중 한국측 정책사항 2항(유엔군사령부의 한국군에 대한 작전통제권 수용)의 규정 범위 내에서 정당하게 이루어진 약정이다"라고 명시함으로써 한미연합사령부와 유엔군사령부와의 관계가 확립되어 있다. 한미연합사령부가 해체될 시 정전체제를 유지 관리하는 유엔군사령부와 한국군의 관계도 명확하게 정리되어야 하는 과제를 안고 있다.

결론적으로 한미연합사령부에서 행사하는 전시작전통제권을 한국군 단독으로 행사하여 자주군대를 만들어야 한다는 것은 주권차원에서 명분적으로 볼 때에는 당연하다. 그러나 대안적 연합방위체제의 창출에 실패할 경우 심각한 안보불안을 초래할 수 밖에 없는 중대한 사안이기 때문에 철저한 사전 준비가 완벽하게 이루어져야 한다.

북한은 아직까지 군사적으로 변화된 모습을 보이지 않고 있다. 오히려 비대칭 전략무기체계가 강화되어있기 때문에 한반도의 안보정세에 불안감이 남아있다. 특히 북한은 김정일 시대에 들어와서 선군(先軍)정치를 실시하면서 거대한 병영국가화 되고 있다. 김일성 시대에는 당이 우선이었지만 김정일 시대에는 당위에 군이 존재하면서 사실상 군사위원회가 모든 국가조직을 통제하고 있다.

따라서 북한의 군사적인 변화를 유도하면서 한반도에 평화체제가 정착될 수 있는 군사·외교적인 노력을 병행하면서 위와 같은 전시작전통제권 전환에 따른 조건과 과제가 성공적으로 달성되도록 해야할 것이다.

요약

제1장 • 전쟁의 일반적 이론

1. 군대 편제

전쟁에 대한 이해를 돕기 위해서 먼저 군대편제를 알아야 하기 때문에 군대편제에 나오는 용어부터 알아볼 필요가 있다.

군대편제는 분대, 소대, 중대, 대대, 연대, 사단, 군단, 야전군 등이 있다. 분대는 군대의 기본 단위이다. 심리학적으로 사람이 사람을 통제할 수 있는 최대의 인원수 즉 Span of control은 9명이라고 한다. 그래서 분대는 기본적으로 9명으로 구성되어 있다.

군대는 기본적으로 3각편제로 되어 있다. 따라서 3개 분대가 모여 1개 소대가 된다. 소대는 소위 계급인 소대장이 지휘를 하는데 소대장은 항상 솔선수범을 하면서 "Follow me!"라는 구호와 함께 전투시에 맨 앞에 서서 전투를 리드하게 된다. 그래서 한국전쟁시나 월남전 때 소대장은 하루 살이 인생이라는 별명까지 붙기도 하였으며, 국립묘지에 가면 소대장의 묘비가 가장 많은 것을 볼 수 있다.

3개 소대가 모여 1개 중대가 되는데 중대는 최초의 행정단위부대가 된다. 병사들이 외출 외박을 나갈 때면 중대장이 발행하는 증명서를 가져야만 나갈 수 있고, 봉급을 주고, 진급을 시키는 등 행정권을 중대에서부터 행사하게 된다.

3개 중대가 모여 1개 대대가 되는데 대대부터 참모를 가지고 지휘를 하는 최초단위부대가 된다. 대대장은 규모가 크기 때문에 혼자서 지휘를 하는 것이 아니라 인사, 정보, 작전, 군수 등 참모들의 조언을 받아 부대지휘를 하는 최초 단위부대가 된다.

그리고 3개 대대가 모여 1개 연대가 되는데 연대는 독립작전을 할 수 있는 최소의 단위부대이다. 3개연대가 모여 1개 사단이 되며, 사단부터 장군이 지휘하는 부대가 된다. 이러한 삼각 편제 개념을 기본으로 하고 있는 것이 군대 조직이라고 할 수 있다.

2. 전쟁의 구비조건과 속성

가) 전쟁의 구비조건

전쟁이란 국가와 국가간 또는 정치집단간 발생하는 조직적이고 전면적인 무력충돌의 사회적 현상을 말한다. 국가와 정치집단간에 발생된 전쟁의 예는 6·25 한국전쟁 등이다. 한반도에서 남한만이 유엔에서 유일한 국가로 인정되고 북한은 국가로 인정을 받지 못하였지만 정식 국가인 남한과 정치집단인 북한간에 있었던 한국전쟁도 전쟁으로 분류되고 있는 것이다.

전쟁의 구비조건은 전쟁의 주체 즉 누가 전쟁을 하는가, 국가인가? 정치집단인가? 아니면 폭도들인가? 깡패집단인가? 여기서 폭도나 깡패는 전쟁주체가 될 수 없으며 이를 전쟁이라고 할 수 없다. 따라서 전쟁 당사자와 전쟁주체가 명확해야만 전쟁의 구비조건을 갖추었다고 할 수 있다.

그리고 전쟁목적이 명확해야 한다. 전쟁목적은 적을 완전히 격멸하는 것이 목적인가, 아니면 영토의 일부를 탈취하고 협상을 하는 것이 목적인가 하는 것이 분명해야 한다.

또 전쟁의 시작과 종결이 명확해야 한다. 전쟁을 시작할 때 선전포고를 하고 종결할 때는 어떻게 할 것인가를 확실히 해야 한다. 주한미군 사령관은 한반도에서 한국군이 단독으로 작전통제권을 행사하려면 전쟁종결 상태를 국가전략에 명시해야 한다고 강조한 바 있다. 그 말은 북한이 남침을 했을 시 적을 조기에 저지하고 휴전선까지만 올라가서 전쟁을 종결할 것인가 아니면 압록강, 두만강까지 올라가서 국토통일을 할 것인가에 따라 미군이 한국군을 지원하는 계획을 작성할 수 있다고 한 바 있다. 따라서 전쟁의 구비조건은 전쟁의 종결상태가 무엇인가를 명확히 해야 한다.

나) 전쟁의 속성

전쟁의 속성은 위험성, 육체적 긴장과 고통, 불확실성, 우연성 등이 있다. 전쟁은 죽고 살고 하는 생명을 좌우하는 것이기 때문에 위험성과 고통이 따르는 것은 물론이고 크라우제빗츠가 전쟁론에서 강조하는 것과 같이 전쟁은 불확실성과 우연성의 연속인 것이다. 아무리 좋은 전쟁계획을 작성했다 하더라도 계획대로 전쟁이 수행되는 것은 아니다. 불확실한 상황이 항상 변하고 있기 때문에 우발적인 계획이 기본계획보다 중요한 경우가 많은 것이 전쟁이다. 그래서 전쟁을 우연성의 연속이라고 하는 것이다.

전쟁 이외의 군사작전으로는 소요진압, 대 테러, 대 마약, 무력시위, 비전투원 후송, 재난구호작전 등이 있다. 한국군이 이라크, 아프카니스탄, 레바논 등에 파견되는 것은 소요진압과 대 테러작전의 성격이 강하다. 비전투원 후송작전은 전쟁이 일어났을 때 전투행위에 방해가 되는 전방지역 민간인을 후방으로 후송하는 작전이다. 그리고 수해나 산불 등이 났을 때 군대가 투입되는 것도 하나의 전쟁 이외의 군사작전이라고 볼 수 있다.

3. 전쟁의 원인과 유형

가) 전쟁의 원인

전쟁의 원인을 시대별로 살펴보면 ① 원시시대에는 토지, 식량, 가축, 노예, 여성 등을 획득하고 ② 고대에는 민족이동, 보복, 자위 등을 위함이었으며 ③ 중세와 근대에는 경제적인 측면에서 식민지, 자원, 시장 등을 획득하기 위함이었다. 군사적 측면에서는 전략요충지 쟁탈, 군비경쟁 등이었으며, 정치적으로는 제국건설과 세력확장을 위해서 전쟁이 일어났다. ④ 현대에 와서는 이데올로기, 종교, 민족간 갈등, 영토분쟁 등에 의해서 전쟁이 일어나고 있는 것이다.

다시 말하면 원시시대에는 힘센 사람이 권력과 부를 가지기 위하여 싸움을 하게 되었다. 고대시대에는 보다 살기 좋은 땅으로 이동하기 위한 민족이동과 보복 및 자체방위를 위하여 전쟁을 하였다.

그러다가 중세와 근대에 들어와서는 경제적으로 식민지와 자원 및 시장 등을 획득하기 위해 전쟁이 일어났다. 특히 18세기 산업혁명이 일어나고는 서구 유럽 열강들이 대량생산을 위하여 원료획득과 상품을 팔 수 있는 시장을 얻기 위하여 아프리카, 아시아, 남미 등지로 나가 식민지 쟁탈전을 하였다. 이때 아시아에서도 동남아의 대부분 국가들과 중국의 홍콩, 마카오, 상하이, 칭다오 등이 서구 유럽 국가들에 의하여 식민지화 되었던 것이다. 군사적으로는 전략요충지 쟁탈과, 군비경쟁 등에 의하여 전쟁이 일어났다. 예를 든다면 제2차 세계대전 시 코카사스 유전지대를 얻기 위해서는 스탈린그라드 전략요충지를 독일이 공격하였다. 또 일본이 대동아공영권을 이루기 위해서 하와이에 있는 미국의 해군함대를 격멸시킬 필요가 있었다. 이를 위해 해군 전략요충지인 진주만을 일본이 1941년 12월 7일에 기습적으로 공격함으로써 태평양 전쟁이 일어났던 것이다.

정치적으로는 히틀러가 게르만 민족의 우수성을 과시하기 위하여 독일제국을 건설하고 독재자로서의 권위를 획득하기 위하여 제2차 세계대전을 일으켰으며, 무쏠리니는 이탈리아의 파시즘 세력을 확장하기 위하여 히틀러와 함께 전쟁을 일으킨 것이 제2차 세계대전이다. 일본도 대동아 공영권이라는 허망된 야망을 위하여 태평양 전쟁을 일으켰는데 이러한 것은 모두 자기나라의 세력을 확장하기 위하여 전쟁을 일으켰다고 볼 수 있다.

현대에 들어와서는 이데올로기의 대립, 종교, 민족간 갈등, 영토분쟁 등에 의한 전쟁이 발생하고 있다. 제2차 세계대전이 끝난 후 한국전쟁과 월남전쟁은 민주주의와 공산주의라는 이데올로기 갈등에 의하여 전쟁이 발발하였고, 인도와 파키스탄은 종교적인 문제로 오랫동안 카시미르 지역에서 분쟁이 일어나고 있다. 그리고 영토분쟁에 의한 전쟁의 예를 들어보면 영국과 알젠틴간에 있었던 포크랜드 전쟁 등이 있다.

나) 전쟁의 유형

전쟁의 유형에는 ① 총력전, ② 제한전, ③ 혁명전, ④ 냉전 등이 있다. 총력전은 국가의 총체적인 역량을 기울여 수행하는 전쟁으로써 전투원과 비전투원 구분 없이 국민 모두가 전쟁에 참여하는 것을 말한다. 고대와 중세에는 무사들만의 전쟁이었지만 제1차 세계대전부터 총력전이 시작되었다.

제한전쟁은 전쟁목표가 한정되고 제한된 지역과 자원으로 전쟁을 수행하는 것이다. 전쟁의 유형도 당사자에 따라 달라질 수도 있다. 예를 들어 한국전쟁인 경우 미국으로 봐서는 제한전쟁지만 한국의 입장에서는 전면전쟁이었다.

혁명전쟁은 합법적인 정부와 비합법적인 정치집단간의 붕괴와 유지의 전쟁이다. 베트남 전쟁의 경우 비합법적인 무력단체인 베트콩과 합법적인 국가인 남베트남간의 싸움이었는데 베트콩은 남베트남 정부를 붕괴시키려고 하였고, 남베트남 정부는 국가를 유지하려고 하는 입장이었다. 그러나 북베트남이 베트콩을 지원하면서 월남혁명전쟁은 결국 북베트남에 의해 공산화 통일이 되었다.

냉전은 공산진영과 자유진영 간에 이념적인 문제로 정치, 경제적인 대립이 있었던 상태를 말한다. 총을 쏘는 열전은 아니었지만 전쟁과 다름없는 대립상태에 있었던 시대를 냉전이라고 하는 것이다. 그러나 공산진영의 종주국이었던 소련이 무너지면서 냉전이 끝나고 그 후로는 탈냉전시대라고 한다.

4. 전쟁의 변천과정

전쟁의 변천과정을 보면 ① 고전적 전쟁, ② 봉건적 전쟁, ③ 근대 제한전, ④ 총력전, ⑤ 냉전 등이 있다. 고전적 전쟁은 그리스시대로부터 로마제국이 멸망한 476년까지의 전쟁을 말한다. 이 고전적 전쟁은 방진대형 즉 사각형 밀집대형을 형성해서 방패와 칼로서 싸움을 한 것으로 양측 모두 지구전으로 승패를 가리던 전쟁이었다. 주요한 고전적 전쟁의 예로서는 그리스와 로마간의 전쟁, 알렉산드로스 전쟁 등이 있다.

봉건적 전쟁은 로마제국 이후인 5세기부터 중세가 끝나고 비잔틴제국이 멸망한 1453년까지의 전쟁을 말한다. 비잔틴제국은 동로마제국이라고도 하는데 로마가 게르만 민족에 의하여 망하게 되니 콘스탄티누스 대제는 동쪽으로 이동하여 현재의 터키지역인 이스탄불에 수도를 정하고 비잔틴 제국을 건설하여 1,000년간 지속하였다. 콘스탄티누스 대제는 그리스도교를 인정하고 비잔틴제국의 국교로 하였다. 이 봉건적 전쟁은 몽골과 터어키 간의 전쟁에서 경기병이 등장함으로써 기동의 중요성이 처음으로 인식된 전쟁이 되었다. 징기스칸은 말을 이용한 기동력을 발휘하여 세계를 제패하였다. 봉건적 전쟁의 예로는 십자군 전쟁, 100년 전쟁, 징기스칸 전쟁 등이 있다. 100년 전쟁은 프랑스와 영국간에 1337년부터 1453년까지 116년간에 걸쳐 싸운 전쟁이다.

근대 제한전쟁은 봉건시대가 끝나는 15세기부터 나폴레옹 시대까지의 전쟁을 말하며 이때에는 소총과 야포가 등장함으로써 보병에 의한 돌격전술의 중요성이 부각되었다. 또한 용병으로 구성된 상비군으로 전환이 되고 제한전 양상을 띠게 되었다. 주요 근대 제한전쟁은 30년 전쟁과 나폴레옹 전쟁 등이 있다. 30년 전쟁은 1618부터 1648년까지 독일을 무대로 신교(프로테스탄트)와 구교(가톨릭) 간에 벌어진 종교전쟁이었는데 30년간의 전쟁 후 신교와 구교는 강화조약을 체결하였다. 이로써 독일 제후국 내의 가톨릭루터파칼뱅파는 각각 동등한 지위를 확보하였다.

총력전은 국가의 전 역량을 총동원하여 수행하는 전쟁으로 19세기 나폴레옹 전쟁 이후 제2차 세계대전까지의 전쟁이 포함된다. 전쟁양상은 무제한적인 전면전 형태로서 원자폭탄이 등장하면서 전 인류가 멸망할 위기에 처하게 되니까 냉전으로 발전이 되었다. 총력전쟁의 예로는 제1, 2차 세계대전 등이 있다.

냉전은 이데올로기와 핵무기의 결부로 양극체제간에 생긴 전쟁이다. 다시 말하면 자유민주주의와 공산주의의 이데올로기 대립에 의한 것으로 핵무기가 출현함으로써 모두가 파멸한다는 두려움 때문에 열전으로 가지 못하고 무력투쟁 상태가 아닌 정치, 경제, 사회, 심리 및 군사적 환경에 의해 발생되는 국제적 긴장상태가 지속되던 것을 말한다. 그래서 국제적으로 볼 때 제1, 2차 세계대전같이 전면전으로 발전하지 못하고 억지전략에 바탕을 둔 제한전쟁의 성격을 띠게 되었다. 냉전시대의 주요전쟁으로는 한국전쟁, 중동전쟁, 월남전쟁 등이 있다. 그러나 국제적으로는 제한전쟁의 성격이지만 관련당사국 입장에서는 총력전의 성격을 띤 전쟁이었다.

냉전 이후 탈냉전시대에 들어와서는 대 테러전, 대량살상무기 확산금지, 마약, 위조지폐방지를 위한 형태로 발전되고 있다. 이라크와 아프카니탄 전쟁은 대 테러전 및 대량살상무기 확산 방지를 위한 목적으로 발생하였다.

1. 제1차 세계대전의 원인

가) 간접적 원인

제1차 세계대전은 보불전쟁에서부터 잉태하였다고 볼 수 있다. 보불전쟁은 1870년부터 1871년까지 프랑스와 독일의 전신인 프러시아간의 전쟁이었다. 이 보불전쟁에서 승리한 프러시아는 독일연방 종주국으로 군림하였다. 이어서 프러시아의 지도자 비스마르크는 독일제국을 선포하였고, 빌헬름2세는 군복을 입고 집무를 하면서 독일을 강력한 군국주의화 하면서 독일을 유럽에서 최강자로 등장시켰다. 군국주의는 곧 민족주의와 결합하면서 부국강병정책으로 발전하게 되었다.

독일의 군국주의화에 위협을 받은 주위국가들 즉 영국, 프랑스, 러시아, 오스트리아, 이탈리아, 헝가리, 터키 등도 강력한 군사력을 건설하기 시작하면서 군비경쟁에 들어가게 되었다.

이 당시 아프리카는 영국과 프랑스에 의해서 식민지가 되고 있었는데 독일이 부상하면서 아프리카에 대한 식민지 쟁탈전이 치열하게 일어나게 되었다. 또한 독일은 3B정책을 추진하면서 세계를 제패하려고 하였다. 3B정책은 독일 베르린에서 터키의 비잔티움, 이라크의 바드다드까지 철도를 건설하여 발간반도와 중동지역으로 독일이 진출하려고 한 것이다. 이에 대하여 당시 부동항을 얻기 위하여 흑해를 거쳐 지중해지역으로 진출하려던 러시아는 독일의 3B정책과 발칸반도 지역에서 마찰을 일으키게 되었다.

이러한 상황하에서 발칸반도는 여러 소수국가들이 민족적 대립을 보이고 있었다. 즉 범 게르만 민족과 범 슬라브 민족간에 대립을 보이면서 서로 주도권을 장악하기 위하여 투쟁을 벌리고 있었던 것이다.

특히 게르만 민족의 종주국인 독일은 오스트리아를 도우면서 발칸반도를 장악하려고 하였고, 슬라브민족의 종주국인 러시아는 지중해 지역으로 세력을 확장하기 위한 정책을 펼치고 있었기 때문에 게르만 민족과 슬라브민족간의 충돌은 불가피한 것이었다. 불꽃만 튀기면 전쟁이 일어날 수 있는 화약고와 같은 것이 발칸반도이었다.

민족간의 갈등에 따라 유럽열강들은 동맹과 협상을 맺으면서 발칸반도에 대한 지원태세를 갖추고 있었던 것이다. 독일, 오스트리아가 동맹을 맺었고, 영국, 프랑스, 러시아가 협상을 하면서 발칸반도 군소국가들을 지원할 태세를 갖추고 있었다.

나) 직접적 원인

이와 같은 상황하에서 1914년 6월 28일 보스니아의 수도 사라예보에서 세르비아의 한 청년이 오스트리아의 페르디난트 황태자 부처를 암살하는 사건이 일어나면서 유럽의 화약고인 발칸반도에서 드디어 불이 붙기 시작한 것이다.

오스트리아 황태자 부처가 세르비아 청년에게 암살된 것을 게기로 1914년 7월 23일 오스트리아는 세르비아에게 48시간을 기한으로 한 최후통첩을 보냈다. 즉 오스트리아는 세르비아 청년의 범죄행위를 규명하기 위하여 오스트리아의 대표를 세르비아 재판정에 참석시킬 것을 요구하면서 48시간 내에 답을 하라는 최후통첩을 보냈던 것이다.

이에 대하여 세르비아는 자기들 법정에 오스트리아 판사가 참석하는 것은 주권침해라고 하면서 거부하였다. 이렇게 되니 오스트리아는 같은 동맹국인 독일의 지원을 약속 받고 1914년 7월 25일에 세르비아에 선전포고를 하였다.

7월 28일에는 세르비아를 지원하고 있던 러시아가 오스트리아에 선전포고를 하였으며, 8월 1일에는 독일이 러시아에게 선전포고를 하였다. 이어서 8월 2일에는 러시아와 동맹을 맺고 있던 프랑스에도 선전포고를 하였던 것이다.

프랑스에 선전포고를 한 독일이 프랑스를 공격하기 위하여 벨기에에 침입하게 되니 1914년 8월 4일에는 영국이 독일에 선전포고를 하면서 제1차 세계대전이 시작되었다. 이때 미국은 아직 전쟁에 개입하지 않고 중립상태에 있었다.

2. 슐리펜 계획과 몰트케의 수정

가) 슐리펜 계획

보불전쟁 후 독일이 강대해지면서 오래 전부터 독일은 프랑스를 점령할 것을 계획하고 있었다. 즉 독일 참모총장 슐리펜은 프랑스를 공격하기 위한 슐리펜 계획을 수립해 놓고 있었던 것이다.

슐리펜 계획은 프랑스와 독일 국경선의 중앙지점인 "메츠"를 축으로 해서 자동 회전문처럼 돌아서 우회를 하여 프랑스의 배후를 공격, 수도인 파리를 점령한다는 것이었다. 이때 우회기동을 위해 우익을 7, 좌익을 1로 해서 7:1의 비율로 프랑스 북부를 통한 대 우회기동을 한다는 것이었다. 그러나 참모총장 슐리펜은 "우익을 강화하라"라는 유언을 남긴 채 죽고 말았다.

나) 몰트케의 수정

슐리펜의 뒤를 이은 몰트케 참모총장은 제1차 세계대전이 발발하자 슐리펜 계획을 수정해서 우익에 7이 아닌 3의 전력을 배분하여 프랑스를 공격하였다. 몰트케 장군은 전임총장이 작성한 슐리펜계획을 수정해서 우익을 강화하지 않은 채로 프랑스를 공격함으로써 결국 파리를 점령하지 못하고 마르느강 선에서 독일의 공격이 돈좌되었다.

3. 마르느강 전투

마르느강 선에서 전선을 재정비한 연합군 즉 프랑스와 영국군이 결사적으로 방어를 하면서 역습을 하게 되니 서부전선은 독일의 계획대로 프랑스를 쉽게 점령하지 못하고 장기전에 돌입하게 되었다.

특히 이때 기관총이 등장함으로써 1,000km 길이나 되는 참호를 파고 병사들이 들어가 싸워야 하는 참호전이 전개되면서 전선은 장기적인 교착상태에 빠졌다. 또한 초보적인 것이기는 하지만 전차와 비행기까지 등장하는 총력전 개념으로 전쟁양상이 전개됨으로써 장기전으로 돌입하게 되었다.

독일은 서부전선에서 신속히 프랑스를 점령한 후 동부전선인 러시아를 공격할 계획이었다. 왜냐하면 러시아는 동원속도가 늦기 때문에 적어도 6주는 걸릴 것으로 예상했다. 그러나 예상과는 달리 러시아는 2주만에 동원해서 동부전선에서 독일을 공격하게 되니 독일은 교착상태에 빠진 서부전선을 그대로 두고 동부전선으로 눈을 돌려 러시아를 공격하였다.

4. 탄넨베르크 전투

독일군이 러시아를 공격할 시 가장 치열한 전투가 있었는데 그것은 바로 탄넨베르크 전투이었다. 이 탄넨베르크 전투에서 러시아군은 제1군사령관 레넨캄프 장군지휘 하에 독일군을 동북방에서 견제 고착하고, 제2군은 삼소노프 장군 지휘 하에 독일군의 남방으로 우회 공격해서 5 : 1이라는 우세한 전투력으로 독일군을 포위 격멸시킨다는 계획을 세워놓고 있었다.

이러한 러시아군의 계획에 대하여 탄넨베르크를 방어하고 있던 독일 제8군사령관 프리트빗츠(Prittwitz) 장군은 러시아군의 공격에 위협을 느끼고 비스툴라(Vistula)강 서쪽으로 후퇴하겠다고 몰트케 참모총장에게 보고하였다. 독일군 총참모부에서는 무능한 제8군사령관인 프리트빗츠(Prittwitz)를 해임하고 대신 67세의 퇴역 장군인 힌덴부르크(Hindenburg)를 제8군사령관에 임명하였다. 힌덴부르크 장군은 자기와 평소 작전을 많이 해서 호흡이 잘 맞는 루덴돌프(Ludendorff) 장군을 참모장으로 임명해서 탄넨베르크 전투에 임하였다.

힌덴부르크 사령관과 루덴돌프 참모장이 부임하기 전에 작전참모 호프만 중령은 러시아군을 격파하기 위하여 다음과 같은 작전계획을 수립해 놓고 있었다. ① 러시아 레넨캄프 제1군과 대치하고 있던 독일 제1예비군단과 제17군단을 차출하여 남방 삼소노프 제2군을 북에서 공격하도록 한다. ② 러시아 제1군 즉 레넨캄프군 정면에는 제1기병사단만이 단독으로 배치해서 러시아군을 견제한다. ③ 러시아 제1군 정면에 있는 독일 제1군단과 제3군단을 레넨캄프군의 전면에서 차출하여 철도 수송으로 탄넨베르크에 있는 러시아군과 대치하고 있는 제20군단의 좌익을 보강하면서 북에서 러시아군을 공격한다. ④ 독일 제8군의 대부분이 러시아 제2군을 공격함으로써 탄넨베르크에서 러시아군을 포위·섬멸하도록 하는 계획을 세워놓고 힌덴부르크 사령관을 기다리고 있었다.

이 작전계획은 독일군이 러시아 레넨캄프의 전면에는 1개 기병사단만 남겨놓고 모든 전투력을 삼소노프군을 향하여 집중시킨다는 것이다. 호프만 중령이 새로운 사령관과 참모장에게 보고를 하니 힌덴부르크 사령관은 바로 내 생각과 같은 계획이라고 하면서 즉각 승인함으로써 사령관이 부임하기 전에 이 계획은 독일군에게 하달되어 시행되었다.

힌덴부르크 사령관과 루덴돌프 참모장이 부임하니 이미 승인했던 호프만(Hoffman) 중령의 작전계획은 순조롭게 진행되고 있었다. 이와 같이 독일군은 참모제도가 잘되어있어 세계에서 유능한 참모들이 가장 많았던 것으로 알려져 있다.

한편 러시아 제1군사령관 레넨캄프 장군은 독일군이 굼빈넨에서 철수한 것을 알고 승리에 도취되어 3일 동안 허송세월을 보내고 있었다. 이때 러시아 제2군은 급하게 동원된 병력이라 아직 훈련도 제대로 되지 않은 상태로 무더운 삼복더위에 오솔길 조차 제대로 없는 지역을 행군하면서 탄넨베르크 전선에 투입이 되었다. 오랜 행군에 지치고 피로가 쌓인 상태가 되었지만 퇴각하는 적의 후방으로 전진을 한다고 낙관적인 생각을 하면서 정찰도 소홀히 하고 있었다.

또한 러시아군은 암호통신을 하지 않고 평문으로 교신을 함으로써 독일군은 러시아군의 동향을 철저히 파악하고 있었다. 그리고 러시아 제1군과 제2군은 협동작전을 하려는 의지도 없이 상호지원거리 밖에서 각각 작전을 하고 있었다. 특히 레넨캄프와 삼소노프 장군은 사이가 좋지 않아 서로 도움도 주지 않고 상대방이 실패하기를 은근히 바라고 있는 상태이었다.

따라서 탄넨베르크 전투에서 러시아군은 포로 9만 명을 포함하여 병력 12만 5천 명과 포 500여 문을 손실하면서 대패하였다. 결국 러시아군은 독일군에게 전멸이 되고 제2군사령관 삼소노프 장군은 자살하고 말았다.

삼소노프군을 격파한 독일 제8군은 레넨캄프 군으로 눈을 돌려 제1군까지 완전히 격파시켰다. 이 탄넨베르크 전투로 러시아군은 완전히 주도권을 상실하고 전선에서 이탈하게 되었으며, 1917년 10월 레닌에 의하여 러시아 공산혁명이 일어나기도 하였다.

탄넨베르크 전투의 교훈은 ① 서부전선의 프랑스군과 보조를 맞추기 위하여 전투준비가 잘 되지도 않은 상태하에서 러시아군이 서둘러 독일군을 공격하려고 한 것이 무리이었다. ② 제2군이 진격하는데 기동로가 험한 지역을 보급도 제대로 되지 않은 상태하에서 공격하였다. ③ 작전계획을 평문으로 사용하였기 때문에 통신보안의 중요성을 망각하였다. ④ 독일군의 우수한 지휘관과 참모의 능력 등이 승리를 이끌었던 것이다.

5. 미국의 참전

탄넨베르크 전투에서 승리는 하였지만 독일군은 추위와 긴 병참선에 고전을 하면서 동부전선에서도 전투가 교착상태에 빠지게 되었다. 이러한 장기전 상황을 돌파하기 위해서는 군수품 조달이 필수적이었다. 특히 기사시대에 있었던 전사들만의 전쟁에서 국가 총력전으로 발전하게 되니 군수품 조달과 이동이 중요한 과제가 아닐 수 없었다.

이때 영국함대가 해양을 장악하고 있으니 독일은 군수품을 조달하기가 쉽지 않았다. 독일은 영국함대를 파괴하기 위하여 U-보트 즉 잠수함을 개발하여 해상에 있는 모든 함정을 무차별 공격하였다. 독일은 영국의 해양함대를 섬멸하기 위하여 무제한 잠수함 전을 개시함으로 모든 나라의 상선이 위협을 받게 되었고 이에 대하여 화가 난 것은 미국이었다.

이때까지 미국은 전쟁에 개입하리라고는 생각도 하지 않으면서 평온한 상태에서 중립을 지키고 있었다. 그러나 미국의 상선이 위협을 받게 되자 미국 윌슨 대통령은 미국안보에 심대한 위협을 느끼고 1917년 4월에 독일에 선전포고를 하면서 연합국에 가담하였다. 세계 최강의 국력을 가진 미국이 전쟁에 가담하면서 독일은 치명적인 결과를 초래하였고 전세는 연합군 측으로 넘어가게 되었다.

연합군은 미국 퍼싱 장군, 영국 헤이그 장군, 프랑스 포쉬 장군 등이 연합작전을 펴면서 동맹군을 격파하였다. 미국이 참전하면서 1917년 8월 8일에는 독일 서부전선이 무너지고 4년간의 교착상태가 연합국 측으로 넘어가게 되었다.

6. 휴전

미국이 제1차 세계대전에 참전함으로써 동맹군이 패배할 단계에 이르게 되자, 독일 참모총장 루덴돌프 장군은 1918년 10월 2일에 연합군과 휴전할 것을 독일정부에 건의하였다. 이어서 11월 4일에는 독일 해군에서 폭동이 발생하여 전국적으로 확산됨으로써 독일 빌헬름 황제는 네덜란드로 망명을 하게 되었다.

결국 1918년 11월 11일 독일은 열차 안에서 연합군에 무조건 휴전을 수락하였다. 휴전내용은 독일군은 2주일 이내에 점령지역에서 철수할 것과 모든 연합군의 전쟁포로를 즉각 송환하고, 전투기, 군함, 야포 등

중화기를 일체 보유하지 못하도록 하는 것이었다.

통상적으로 군사적인 휴전이 있게 되면 다음으로 정치적인 협정 즉 평화협정이 체결된다. 한국전쟁도 휴전이 체결되고 정치적인 협정 즉 평화협정이 체결되어야 하지만 아직까지 평화협정이 체결되지 못하고 불안전한 휴전상태에 있는 것이다.

7. 베르사이유 강화조약

제1차 세계대전이 끝나고 평화협정을 체결할 시 연합국 수뇌는 미국의 윌슨, 영국의 로이드 조지, 프랑스의 클레망소, 이탈리아의 올란도 등이었다.

당시 유럽과 미국에서 영웅과 같은 존재였던 윌슨대통령은 14개조 평화안을 제시했다. 그 주요내용은 ① 비밀외교 철폐, ② 군비제한, ③ 민족 자결권, ④ 국제연맹 창설 등이었다.

그러나 이들 제안들 중에 단지 국제연맹 창설만 받아들여졌다. 왜냐하면 프랑스와 영국은 독일이 다시는 일어나지 못하도록 강력한 통제를 하여야 한다는 주장이 강했기 때문이었다.

독일은 윌슨대통령의 평화안만 믿었다가 크게 실망하는 상태이었다. 윌슨의 제안에 불만을 가졌던 미국 의회는 국제연맹에도 가입하지 못하게 하면서 윌슨 평화안은 수포로 돌아가고 말았다. 윌슨대통령의 평화안이 거부된 체로 1919년 6월 28일 프랑스 파리근교에 있는 베르사이유 궁전에서 평화협정 즉 강화조약이 체결되었다.

결국 베르사이유조약은 독일에게 강력한 제제를 하는 쪽으로 체결되었는데 그 내용은 독일제국을 해체함으로써 독일의 면적이 13%, 인구가 10% 감소를 하였고 독일이 가지고 있는 모든 식민지를 연합국에 넘겨주는 것이었다. 항공기, 전차, 야포, 잠수함 등을 보유하지 않으며, 병력은 10만 명만 유지하는 것이었다. 그리고 독일에게 300억$이라는 과도한 배상금을 물리게 하였다. 이러한 베르사이유 조약은 독일이 더 이상 견딜 수 없는 상황에까지 처하게 됨으로써 독일을 재건 하겠다고 나선 제2차 세계대전의 주모자 히틀러를 등장하게 하였다.

그리고 국제연맹이 창설되었지만 미국이 국제연맹에 가입하지 않아 제2차 세계대전을 막을 수 있는 견제세력이 없었다. 결국 베르사이유조약은 제2차 세계대전을 발발시키는 씨앗이 되었던 것이다.

제1차 세계대전을 평가해 보면 ① 기관총의 등장으로 참호전이 실시되었고, ② 병사들만의 전쟁에서 총력전으로 발전하였다. ③ 탄넨베르크 전투 후 러시아에서 공산혁명이 발생하였으며, ④ 패전국 독일에 대한 과도한 징벌로 제2차 세계대전이 잉태되었던 것이다.

다시 말하면 종전에 말 타고 칼과 창으로 싸우던 기사전에서 기관총이 등장함으로써 참호전이 실시되었다. 제1차 세계대전 말기에는 야포, 전차, 항공기까지 등장하였다. 그리고 병사들만의 전쟁에서 국민전체가 동원되는 총력전 개념으로 전쟁이 발전하게 되었다. 또한 탄넨베르크 섬멸전에서 러시아군이 독일군에 크게 패함으로써 러시아가 기력을 상실하고 1917년 레닌에 의한 공산혁명 즉 10월 혁명이 일어나게 되었다. 또한 베르사이유 조약에서 연합국이 독일에게 과도한 징벌을 과함으로써 제2차 세계대전을 잉태시키는 결과를 가져오게 되었다.

1. 제2차 세계대전의 배경

앞에서 언급한 바와 같이 제2차 세계대전은 제1차 세계대전이 끝난 후 1919년에 체결된 베르사이유조약에서부터 잉태하였다. 독일은 베르사유조약에 따라 전승국에 의하여 과중한 전쟁배상금이 부과되었고, 독일이 가지고 있던 모든 식민지가 몰수됨으로써 독일국민들은 불만과 함께 강력한 지도자가 나오기를 갈망하던 차에 히틀러가 나타났다. 히틀러는 독일을 군국주의화하면서 이탈리아, 일본과 함께 동맹을 맺어 추축국(Axis of Confederation)이라는 이름으로 세계를 제패하려고 하였다.

제1차 세계대전이 끝나고 세계평화를 위하여 국제연합의 전신인 국제연맹이 창설되었지만 국제연맹에 미국이 참가하지 않았다. 그렇기 때문에 히틀러와 무쏠리니 등 독재자가 나타나 군비를 강화하면서 군국주의화 하는데도 국제연맹은 속수무책으로 바라만 볼 뿐이었다. 다시 말하면 추축국들이 이웃나라들을 불법으로 점령하는데도 국제연맹은 직접적으로 관여할 능력이 없었던 것이다.

1935년에는 이탈리아가 에치오피아를 침입하였고, 1938년에는 독일이 오스트리아를 합병하였다. 일본은 1931년 만주를 점령하고, 1937년에는 중일전쟁까지 일으켰다. 드디어 이들 추축국에 의하여 제2차 세계대전이 발발하자 이에 대응하기 위하여 영국, 프랑스, 러시아 등은 연합국으로써 전쟁에 임하게 되었다. 제2차 세계대전을 이해하기 위해서는 히틀러와 무쏠리니에 대해서 알아볼 필요가 있다.

히틀러(Adolf Hitler 1889. 4. 20~1945. 4. 30)는 13세에 아버지를 여의고 18세에 어머니까지 잃었으며 어릴 때 길거리에서 그림을 그려 팔면서 생활하다가 제1차 세계대전이 발발하자 지원병으로 입대하여 독일의 최고훈장인 철십자 훈장을 받기도 하였다.

제1차 세계대전이 끝나고 1920년 4월 군에서 제대를 한 히틀러는 정치에 뛰어들어 능숙한 웅변솜씨로 정치활동을 성공적으로 시작하였다. 그리고 "나의 투쟁"이라는 책을 출판하여 게르만 민족의 영향력을 세계로 확장하겠다는 계획을 제시함으로써 정치적인 성장가도에 들어섰다.

1922년에는 나치당을 조직해서 독일을 전체주의 국가로 이끌게 되는데 이때 독일인들은 나치당원들의 특별한 경례자세와 절도 있는 행동에 큰 매력을 느끼게 되어 나치 당가(党歌)에 발맞추어 행진을 하면서 히틀러를 중심으로 뭉쳤다. 그는 1933년 대통령선거에 출마하여 제1차 세계대전의 영웅이었던 힌덴브르크 장군에게 차점으로 패배를 하였지만 독일의 정치, 경제적인 상황이 어렵게 되자 힌덴브르크 대통령은 히틀러에게 연립내각을 제의하면서 그를 수상으로 임명하였다.

힌덴브르크 대통령이 갑자기 사망하자 히틀러가 대통령지위를 이어받아 1934년에 총통이 되었다. 그는 독일 국민들의 불평이 많았던 베르사이유조약을 파괴하고 게르만 민족의 생존권을 확장하겠다는 비젼을 제시함으로써 독일 국민들의 열광적인 지지를 받았다.

히틀러는 ① 군수산업을 육성하여 세계 대공황으로 인하여 발생한 600만 명의 실업자에게 직장을 주었고 ② 국민징병제를 도입하여 군대를 5배로 확장하였으며 ③ 공산주의를 근절시킴으로써 중산층과 군부, 그리고 관료와 상인들의 강력한 지지를 받으면서 제2차 세계대전을 일으켰다.

그는 "유태인은 썩어가는 시체 속의 구더기와 같으며 사람의 피를 빨아먹는 거머리와 같은 존재"라고 하면서 유태인의 나쁜 점에 감염되지 않기 위해서 그들을 전멸시켜야 한다고 주장하였다. 이에 따라 유태인을 독가스 실에 넣어 집단으로 살해를 하였는데 이때 살해된 유대인은 9백만에 달하며 이는 전유대인의 2/3에 해당되는 숫자였다.

이탈리아도 제1차 세계대전시 연합국에는 가담하였지만 베르사이유조약에서 소외되어 불만을 가지고 있었다. 그러던 차에 1929년 세계 대공황이 일어나면서 이탈리아 국민들도 강력한 지도자가 나오기를 갈망하였다. 이때 무쏠리니(Benito Amilcare Andrea Mussolini 1893. 7. 29~1945. 4. 28)가 등장하여 중산층과 군부, 관료들의 강력한 지원을 받으면서 파시스트당을 조직하여 이탈리아를 통치하였다.

무쏠리니는 대장장이의 아들로 태어나 사범학교를 졸업한 후 초등학교 교사를 하다가 정치에 입문하였다. 그는 글쓰기보다 마이크를 잡고 대중 앞에 나서서 연설하기를 좋아하였고 군중들을 광란의 도가니로 몰아넣어 소리치며 노래하고 환호케 하는 탁월한 능력을 가진 선동정치가였다.

정치적인 자질을 가진 무쏠리니는 당시 공산주의자들이 주동한 총파업을 진압한다는 명분으로 파시스트 청년당원들을 이끌고 로마로 진군하면서 노동자들의 총파업을 진압하였다. 그 결과 무기력한 국왕은 권력을 무쏠리니에게 이양하게 되고 파시스트당이 이탈리아의 권력을 장악하였다.

파시스트당원들은 검은 셔츠를 입었기 때문에 "검은 샤츠당"이라고도 하였는데 구호는 "모든 것은 이탈리아와 무쏠리니를 위하여! 이탈리아와 무쏠리니를 떠나서는 아무것도 할 수 없다!"라고 하며 국민들을 선동하였다. 무쏠리니는 파시스트당을 앞세우고 이탈리아를 전체주의 국가로 몰고 가면서 독일, 일본 등과 함께 동맹을 맺고 제2차 세계대전을 일으켰다.

따라서 제2차 세계대전의 당사국은 독일, 이탈리아, 일본이 동맹을 맺어 전쟁을 일으켰고, 영국, 프랑스, 소련 등이 이에 대항하여 연합국을 형성하였으며, 1941년에는 미국도 연합국에 가담하였다.

2. 독일의 폴란드 침공

히틀러는 1939년 9월 1일 폴란드를 기습적으로 공격하면서 제2차 세계대전을 일으키게 되는데 독일군은 전격전으로 2주일 만에 폴란드를 점령하였다. 전격전은 전쟁 발발 이전에 먼저 무장간첩을 적국 후방에 침투시켜 전기, 철도, 수도 등 국가 기간산업을 마비시키고 전략공군으로 요충지에 무차별 폭격을 실시함으로써 적국을 초토화 시킨다. 이어서 기갑부대를 앞세운 고속 기계화 부대가 전격적으로 국경선을 넘어 공격함으로써 상대방 국가를 완전히 석권하는 전술을 말한다.

한반도에서도 전면전이 일어난다면 북한은 전쟁개시 2~3일 전에 무장공비를 침투시켜 한국 내의 전기, 수도, 발전소등을 파괴시켜 혼란을 야기시킨 후 전략공군이 대도시와 국가 핵심시설에 무차별 폭격을 한다. 곧 이어 휴전선에서 기계화 부대에 의한 고속돌진부대가 신속히 서울을 점령하고 한반도를 단기간에 함락시키는 전격전개념의 전쟁을 일으키게 될 것이다.

3. 독일의 프랑스 공격

폴란드를 전격전으로 점령한 독일은 프랑스를 공격하기 위하여 서부전선으로 눈을 돌리는데 이 때 프랑스는 마지노선이라는 철벽방어선을 독일 국경선에 구축해 놓고 안일한 방어전략에 임하고 있었다. 이러한 마지노선을 독일군이 뚫지 못할 것이라고 믿고 수세적인 방어전략에 빠져 있었던 것이다.

그러나 독일은 제1차 세계대전시에 작성되었던 슐리펜 계획과 유사하게 마지노선을 우회하여 북부 알덴느 삼림지대를 돌파하였다. 프랑스 북부 중립지역인 벨기에, 네덜란드, 룩셈부르크 방향으로 공격하게 되니 마지노선도 아무런 소용이 없는 방어선이 되고 말았다. 마지노선 북쪽에 위치한 알덴느 살림지대는 전차부대가 통과할 수 있을 것이라고 아무도 믿지 않았지만 독일의 구데리안 장군은 기갑부대를 이끌고 그곳 살림지대를 뚫고 네덜란드와 벨기에를 통과하여 프랑스로 신속하게 공격하였다. 이때 독일군이 전차를 몰고 너무나 빨리 프랑스로 공격해 들어가니 히틀러 자신도 놀랐다고 한다.

독일 기갑부대가 빠르게 공격하니 프랑스군은 철수하기에 바빴으며 독일군은 영불해협에 도착하여 프랑스 북부지역을 석권하고 베네룩스 3국은 항복을 하였다. 이렇게 되니 영국 처칠수상은 프랑스전선에 투입된 영국군을 영불해협에 위치한 덩케르크(Dunkerque) 항구를 통해 철수시켰다.

덩케르크에서 영국은 모든 상선, 어선, 요트를 동원하여 33만 8천명의 병사를 철수시켰는데 독일공군의 폭격과 포병의 소나기 포화 속에 무기와 장비를 유기한 채 알몸만 빠져나가는 비극적인 철수 작전이었다. 그러나 이러한 철수 작전에 의하여 구출된 영국군은 나중에 반격하는데 큰 전투력이 되었다.

영국군이 덩케르크 항구를 통해 철수를 한 후 1940년 6월 4일에는 파리가 함락되었고, 6월 22일에는 제1차 세계대전시 독일이 프랑스에게 항복한 바로 그 열차 안에서 프랑스가 항복을 하였다. 그러나 프랑스의 드골은 지하에서 게릴라전을 실시하면서 독일군에게 항전을 하였기 때문에 제2차 세계대전이 끝난 후 드골은 프랑스의 영웅이 되었다.

프랑스가 패배한 것은 장병들이 잘 못 싸운 것이 아니라 프랑스 군부의 전략적인 실패에 기인한 것이었다. 프랑스는 마지노선만 믿고 구태의연하게 방어만 하고 있다가 기습을 당한 것이다. 공격은 최선의 방어란 말이 있듯이 방어만 하고 있으면 적에게 당하기 쉽다. 프랑스군은 마지노선만 의지하여 독일이 주공을 북쪽으로 지향할 것이라는 판단을 못함으로써 결국 패하고 만 것이다.

4. 독일의 영국 공격

프랑스를 점령한 히틀러는 영국을 공격하기 시작하였는데 영국과 프랑스 사이에는 영불해협이라는 큰 장애물이 있다. 이 영불해협 때문에 독일은 공군력으로 영국을 공격할 수밖에 없었다. 공군사령관 괴링은 영국을 충분히 격멸시킬 수 있다고 히틀러에게 보고하면서 밤낮을 가리지 않고 무차별 폭격을 하였다. 이러한 상황을 배경으로 하여 만든 "애수" 즉 "The Waterloo Bridge"라는 영화는 큰 흥행을 하기도 하였다.

그러나 영국 국민들은 처칠수상의 지휘 하에 지하 벙커에 들어가서 독일군의 공습을 성공적으로 막았다. 독일이 아무리 공군력으로 영국을 공격하여도 영국으로부터 항복을 받지 못한 히틀러는 영국을 포기하고 러시아를 공격하기 위하여 동부전선으로 눈을 돌렸다.

5. 스탈린그라드 전투

1941년 독일이 러시아를 공격하기 위하여 모스코바 방향으로 진격했다. 그러나 러시아군은 철수할 때 광활한 영토에서 "초토화 작전"을 실시하며 독일군을 최대한 지연시켰다. "초토화 작전"이란 집과 모든 가용한 물건을 불에 태우고 전기, 통신선, 수도, 도로 등을 사용하지 못하게 하면서 철수를 하는 작전이다. 독일군은 길어지는 병참선에서 러시아군의 초토화 작전 때문에 보급이 원활하지 않아 큰 어려움을 겪게 되었다. 특히 독일군은 현지조달도 잘 되지 않은 어려운 상황을 맞이하면서 혹독한 겨울까지 닥쳐와 적과 추위와 함께 싸워야 하는 이중적인 고통에 직면했다.

이러한 상황하에서 결정적인 전투가 스탈린그라드에서 있었다. 스탈린그라드는 코카사스 유전지대를 확보하기 위한 요충지이었다. 코카사스 유전지대 부근에 위치한 스탈린그라드는 독일과 소련 양측 공히 전쟁에서 꼭 필요한 유류를 얻기 위한 중요한 도시였다.

또한 스탈린그라드는 러시아 입장에서는 지도자의 이름을 상징하는 도시이었기 때문에 러시아의 명예와 자존심이 걸린 곳이었다. 소련은 스탈린그라드에서 결사적인 전투를 할 수 밖에 없었다. 엄동설한에 시가전이 전개 되는데 한 건물 속에 위층은 소련군, 아래층에는 독일군이 진지를 구축하여 백병전이 연일 계속 되었다. 하수구에 숨어있던 소련군 병사가 독일군 전차가 지나가면 하수구에서 나와 전차 뒤를 따라가면서 전차 햇치를 열고 수류탄을 집어넣어 전차를 파괴시키기도 하였다. 전차는 시야가 제한되기 때문에 시가지전에서 보병에게 취약한 무기이다.

이 전투결과 독일군은 35만 명의 사상자를 내고 후퇴를 하게 되니 이

후 전쟁의 양상은 연합군 쪽으로 주도권이 넘어갔다. 나폴레옹도 1812년 모스코바를 공격하면서 추위와 러시아군의 초토화작전에 굴복하고 결국 몰락의 길로 갔던 것처럼 러시아지역은 광활한 지역과 추위 때문에 실패한 경우가 많았다.

6. 북아프리카와 이탈리아반도 전투

한편 이탈리아 무쏠리니는 중동지역과 북아프리카 지역을 점령하고 있었다. 그러나 이탈리아군은 독일군에 비하여 허약하였기 때문에 북아프리카에서 영국군의 공격에 패배할 수 밖에 없었다. 결국 독일군이 북아프리카지역에서 이탈리아군을 대신해서 연합군과 싸우고 있었다.

사막의 여우라고 이름난 독일의 롬멜 장군도 본국으로부터 연료를 포함한 보급을 제대로 받지 못하니 연합군을 당해낼 수가 없었다. 롬멜 장군은 영국 몽고메리장군이 공격할 때 기름이 떨어져 더 이상 전차를 움직일 수가 없었다. 그래서 롬멜장군은 전차 몇 대에 먼지를 일으킬 수 있는 물체를 전차 뒤에 달고 사막을 빙글빙글 돌면서 먼지를 크게 일으키는 작전을 쓰게 되니 몽고메리 장군은 다 무너져가는 롬멜군이 다시 대 부대를 이끌고 공격해 오는 줄 알고 도망을 하였다는 에피소드도 있다.

이러한 롬멜 장군의 작전에도 불구하고 본국의 지원이 없는 독일군은 결국 연합군에 의하여 북아프리카전투에서 패하고 이탈리아반도로 철수를 하였다. 이탈리아군은 이미 괴멸상태이었기 때문에 이탈리아반도 작전에서도 독일군의 지원을 받아야만 하는 상황이었다. 이탈리아반도 작전에서 무쏠리니가 연합군에 의하여 포로가 되었다. 히틀러의 지시에 의하여 독일군이 그라이더 부대를 투입하여 스키리조트에 갇혀있는 무쏠리니를 구출하였다. 이탈리아 시실리에 연합군이 상륙하여 이탈리아 반도로 공격해 들어가면서 연합군은 독일군과 치열한 전투를 하였다.

이 기간 동안 연합군과 독일군간에 치열했던 전투가 로마 남쪽에 위치한 "몬테카시노"와 "안지오"전투 등이었다. 이탈리아는 한반도와 같이 반도로 되어있기 때문에 상륙작전이 효과적이다. 한국전쟁시에도 인천상륙작전을 해서 북으로 공격하여 성공했고 앞으로도 전쟁이 일어난다면 원산과 황해도 등지로 상륙작전을 해서 북으로 공격하는데 유리하다.

독일군은 이탈리아 전선에서 1년 간에 걸친 저항을 하였지만 연합군의 물량전에 당하지 못하고 1944년 6월 5일 로마가 함락되었다. 그러나 독일군은 로마 북부 산악지역에서 결사적인 방어를 하였기 때문에 전선은 교착상태에 이르게 되었고 연합군은 프랑스 지역인 서부전선으로 눈을 돌렸다.

7. 노르망디 상륙작전

이탈리아반도에서의 교착된 전선을 돌파하기 위하여 연합군은 프랑스 서해안 지역에 위치한 노르망디에서 미국 아이젠하워 장군의 지휘하에 상륙작전을 실시하였다. 이 상륙작전에서 아이젠하워 장군은 상륙위치를 기만하기 위하여 군복을 입힌 시체의 주머니 속에 "연합군이 노르망디 남쪽 해안인 빠 드 깔레로 상륙할 것"이라는 위장된 작전계획을 넣어 밀물을 따라 독일군이 있는 해안으로 띄워 보냈다.

시체에서 비밀문서를 발견한 독일군은 노르망디가 아닌 빠 드 깔레에 연합군이 상륙을 할 줄 알고 병력을 빠 드 깔레로 이동시켰기 때문에 노르망디 상륙작전은 성공적으로 할 수 있었다.

노르망디 상륙작전의 D-데이는 1944년 6월 5일 이었다. 그러나 이날은 폭우가 억수로 쏟아졌다. 수십만 명의 상륙군이 바다에 대기하면서 비가 멈추기만을 기다리고 있었지만 비는 그칠 줄을 몰랐다. 비가 끝이지 않으면 비행기가 날지 못하여 상륙교두보 지역에 들어갈 공수부대가 작전을 할 수 없었다.

심한 파도에 배가 흔들려 모든 병사들이 배 멀미를 하면서 노르망디 상륙작전은 24시간 연기 되어 1944년 6월 6일 새벽에 개시되었다. 독일군도 파도가 너무 심하게 일어나니까 경비병들이 해안으로 모두 대피를 한 상태라 연합군의 대규모 상륙부대를 발견하지 못하였다. 연합군으로서는 폭풍우가 오히려 작전의 성공을 가져 다 준 결과가 되었다.

노르망디에 상륙한 연합군은 사전에 교두보를 확보한 낙하산 부대와 연결작전을 하면서 쉽게 파리로 진격해 들어가니, 이때 베르린에서는 히틀러 암살 미수사건까지 겹치게 되어 독일군은 쉽게 무너지고 말았다. 연합군은 파죽지세로 베를린까지 함락시킴으로써 1945년 4월 30일 히틀러는 지하실에서 애인 에바브라운과 결혼식을 올린 후 자살하게 되면서 유럽에서의 제2차 세계대전은 종말을 고하였다.

8. 태평양 전쟁 배경

유럽지역에서 시작된 제2차 세계대전은 태평양지역으로 확대되었다. 독일, 이탈리아와 함께 추축국을 결성한 일본은 대동아공영권(大東亞共榮圈)을 구축하기 위하여 한국, 중국에 이어 동남아시아 지역을 점령하고 있었다.

당시 영국군이 점령하고 있던 싱가폴과 말레이시아 등 동남아시아지역을 "야마시다" 중장이 공격하였다. 영국군을 비롯한 연합군들이 "야마시다" 장군에게 항복하였는데 포로가 7만 명이나 되었다. 이때 잡힌 포로들은 태국에서 버마로 이르는 철도를 건설하는데 투입되었다. 이 철도는 5년이나 소요되는 공사이었지만 일본은 포로들을 동원해서 18개월 만에 완성하였다. 당시 많은 포로들이 희생을 당하게 되는데 이때의 장면을 배경으로 한 영화가 "콰이강의 다리"이다.

필리핀에는 맥아더 장군의 지휘 하에 13,500여 명의 미군이 주둔하고 있었는데, 일본의 홈마 장군이 필리핀을 공격하게 되자 맥아더 장군은 필리핀 남쪽에 있는 바탄 반도에서 호주로 철수하였다. 그러나 맥아더 장군은 선박이 없어서 장병들을 남겨두고 혼자 한 척의 조각배에 몸을 싣고 철수를 하면서 "I will be return"이란 말을 남겼으며 이때 남아 있던 미군들은 모두 일본군의 포로가 되었다.

9. 진주만 공격

동남아일대를 점령한 일본은 남방지역의 석유채굴에 위협을 주고 있는 미국의 태평양함대를 격멸하기 위하여 1941년 12월 7일 미국 하와이에 있는 진주만을 기습적으로 공격했다. 진주만을 공격 당한 미국은 이때부터 본격적으로 제2차 세계대전에 가담하였다.

진주만이 기습 당하던 1941년 12월 7일은 일요일이라 미군들은 모두 외출, 외박을 나가고 경계가 허술한 상태이었다. 전쟁은 항상 휴일 같은 경계가 허술할 때 잘 일어난다. 한국전쟁도 일요일에 일어났고 월남전에서 구정공세도 설이라는 명절에 베트콩이 남베트남을 공격하여 기습적인 효과를 노렸다.

일본이 진주만을 공격한 것은 잠자는 호랑이를 깨우는 격이 되어 결국 일본군은 1942년 5월 미드웨이 해전에서 미군에게 심대한 타격을 입은 후 수세에 몰리기 시작하였다.

10. 미드웨이 해전

미드웨이는 동경으로부터 2,000 마일, 하와이로부터 1,000 마일 떨어진 태평양 가운데 위치한 섬으로써 일본군과 미군 상호간에 중요한 전략적 요충지가 되고 있었다.

루즈벨트 미국대통령은 진주만이 공격 받은 것에 대한 보복으로 일본 동경을 폭격하기로 결심하였다. 미국은 역사적으로 한번 공격을 받으면 반드시 보복을 하고야 마는 것이 그들의 대외정책이다. 9·11테러가 났을 때 미국이 아프카니스탄을 공격한 것도 피해를 받으면 반드시 보복하는 것이 전통적인 미국의 정책이 있었기 때문이다.

동경을 폭격하려면 항공모함에서 출격을 하여야 하는데 항공모함은 가벼운 전투기만 뜨고 내릴 수 있고 무게가 큰 폭격기는 운용할 수가 없다. 그러나 진주만을 기습당한 루즈벨트 대통령은 반드시 일본 동경을 폭격함으로써 진주만의 치욕을 조금이나마 풀기로 결심했다.

전 각료들이 반대하는데도 불구하고 공군에서 가장 조종을 잘하는 "두리틀(Doolittle)" 중령을 직접 백악관으로 불러 항공모함에 B-25 폭격기를 탑재하여 일본 가까이까지 가서 동경 등을 폭격하도록 지시하였다.

"두 리틀" 중령은 미국에서 가장 조종술이 뛰어난 비행사를 선발하여 훈련을 거듭하였다. 피눈물 나는 훈련 끝에 항공모함에서 등치가 큰 폭격기가 뜰 수는 있었다. 그래서 내리는 것은 일본을 폭격한 후 중국대륙에서 랜딩하기로 하고 항공모함 호넷트호에 16대의 B-25를 싣고 미드웨이섬에서 일본으로 출발하였다.

그런데 항공모함이 동경만 가까이 접근해가는 도중에 일본군에게 발견되어 동경에서 멀리 떨어진 바다에서 예정보다 빨리 항공모함에 있던 B-25폭격기 16대가 이륙하지 않을 수 없었다. 항공모함에서 이륙한 폭격기들은 1942년 4월 18일 도쿄, 요코하마, 요코스카, 가와사키, 나고야, 고베, 욧카이치, 와카야마 등을 폭격하였다. 성공적으로 임무를 수행한 "두리틀" 편대는 계획보다 일찍 이륙을 하였기 때문에 연료가 부족하여 중국대륙 야지에 불시착을 하게 되는데 이때 절반이상의 조종사들이 전사를 하였다.

그러나 이 공습으로 일본은 사상자 363명, 가옥피해 약 350동의 손해를 입었다. 피해는 크지 않았지만 일본에게 준 충격은 매우 컸다. 일본군이 항상 승리한다는 소식만 듣던 일본 국민들은 맑게 개인 봄날 수도 도쿄에서 공습경보 사이렌이 울려오니 많은 사람들이 전쟁의 공포에 빠져들게 되었던 것이다. 일본은 이러한 미국의 공습을 예방하고 미국의 계속되는 위협을 제거하기 위해서도 미드웨이 섬을 점령할 필요가 있었다.

일본군은 1942년 6월 신예 항공모함 5척을 비롯하여 잠수함 17척 등 모든 일본해군력을 동원하여 미드웨이 섬을 공격하기 위해 출동하였다. 그러나 통신능력이 뛰어난 미군은 일본군의 암호 해독을 통하여 공격기도를 미리 간파하고 미드웨이 섬에 위치했던 항공기들을 모두 대피시킴과 동시에 전 해군력을 미드웨이 근해에 매복시켜 일본군이 오기만을 기다리고 있었다.

미드웨이 섬을 공격하러 갔던 일본 함재기들이 비행장에 항공기가 한대도 없는 것을 보고 싣고 갔던 폭탄을 모래 벌판에 투하할 수도 없어 폭탄을 실은 채 항공모함으로 돌아왔다. 이때 갑자기 정찰기로부터 미국 함대를 발견했다는 첩보가 들어왔다. 일본 함재기들은 지상 공격용 폭탄을 내려놓고 다시 해상공격용인 어뢰로 바꾸는 작업이 항공모함에서 전개되고 있었다. 이러한 가운데 미국 함재기들이 벌떼처럼 나타나 공격을 하게 되니 일본 해군은 순식간에 전멸되고 말았다.

미드웨이 해전 결과로 일본군은 신예 항공모함 4척이 침몰되고 대부분의 해군세력을 잃게 되었으며 이때부터 일본군은 전세가 기울기 시작하였다. 전쟁에서는 암호가 생명과 같은데 미군은 적의 암호해독 능력이 탁월하였다.

한미연합군의 암호해독과 정보수집능력이 북한군보다 월등한 것도 이러한 미군의 정보수집능력의 전통에서 나왔다. 미드웨이 섬에서 승리한 미군은 맥아더 장군에 의하여 징검다리작전(Frog Jump operation)을 펴면서 일본 본토로 접근하기 시작했다.

11. 가미가제 특공작전과 원자탄 투하

궁지에 몰린 일본군은 가미가제 특공작전으로 미군의 공격에 대항하였다. 이 특공작전은 조종사가 비행기와 함께 적 함정에 돌입해서 목숨을 버리면서 공격하는 작전이다.

가미가제작전에 투입되는 조종사들은 먼저 술을 한잔 마신 후 천왕에게 목숨을 바치는 의식행사를 한다. 그런 후 적 함정까지 가는 기름만 넣고 다시는 돌아올 수 없는 상태로 출격하여 비행기와 함께 산화하는 것이다. 이러한 가미가제 특공작전에 의하여 많은 미국함정들이 피해를 보았다.

가미가제 특공작전에 의한 피해에도 불구하고 맥아더 장군은 징금다리 작전을 펴면서 필리핀, 오끼나와 유황도 등을 차례로 점령하였다. 계속해서 일본 동경을 향하여 공격해 들어가는 가운데, 1945년 8월 6일 일본 히로시마에 원자탄이 투하되고, 이어서 8월 9일에는 나가사끼에 두 번째 원자탄이 투하되었다.

미국의 원자탄 공격에 더 이상 견디지 못한 일본 천황은 1945년 8월 15일 라디오방송으로 무조건 항복을 선언하고 이어서 1945년 9월 2일에는 동경만에 정박하고 있던 미조리 함대에서 일본이 항복문서에 공식적으로 서명함으로써 제2차 세계대전이 모두 끝나게 되었다.

12. 일본군의 만행과 전범 재판

태평양 전쟁시 일본은 한국 독립운동가들을 잔인하게 살해하고 종군위안부를 구성해서 일본군의 성적 노예로 만들었다. 만주에 위치했던 713세균전 부대에서는 연합군 포로를 대상으로 생태실험을 하였는데 마취도 하지 않은 상태로 사람을 해부하고, 영하 50도 이하의 냉동실에 넣어 동상실험을 하였다. 또 임질, 매독 등 병균을 감염시킨 후 병의 진행사항을 실험하는 등 비인도적인 행동을 자행하였다.

제네바 협정에 따르면 포로는 인도적인 대우를 하도록 되어 있는데도 불구하고 일본군은 27% 이상의 포로들을 살해했다. 필리핀 바탄반도와 말레이지아 등에서 잡은 연합군 포로들에게 인간 이하의 야만적인 대우를 하였으며 중국 난징에서는 20만 이상의 양민들을 사살하는 범죄를 저지르기도 하였다.

태평양전쟁 후 1945년부터 1948년까지 3년 6개월간에 걸쳐 일본군의 만행에 대한 전범재판이 있었다. 5,700여 명의 전쟁범죄자가 재판에 회부되어 3,000명이 유죄를 선고 받고 태평양 전쟁의 주모자인 도조 히데끼 일본총리를 비롯한 920명의 전범자가 사형에 집행되었다. 그러나 천왕은 일본의 여론을 감안하여 무죄로 석방됨으로써 오늘날까지 일본 천왕제도가 지속되고 있다.

그런데 문제는 일본의 고위층 지도자들이 야스쿠니 신사참배를 하면서 태평양 전쟁에 대한 반성의 기미를 보이지 않고 있어 한국과 중국을 비롯한 동남아 국가들이 일본을 비난하고 있다. 야스쿠니 신사는 일본 입장에서는 국립묘지와 같은 곳이다. 그래서 일본은 자기들의 국립묘지에 참배를 하는데 무슨 문제가 있느냐고 한다. 그러나 문제를 제기하는 것은 태평양 전쟁시 전범자로 처형된 도조히데끼, 홈마 및 야마시다 같은 1급 전범자들의 시신이 함께 묻혀 있기 때문에 야스쿠니 신사에 참배하는 것에 대하여 반대를 하는 것이다. 만약 이들 920구의 전범자 시신을 다른 곳으로 옮긴 후 야스쿠니 신사를 참배한다면 문제가 없을 것이다.

13. 중국내전

중국이 공산화된 것은 한국전쟁이 일어나게 된 간접적인 원인이 될 수도 있기 때문에 한국전쟁에 들어가기 전에 여기에서 중국내전에 대한 내용을 알아보도록 한다.

중국은 1911년 신해혁명과 함께 청나라의 마지막 황제인 푸의(傳儀)가 퇴위하면서 왕조의 막을 내리고, 손문이 이끄는 국민당 정부에 의하여 군주국가에서 근대국가인 민주공화국체제로 출범하였다.

손문는 민주공화국정부를 수립하면서 민족주의, 민권주의, 민생주의 등 삼민주의(三民主義)를 통치이념으로 하여 중국을 통치하였다. 민족주의는 외국의 제국주의 세력으로부터 중국을 독립시키는 것이고 민권주의는 선거를 통한 자유민주주주의 체제를 수립하는 것이며 민생주의는 자본주의를 통한 복지사회를 구현하는 것이다. 손문은 삼민주의를 주장하면서 국민당을 창당하여 총통에 올랐다. 손문에 이어 국민당은 신해

혁명의 공로자인 원세계(위안스카이), 장개석(장제스) 등에게 권력이 이어졌다.

이러한 가운데 모택동(마오쩌둥)은 1921년에 중국 공산당을 창당하였다. 모택동은 가난한 농민의 집안에서 태어나 사범학교를 졸업하고 교사를 하다가 정치에 뛰어들었다. 모택동에 의한 중국 공산당의 혁명투쟁도 마르크스-레닌주의를 바탕으로 하여 전개되었지만 중국은 농업국가였기 때문에 프로레타리아(Proletariat) 노동자 계급은 미약한 존재였다. 따라서 혁명의 주체세력을 도시노동자 보다 농민에 두고 "농촌에서 도시를 포위하는 전략"을 세워 공산주의 운동을 전개하였다.

모택동은 새로 태어난 공산당 세력을 키우고 강력한 힘을 가진 국민당의 견제를 피하기 위하여 당시 중국의 여러 지방에서 준동하던 보수군벌세력을 분쇄한다는 명목을 내세워 국민당과 제1차 국공합작을 하였다. 그러나 철저한 반공주의자이었던 장개석이 국민당 총통에 오르면서 제1차 국공합작은 파괴가 되고 모택동은 장개석에 쫓기게 되었다.

장개석의 공산당 소탕작전에 의하여 모택동은 대장정에 들어갔다. 대장정은 중국대륙을 남에서 북으로 싸우면서 도망하는 유격전 형태이었는데 이는 처절한 생활의 연속이었다. 대장정을 하는 동안 하늘에서는 수 십대의 비행기가 폭격을 하고 지상에서는 장개석 군대가 추격을 하는 가운데 물과 산을 넘어 중국 북부지방의 협서성에 도착하면서 대장정이 끝을 내렸다. 대장정을 시작할 때는 10만 명이었는데 마지막 단계에서는 3만 5천 명만 살아 남았다.

그러나 이 장정을 통하여 모택동은 지나가는 곳 마다 중국 농민들의 민심을 얻게 되는데 이는 나중에 중국통일을 하는데 크다란 원군이 되었다. 대장정을 하는 동안 모택동은 자기 군대에게 교육시키기를 "민중은 물이고 공산당 유격대는 고기이다. 물 없는 곳에서 고기가 살 수 없듯이 유격대는 인민을 하늘같이 모셔야 한다"라고 교육시키고 유격대의 규율을 강조하였다. 그 규율은 ① 민중으로부터는 바늘 하나라도 도둑질 하지 마라. ② 산 물건에 대해서는 반드시 정당한 대가를 지불하라. ③ 파손한 것은 필히 변상하라. ④빌어온 것은 반드시 돌려주라. ⑤ 농작물을 짓밟지 마라. ⑥ 부녀자를 희롱하지 말라 등이었다.

장개석이 모택동군대를 소탕함으로써 모택동군대가 거의 괴멸되던 시기에 동북3성을 지배하던 군벌출신인 장학량(張學良)이 자기지역에 들어온 장개석을 감금하는 사건이 발생했다. 이를 서안사건(西安事件)이라고 한다. 장학량은 장작림(張作霖)의 아들로서 일본군을 미워하고 있던 사람이었다. 장학량은 아버지 장작림이 일본군에 의해 사망을 하자 일본군을 소탕해야 한다는 강한 적개심을 가지고 있었다. 그런데 장개석이 일본군을 물리칠 생각은 하지 않고 모택동 소탕작전에만 신경을 쓰고 있으니 장학량이 1936년 12월 12일에 장개석을 서안에서 감금한 것이다.

한편 장개석 부인인 송미령여사는 남편이 장학량에게 감금되어 있다는 소식을 듣고 남편을 구출하기 위하여 서안으로 가서 장학량과 단판을 하였다. 남편을 풀어달라고 장학량에게 요구를 하니까 장학량은 장개석이 모택동을 소탕하는 작전을 그만두고 모택동과 힘을 합쳐 일본군을 물리친다면 장개석을 풀어주겠다고 했다. 송미령여사는 장학량의 이러한 요구를 들어두겠다고 약속을 하고 남편인 장개석을 구출하였다.

장개석 부인 송미령은 중국 절강성의 재벌 딸로 태어났으며 언니인 송강령은 중국의 국부로 추앙을 받고 있던 손문과 결혼을 하였고 둘째 언니도 중국 대 재벌과 결혼을 한 명문가문의 3자매이었다. 나중에 장학량은 장개석에 의하여 구속되어 50년간 산속에 감금되었다가 장개석이 죽고 나서 1990년에 풀려난 후 미국 하와이로 건너가 살다가 2001년 10월 100세의 나이로 사망하였다.

서안사건의 결과로 장개석은 모택동과 일본군에 대항하기 위해 제2

차 국공합작을 하였다. 이로서 괴멸직전까지 갔던 모택동군대는 전열을 재정비하여 8로군이라는 이름으로 장개석 군대에 편입되었다. 이때 모택동은 일본군과 싸우는 것이 목적이 아니라 항일전이 끝난 후 장개석 군대와 싸우기 위한 준비에 몰두하였다. 모택동은 자기 8로군에게 "90%의 힘은 자기발전에 투입하고 항일전에는 10%의 힘만 쓰라"고 지침을 내렸다. 모택동은 힘이 약할 때는 장개석과 합작을 통하여 힘을 키우고 힘이 강할 때는 장개석과 싸우는 전략을 사용하였던 것이다.

1945년 일본이 항복한 후 다시 장개석이 이끄는 국민당과 모택동이 이끄는 공산당은 중국대륙에서의 주도권을 쟁취하기 위하여 전면 내전에 돌입하였다. 이때 국민당과 공산당의 군사력 비율은 4 대 1로 국민당의 군대가 절대적으로 우세하였다. 그러나 대장정시에 민심을 얻은 모택동 군대는 중국 국민들의 절대적인 지지를 받고 있었던 반면에 장개석 군대는 부정부패가 만연되고 군기가 빠진 군대이었다. 결국 장개석은 대만으로 철수를 하고 1949년 10월 1일 모택동이 중국인민공화국을 창설하면서 중국 대륙을 통일하였다.

모택동이 중국에서 장개석을 물리치고 중국대륙을 통일할 수 있었던 힘은 모택동 사상의 3대 지주라고 하는 농민, 민족주의, 유격전이다. 마르크스는 도시의 노동자 즉 프로레타리아 계급에 의한 혁명을 주장하였지만 모택동은 중국은 아직 농업국가이기 때문에 농민을 혁명주력으로 하였다. 또한 도시는 장개석에 의해서 통제되고 있었기 때문에 대장정을 통하여 농민들의 인심을 얻은 모택동은 농촌을 혁명의 근거지로 할 수밖에 없었다.

중국은 외세의 침략에 항상 위협을 받고 있었는데 이들 위협을 제거하기 위해서는 민족주의적인 성향을 필요로 하였다. 장개석이 미국을 비롯한 유럽열강들의 지원을 받고 있었기 때문에 진정한 민족주의자는 모택동이라는 것을 국민들에게 주입시켰다. 모택동은 일본 제국주의 뿐 아니라 서구 강대국으로부터의 완전한 독립을 위해서 민족주의정신을 국민들에게 강조하였다.

강력한 장개석 군대와 싸우기 위해서는 유격전 즉 게릴라 전에 의한 공산혁명이 모택동이 택할 수 있는 유일한 전략이었다. 모택동은 다음과 같은 유격전 16자 전법을 사용하여 장개석 군대를 격멸하였다. 적이 진격하면 후퇴한다는 적진아퇴(敵進我退), 적이 멈추면 그 후방을 교란한다는 적거아요(敵據我擾), 적이 피로하면 공격한다는 적피아타(敵疲我打), 적이 후퇴하면 추격한다는 적퇴아추(敵退我追) 등이었다. 결론적으로 모택동은 농민, 민족주의, 유격전을 3대 지주로 하여 장개석과 싸우는 중국내전에서 대륙을 장악하는 데 성공하였다.

제4장 • 한국전쟁 •

1. 분단과 한국전쟁의 배경

가) 분단의 배경

1945년 제2차 세계대전이 끝나고 대한민국이 해방이 되었지만 자체의 힘으로 해방이 되지 못하고 외세에 의하여 해방이 되었기 때문에 한반도는 남북분단이라는 비극을 가져오게 되었다.

제2차 세계대전시 독일, 이탈리아, 일본으로 구성된 추축국 즉 동맹국이 전쟁초기에는 영국, 프랑스, 러시아 등으로 구성된 연합국을 일방적으로 몰아붙이면서 파죽지세로 공격을 하였다. 그러나 1941년 12월 7일 일본이 진주만을 기습적으로 공격하면서 미국이 제2차 세계대전에 가담을 하면서 전세는 역전하였다. 일본이 미국을 공격함으로써 잠자는 호랑이를 깨운 격이 되었던 것이다.

미국을 비롯한 연합국의 승리가 예상되자 미국의 루즈벨트, 영국의 처칠, 소련의 스탈린이 1943년 11월, 카이로(Cairo Declaration)와 테헤란(Teheran Conference)에 모여 전후 처리에 대한 논의를 하였다. 이때 한국을 독립시켜준다는 언급이 나오게 되었다.

1945년 4월 히틀러와 무쏠리니가 죽고, 독일과 이탈리아가 연합국에 패하게 되면서 유럽지역에서 제2차 세계대전이 사실상 끝나게 되자, 연합국 수뇌부 즉 루즈벨트, 처칠, 스탈린은 흑해연안에 있는 얄타(Yalta)에 모여 소위 얄타회담을 개최하였다. 그 주요내용을 보면 ① 소련의 대일전 참전, ② 국제연합의 창설, ③ 한국의 독립 등이었다.

얄타회담에 따라 소련은 1945년 8월 9일 대일전에 참가한다는 것을 선포하고 일본 히로시마와 나가사끼에 원자탄이 투하된 직후 1945년 8월 13일 소련군 제25사단이 청진에 상륙하고, 8월 22일에는 평양에 입성하였다.

소련의 발 빠른 행동에 당황한 미국은 한반도를 소련에게 모두 넘겨줄 수 없다고 생각하고 북위 38도선 이북은 소련군, 38도선 이남은 미군이 일본군의 무장을 해제한다고 선언을 하였다. 이에 따라 1945년 9월 8일에야 하지 장군이 이끄는 미군이 인천에 입항하면서 북한에는 소련군, 남한에는 미군에 의한 군정이 실시되었다.

나) 남한의 정세

미국은 자유민주주의 이데올로기를 채택하고 있기 때문에 좌우익을 막론하고 정치활동을 모두 허용하였다. 이에 따라 남한에서는 좌우익 이데올로기가 정치적인 주도권을 쟁취하기 위하여 서로간의 투쟁으로 확대되어 정치·사회적인 혼란이 일어나게 되었다.

해방 직후 이승만 김구선생 등이 입국하기 전까지는 좌익계열이 건국준비위원회를 만드는 등 한반도에 대한 주도권을 잡고 있었다. 그러다가 이승만박사가 미국으로부터 1945년 10월 20일에 돌아오고, 상해에서 임시정부를 이끌고 있던 김구선생이 11월 23일에 귀국을 하였다. 이로써 좌우익간의 균형이 유지되면서 독립된 한국의 주도권을 장악하기 위한 서로간의 대립이 더욱 치열하게 전개되었다. 서울이라는 이름도 이때부터 사용되었다. 해방 전까지는 서울이 경성이란 이름으로 불러지다가 해방이 되면서 서울특별시가 된 것이다.

한편 소련 모스코바에서는 미국·영국·소련 3개국 외무 장관들이 모여 소위 모스코바 3상회의가 열렸다. 이 회의를 통하여 포츠담선언에서 결정된 대로 한국을 독립시키되 아직 한국은 독립국가로서 자립할 수 없기 때문에 강대국에 의한 5년간의 신탁통치를 한 후에 한국을 독립시킨다는 신탁통치계획이 발표되었다.

그러나 한국 국민들은 그렇지 않아도 일제 36년 동안 식민지 통치하에서 지긋지긋한 생활을 해 왔는데 또 강대국에 의한 신탁통치를 받으라고 하니 우리민족은 신탁통치에 결사 반대하면서 전국적으로 반탁데모가 연일 계속되었다.

이때 소련의 절대적인 영향 하에 있던 북한은 소련으로부터 "찬탁으로 행동을 바꿔라"라는 지령을 받고 신탁통치를 반대하던 조만식 선생 같은 민족지도자를 숙청하면서 찬탁운동을 전개하기 시작하였다. 그리고 김일성은 남로당 당수 박헌영에게 지시하여 남로당에게도 찬탁운동을 하게 함으로써 남한에는 좌우익 간에 반탁과 찬탁을 가지고 더욱 치열한 대립이 전개되었다.

이러한 가운데 북한에서는 김일성이 지주들로부터 농토를 빼앗고 중산층의 사유재산을 국유화 함에 따라 북한에서 살고 있던 지주들과 중산층들은 남한으로 월남을 하였다. 김일성은 남으로 내려가겠다고 하는 골치 아픈 지주들과 중산층들을 방치함으로써 100만이나 되는 북한사람들이 38선을 넘어 남으로 피난을 내려오게 되니 이들을 먹여 살리기 위해 남한에서의 경제적인 어려움은 더욱 가중되었다. 물가는 매일같이 하늘 높은 줄 모르고 치솟아 공무원 한달 봉급으로 쌀 1말도 살 수 없는 형편이었다.

이 당시 피난을 온 사람들을 스스로 "3·8 따라지"라고 부르기도 하였다. 3·8 따라지라는 말은 화투에서 가장 희망이 없는 패를 말하는 것으로 자기들의 신세를 3·8 따라지에 비유하면서 서울 남산기슭에 자리를 잡고 동네 이름을 "해방촌"이라고 하였다. 지금도 서울 3호터널 입구에 가면 해방촌이라는 동네가 남아있다.

정치·사회적인 혼란과 좌우익간의 대립이 고조되는 가운데 공산당은 당비를 조달하고 남한사회를 더욱 혼란 시킬 목적으로 위조지폐를 대량으로 발행하여 살포하는 소위 "정판사(精版社)"사건을 일으켰다. 정판사 사건은 1946년 5월 남한에서 활동 중이던 공산당 즉 남조선노동당(남노당)이 일제시대에 화폐를 찍어내던 서울 소공동에 있는 "정판사"라는 인쇄소를 사들여 공산당 기관지 해방일보를 발행하면서, 위조지폐를 대량으로 찍어 시중에 유포를 한 사건이다. 이 위조지폐가 시중에 나돌자 국민들은 가짜 지폐에 대한 공포심으로 화폐대신에 물물교환으로 상거래를 하게 되고, 매점 매석 행위가 성행하면서 인플레이션 현상이 일어나 국가 경제에 큰 혼란을 초래하였다.

정판사 위조지폐사건을 계기로 미군정은 공산당 소탕작전에 들어갔고, 남로당 수뇌이었던 박헌영은 북으로 도망갔으며 남로당 잔당들은 지하로 숨어서 남한지역에서 폭동을 일으키고 있었다.

이러한 상황 속에서 미국과 소련은 신탁통치를 실천에 옮기기 위한 미·소공동위원회를 개최하지만 이데올로기 대립에 의한 냉전이 시작되면서 미국과 소련의 의견차이가 심하여 회의가 순조롭게 진행되지 못했다. 소련은 신탁통치를 반대하는 우익지도자들을 배제하려고 했고, 미국은 자유민주주의 이데올로기를 추종하는 이승만, 김구 등을 배제할 수 없었기 때문에 1946년 3월 20일부터 5월 6일까지 개최되었던 미·소공동위원회는 진전을 보지 못하고 결국 결렬되고 말았다. 결국 미국은 신탁통치의 실시를 전제로 하여 한반도를 통일하려 했던 종래의 대한국 정책을 포기하고 한반도에 대한 새로운 대안을 모색하기 위하여 한국문제를 유엔으로 넘겼다.

미국으로부터 한국문제를 이양 받은 유엔은 1947년 제2차 총회에서 통일된 한국정부수립을 위한 총선거를 1948년 5월 31일 이전에 실시하기로 결의하고, 선거감시를 위한 유엔 한국임시위원단을 구성하였다. 그러나 유엔이 결의한 한반도 전체의 총선거는 1948년 1월 북한당국이 거부하고 유엔 한국임시위원단의 북한지역 출입을 막음으로써 좌절되었다.

1948년 2월 26일 유엔은 "한반도에서 자유로운 총선거가 가능한 지역에서만이라도 선거를 실시하여 한국을 독립시킨다"는 결의를 하였다. 이에 따라 유엔은 1945년 5월 10일 38선 이남지역에서 유엔 감시하의 자유총선거를 실시한다고 선포되었다.

이때 남한 단독 정부수립을 반대하고 통일된 한국을 건설하기 위해 노력하던 김구와 김규식 선생 등은 1948년 4월 김일성이 요청한 남북연석회의에 참석하기 위하여 판문점을 넘어 평양을 방문하였다. 원래 남북연석회의는 김구와 김규식이 오래 전에 제안했던 것이기 때문에 한반도의 분단을 막아보려고 애쓰던 김구와 김규식은 평양으로 갔던 것이다.

그러나 평양 모란극장에서 김일성이 주도한 남북연석회의는 공산화 통일을 하겠다는 김일성의 시나리오대로 회의가 진행되었기 때문에 김구선생 일행은 김일성의 정치적인 선전 도구로만 이용되고 아무런 성과 없이 돌아왔다는 비난을 받게 되었다.

또한 남한 내에서 활동하던 공산당도 5·10 총선을 방해하기 위하여 전국 곳곳에서 폭동을 일으키게 되는데, 그 대표적인 예가 제주도 4·3 사태이다. 정판사 사건으로 지하로 숨어들어간 남노당 계열은 육지에서 멀리 떨어져 정부의 통제력이 미치기 어려운 제주도로 들어가 한라산 기슭에서 일본군이 버리고 간 무기를 가지고 폭동을 일으키기 위하여 훈련을 하고 있었다.

1948년 유엔감시하에 남한에서의 5·10총선이 발표되자 이에 반대하기 위하여 1948년 4월 3일 새벽 2시에 이들 지하조직은 제주도에서 일제히 폭동을 일으켰다. 관공서를 파괴하고 경찰서를 습격 점령하여 제주도의 대부분을 장악하고, 마을마다 세포조직을 편성하여 전 주민을 위압하게 되니 순수한 주민들은 무장 폭도들의 말을 듣지 않을 수 없었다. 이때 제주도민은 남노당 공산 프락치들의 강요에 못 이겨 제주도 주민의 8할이 좌경화 되었다.

이 사태를 진압하기 위해서 경찰과 군 그리고 북한에서 월남한 과격한 반공단체인 서북청년단이 투입되어 무자비한 진압을 하게 되니, 수많은 양민까지도 포함된 희생자들이 속출하였다. 제주도 4·3사건으로 인하여 제주도민 28만 가운데 5만이라는 양민들이 피살을 당하였다. 그 진상이 반세기가 지난 지금에야 밝혀지면서 정부차원에서 억울하게 희생된 양민들의 명예회복과 보상이 이루어지고 있다.

이러한 우여곡절 끝에 유엔 감시 하에 계획된 남한에서의 총선이 1948년 5월 10일 계획대로 실시되었다. 사상 처음으로 실시되는 선거라 국민들이 선거하는 방법을 몰라 기표소 안에서 투표하는 교육을 받았다. 문맹자가 많아 후보자의 이름을 모르기 때문에 후보자 이름 위에 기호로 표시를 하였는데 이것이 오늘날까지 선거시에 사용하는 기호의 유래가 되었다.

제헌국회가 구성되고 7월 17일 헌법이 제정되어 이날을 제헌절로 기념하고 있다. 7월 24일에는 이승만 대통령이 국회에서의 간접선거를 통하여 대한민국 초대 대통령으로 당선되었다. 국회가 구성되고 헌법이 제정되고, 대통령이 선출되었기 때문에 1945년 8월 15일 드디어 대한민국정부수립이 세계만방에 선포되었다. 1948년 12월 12일 제3차 유엔총회는 대한민국정부만이 한반도에 존재하는 유일한 합법정부임을 결의함으로써 한반도의 유일합법정부가 대한민국임이 확인되었다.

대한민국이라는 국호도 이때 나왔다. 대한민국 정부가 수립되기 전까지는 대한민국이 아니라 조선이라는 국호를 쓰고 있었다. 애국가 가사도 "조선사람 조선으로 길이 보전하세" 이었다가 "대한사람 대한으로 길이 보전하세"로 바꾸었다. 대한민국 정부가 수립되었지만 남한은 군대도 제대로 갖추지 못한 상태여서 M1소총 즉 소화기로만 무장한 국방경비대가 38선을 방어하고 있었다. 국방경비대 내부에는 좌익계열이 많이 침투해 있었기 때문에 38선을 경비하고 있던 2개 대대가 월북을 하는 불안한 상태에 있었던 것이 한국군의 실상이었다.

대한민국정부가 수립된 직후 이승만대통령이 잘못한 정책이 하나 있다. 그것은 바로 "반민특위"를 해산한 것이다. 대한민국정부가 구성되었을 때 국회에서 일제강점기 일본에 협력한 반 민족자를 처벌하기 위한 반민특위가 구성되었다. 그러나 이승만 대통령은 이 반민특위에 관한 법 제정을 못마땅하게 생각하고 있었다.

그 이유는 ① 이승만은 미국에서 주로 활동을 하여 국내기반이 부족하였던 반면에 정치 라이벌인 김구에게는 상해 임시정부 요원들로 구성된 유능한 사람들이 모여들었다. 따라서 이승만은 이에 대응하기 위하여 일제시대의 관료들일 지라도 유능한 인재를 자기사람으로 등용할 필요성을 느끼게 되었던 것이다. ② 대통령에 당선된 이승만은 건국 초기 무질서한 행정체계를 바로 잡기 위해서는 경험 있는 관료들을 새 정부에 활용할 수 밖에 없었고, 북한의 공산화 전략에 대처하기 위해서는 일제시대에 관료경험을 가진 경찰과 군인들이 필요했다.

이때에 반민특위 위원장으로 있던 김약수 국회부의장이 남로당 혐의로 구속이 되는 국회프락치 사건이 발생하게 되었다. 이승만은 이러한 기회를 놓치지 않고 경찰을 동원하여 국회반민특위를 강제로 해산시켰다. 이어서 1949년 6월 26일에는 안두희에 의해 김구선생이 피살되면서 민족정기를 바로 잡기 위한 반민특위는 완전히 자취를 감추게 됨으로써 오늘날까지 이에 대한 문제점이 현안으로 남아 있게 되었다.

국가와 민족에 반역적인 행동을 하더라도 능력만 있으면 출세를 할 수 있다는 환경을 만들게 됨으로써 사회정의 실현에 큰 오점을 남기게 되었다. 지금까지도 국회에서 일제시대에 반민족적인 행위를 한 사람에 대하여 역사적인 평가를 다시 하고 있다. 즉 과거사 진상규명위원회가 구성되고, "친일규명법"을 국회에서 제정하도록 한 것도 초대국회에서 반민특위가 해산되었기 때문에 민족정기를 해치는 친일 세력을 청산하지 못한 결과인 것이다.

다) 북한의 정세

한편 북한은 소련의 강력한 지원하에 김일성에 의한 공산주의 체제가 정착되고 있었다. 소련은 스탈린의 세계공산화 전략에 따라 한반도도 공산화시키기 위한 전략을 세워놓고 김일성을 앞세워 한반도를 공산화시키기로 계획하고 있었다. 소련이 김일성을 북한의 지도자로 선정한 것은 김일성이 소련군 장교로서 복무를 한 경험이 있었기 때문이다.

김일성이 북한에 들어오기 전에 북한에는 김일성 이외에도 항일독립운동을 한 조만식, 김두봉 같은 지도자들이 많이 있었다. 그러나 64세의 조만식은 민족주의자로서 신탁통지를 반대한다고 하여 소련의 눈밖에 있었고, 김두봉은 중국에서 독립운동을 하다가 들어왔기 때문에 소련의 지지를 받을 수 없었다. 이에 반하여 김일성은 소련군 88여단에서 1대대장을 하였기 때문에 소련의 강력한 지지를 받으면서 북한의 지도자로 부각되었다. 소련의 지원을 받은 김일성은 반대파들을 숙청하고 북한의 제1인자로 확고한 위치를 굳히게 되는데 88여단에서 김일성 밑에서 참모를 하던 강건, 최현 등이 나중에 북한의 주요간부가 된 것도 이에 기인한 것이다.

김일성은 1947년 11월 헌법제정위원회를 구성해서 최고인민회의를 만드는 등 공산정권을 장악하기 위한 국가 권력기구를 구성해 놓고 있었다. 1948년 2월 8일에는 조선인민군을 창설하였으며, 7월에는 그 때까지 사용하고 있었던 태극기대신 인공기까지 제작해 놓고 있었지만 정부수립 선포는 미루고 있었다.

왜냐하면 북한이 먼저 정권수립을 선포함에 따른 민족분단의 책임을 지지 않으려고 한 것이다. 그러나 1948년 8월 15일 대한민국정부가 탄생되니까 북한도 1948년 9월 9일에 조선민주주의 인민공화국을 선포하였다.

라) 북한의 남침계획

김일성은 북한을 장악한 후 남한까지 공산화 통일을 하기 위한 남침계획을 수립하고 있었다. 이러한 김일성의 계획은 세계공산화 전략을 수립하고 있던 소련의 스탈린 전략과도 일치하는 것이었다.

김일성은 1949년 3월과 1950년 4월, 2차에 걸쳐 소련을 방문해서 스탈린에게 남침계획을 설명하면서 소련의 지원을 요청하였다. 이로서 무력남침을 위한 무기와 장비 등을 지원 받은 것은 물론이고, 소련계 한인으로 구성된 기갑부대까지 창설하였다.

한국전쟁 직전의 국제정세를 보면 ① 소련의 핵실험, ② 중국이 공산화, ③ 미국의 에치선 선언이 있었기 때문에 북한에게 유리한 환경이 조성되었다.

다시 말하면 소련은 1949년 9월에 원자탄을 개발해서 미국을 능가하는 무력을 갖추었으며, 중국은 모택동에 의하여 1949년 10월에 공산화가 되면서 김일성은 남침을 위한 강력한 후원자를 가질 수 있게 되어 한반도 공산화에 더욱 자신감을 가지게 되었다. 그리고 대한민국정부가 수립되니까 1949년 6월 미군이 철수했다. 이승만 대통령은 북한이 남침을 할 것이라는 우려 때문에 미군의 철수를 막으려고 하였지만 미국은 에치선 선언을 발표하면서 500명의 군사고문단만 남기고 철수했다.

에치선 선언은 미 국무부장관 에치선이 기자회견을 통하여 발표한 것으로써 미국의 극동지역 방어선은 필리핀, 오끼나와, 일본을 연하는 선이며, 한국은 미국의 방어선에서 제외된다고 하는 것으로 이 선언은 김일성의 남침을 더욱 부채질하고 있었다.

북한지역에서도 소련이 철수를 했다. 그러나 소련군은 철수할 때 전차, 장갑차, 비행기 및 각종포병을 비롯한 무기를 북한 인민군에게 넘겨주었다. 미군과 소련군이 한반도를 떠나고 한국군과 인민군이 38선에서 대치하게 되니 빈번한 무력충돌이 발생하였다. 38선은 지리적인 선이 아니고 행정적인 선이기 때문에 현장에 가면 정확히 어디가 누구의 땅인지 구분이 되지 않았다. 그래서 남북한 군대간에는 잦은 소규모의 충돌이 발생하고 있었던 것이다.

또한 한국군 내부에는 공산프락치가 침투하여 빈번한 폭동이 일어나면서 오합지졸과 다름없는 분위기이었다. 이러한 상황하에서 김일성은 무력으로 통일할 수 있다는 자신감을 가지고 1950년 6월 25일 새벽 4시를 기해 한국전쟁을 일으켰다.

2. 한국전쟁 전개과정

가) 전쟁 발발

전쟁준비를 완료한 북한은 남한을 공산화시키기 위하여 1950년 6월 25일 새벽 4시를 기하여 T-34전차를 앞세우고 기습적인 남침을 개시하였다. 이때 한국군은 일요일이라 모두 외출을 나가고 서울 삼각지에 있는 육군회관에서는 장군들이 부부동반으로 무도회까지 열고 있었다. 6월 25일 새벽 육군본부 상황실에서 근무를 하고 있던 상황장교가 38선으로부터 북한군이 공격을 했다는 보고를 접수하고 북한군의 남침을 참모총장 채병덕 장군에게 보고를 하면서 전투준비에 들어갔다.

야크 전투기와 전차를 앞세우고 파죽지세로 밀고 내려오던 북한군은 전쟁개시 3일만에 서울 미아리 선을 점령하였다. 한국군은 전차라곤 한 대도 없었다. 대전차 화기가 있었지만 구경이 작아서 북한군의 전차에게 포를 쏘면 한방을 맞고 끄덕하면서 잠시 멈추었다가 다시 괴물처럼 계속 굴러 내려왔다. 한국군은 도저히 북한군의 전차를 당해낼 수가 없었다. 할 수 없어 수류탄을 들고 전차 위에 올라가서 전차뚜껑을 열고 북한군 전차 속에 집어넣고 자살하는 육탄용사까지 나오기도 하였다. 한국군 1사단에 가면 이러한 육탄 10용사를 추모하는 기념비를 볼 수 있다.

나) 한강교 폭파

전차를 몰고 계속 남진을 하니까 채병덕 육군참모총장은 공병감 최창식 대령에게 한강다리를 폭파하라고 명령을 내린 후 경기도 시흥으로 육군본부를 옮겼다. 비가 억수로 쏟아지는 가운데 한강다리가 폭파되니 수많은 피난민들이 다리에서 떨어져 생명을 잃게 되었다.

이때 서울시민이 모두 150만 명이었는데 100만 명만 피난을 하였고 50만 명은 한강을 건너지 못하고 서울에 잔류하면서 서울이 다시 수복될 때까지 공산치하에서 어려운 생활을 하게 되었다. 서울에 남아있던 시민들은 의용군이라는 이름으로 북한군에 끌려가고 그들의 말을 듣지 않은 사람들은 손발이 묶인 채 우물에 집어넣어져 죽임을 당했다.

한강교량이 폭파되니 한국군의 주력은 한강이북에서 다리를 건너지도 못하고 괴멸되었다. 일부 장병들은 무기와 장비를 버리고 맨몸으로 강을 건너 영등포일대에서 자기부대를 못 찾아 우왕좌왕하는 모습까지 보이고 있었다.

한국전쟁 초기 북한 인민군이 서울을 공격했을 때 한강교를 조기에 폭파한 것은 한국 전쟁사에 크다란 과오중의 하나였다. 그런데 전쟁을 할 때에는 군사적으로 공격, 방어, 철수 등의 작전이 있게 되는데 철수를 할 때에는 교량을 폭파하는 것이 가장 중요한 작전 중의 하나이다.

역사적으로 교량을 폭파하지 못하고 철수함으로써 군사적으로 피해를 본 예를 보면 제2차 세계대전시 독일군이 연합군에 밀려 철수를 하면서 라인강 상에 있는 "레마겐의 철교"를 폭파하지 못하여 연합군이 쉽게 독일을 점령할 수 있었다. 당시 연합군 측에서는 라인강 상에 있는 레마겐의 교량을 확보하도록 아이젠하워 장군이 특별명령까지 내렸다. 이에 따라 미군 특수부대가 조기에 레마겐의 철교를 장악했고 독일군은 다리를 폭파하지 못하였다. 그 결과 베르린이 조기에 함락되고 히틀러는 연합군의 공격에 위협을 느끼고 자살까지 하였다.

또 한 예는 6·25 한국전쟁 시 북한군이 38선을 기습적으로 공격해 올 때 한국군은 임진강 다리를 폭파하지 못하고 철수함으로써 북한군은 임진강을 무사히 도하하여 서울을 3일만에 점령할 수 있었다.

(1) 한강교 폭파에 따른 문제점

임진강 교량을 조기에 폭파하지 못했던 것에 대하여 후회를 하고 있던 한국 정부는 이승만 대통령이 서울로부터 한강이남으로 철수를 하게 되면 한강다리는 반드시 폭파되어야 한다는 것을 국무회의에서 결정하였다.

이때 북한군이 탱크를 몰고 의정부까지 공격하고 있는데도 불구하고 국민들을 안심시키기 위하여 국군이 남침을 한 북한군을 잘 막아내고 있다고 허위방송을 하고 있었다. 심지어는 당시 최병덕 참모총장은 38선에서 국군이 괴멸이 되고 있는데도 불구하고 국회에 출두하여 한국군이 용감하게 싸우고 있기 때문에 "점심은 평양에서 먹고, 저녁은 신의주에서 먹을 수 있다"라고 거짓 진술을 하기도 하였다.

그러나 북한군이 미아리까지 공격해 오니까 참모들이 한강다리를 폭파하는 것은 신중하게 생각해야 된다는 건의에도 불구하고 육군참모총장 채병덕 장군은 공병감 최창식 대령에게 한강교량을 폭파하도록 명령을 내렸다. 이어서 육군본부는 시흥으로 옮겨지고 최창식 대령은 1950년 6월 28일 새벽 2시 30분에 한강교를 폭파하였다.

이때 한국군 주력은 한강이북에 있었고 수많은 피난민들이 한강다리를 건너 남으로 피난 길에 오르고 있는 중이었다. 한강교가 폭파된 줄도 모르고 깜깜한 밤중에 다리를 건너던 700여 명의 사람들과 차량들이 비가 억수로 쏟아지는 가운데 한강 물속으로 빠지면서 아비규환이 되었다.

대부분의 한국군 주력들은 장비와 무기를 한강이북에 버려 둔 채 헤엄을 쳐서 맨몸으로 한강을 건너게 되니 총 없는 군인이 되고 말았다. 한강교량이 폭파되니 많은 사람들이 피난을 하기 위하여 마포나루로 나와 배를 타고 강을 건너려고 하였지만 제한된 배이기 때문에 50만의 서울시민이 피난을 하지 못하고 한강이북에 남아있으면서 북한군의 통치를 받게 되었다.

또한 젊은 사람들은 북한군에 강제로 끌려가고 나이 많은 사람들은 탄환을 나르는 등 강제로 부역에 동원되었다. 이때 서울시민들은 김일성과 스탈린의 사진을 들고 행진을 하여야 했고 김일성을 찬양하는 노래를 부르면서 북한군에 협조를 하지 않을 수 없었다. 만약 북한군에 협조를 하지 않으면 반동분자로 몰려 처형을 받게 되었는데 이때 인민재판에 의해 처형된 사람이 9,500명에 이르렀다. 유엔군에 의하여 서울이 수복된 후에는 피난을 하지 못하고 서울에 남아 있던 사람들이 유엔군 측에 의하여 사상적인 의심을 받으면서 책임추궁을 받아야 하는 불행이 초래되었다.

한강을 건너 피난을 간 사람에게는 주민등록증과 같은 도강증이라는 것을 주고 피난을 가지 못하고 한강이북에 남아 북한군 치하에 있었던 사람들은 도강증을 받지 못했다. 도강증이 없는 사람들은 모두 빨갱이로 몰려 유엔군에 의하여 온갖 고초를 당하게 되는 비극이 초래되었다.

따라서 한강교 폭파는 북한군의 공격을 차단하는 효과보다는 선량한 국민들에게 큰 비극을 주었을 뿐 만 아니라 국군의 주력이 철수를 하지 못하여 막대한 병력과 장비의 손실을 가져온 결과가 되었다.

(2) 교량폭파 책임자

서울 수복 후에는 한강교량을 조기에 폭파시킨 것이 정치적인 문제로까지 확대되기에 이르렀다. 한강다리를 조기에 폭파시킨 사람을 처벌해야 된다는 여론이 고조되니까 가장 난처한 입장에 처한 사람은 신성모 당시 국방장관이었다. 국방장관이 궁지에 몰리게 되니까 여론을 조기에 수습하기 위하여 다리를 폭파한 아랫사람을 처벌하는데 서두르고 있었다.

당시 한강교량 폭파에 군사적인 책임이 있는 육군참모총장 채병덕 장군에게 책임을 물으려고 하였으나 참모총장은 하동전투에서 이미 전사한 상태였기 때문에 참모총장의 명령을 받고 한강교를 폭파한 공병감 최창식대령이 군법회의에 회부되었다.

군법회의에서 공병감 최창식대령은 1950년 9월 15일에 사형선고를 받고, 9월 21일에 서둘러 총살형으로 사형이 집행되었다. 그러나 한강교 폭파는 이승만 대통령이 주관하는 국무회의에서까지 논의가 되었기 때문에 한강교 폭파에 대한 책임자는 누구에게 있는지 명확하게 가려지지 못하였다.

(3) 최창식 대령의 명예회복

최창식 대령의 사형이 집행된 후에 유가족에게 이 사실을 알리지 않았다. 나중에 최창식대령의 부인 옥정애 여사는 남편의 사형집행 사실을 알고 시신이라도 찾으려고 여기 저기 돌아다니며 진실을 확인하고 있었다. 결국 최대령 부인은 남편이 처형된 후 3년이 지난 후에야 남편의 유골이 국립묘지에 있다는 것을 알고 남편의 명예를 회복하기 위하여 변호사와 함께 소송을 제기하였다.

이 소송에서 군인은 상부의 명령에 절대 복종하는 것이 기본임무이기 때문에 참모총장의 명령에 따라 한강다리를 폭파할 수 밖에 없었던 최창식 대령에게 1964년 10월 23일 무죄가 선고되어 명예가 회복되었다. 최 대령이 무죄가 됨으로써 한강교량을 폭파한 책임자가 명확하게 가려지지 않은 상태 하에서 오늘에 이르고 있다.

다) 유엔군 참전

한강다리가 폭파된 후 일본 동경에서 극동군사령관을 하고 있던 맥아더 장군은 경비행기로 수원비행장에 내려 한강 남쪽 강변을 시찰한 후 한국군 만으로는 도저히 북한군의 공격을 저지할 수 없다고 판단하고 트루만 미국대통령에게 일본에 주둔하고 있는 미군을 한국전선으로 투입할 것을 건의하였다.

맥아더 장군으로부터 보고를 받은 트루만 미국대통령은 미조리주 고향에서 휴가를 즐기다가 즉각 워싱톤으로 돌아가 새로 태어난 대한민국이 공산화 되는 것을 막기 위하여 일본에 주둔하고 있던 미 제24사단을 한국전선으로 투입하게 하고 추가적인 미 본토 미군을 한국으로 투입할 것을 결심하였다.

미 제24사단의 선발대인 스미스 특수임무부대는 오산지역에 투입되어 북한군 2개 연대와 전투를 벌려 탱크 6대를 파괴하고 42명을 사살하는 전과를 올렸지만 파죽지세로 내려오는 북한 인민군을 당해낼 수는 없어 결국 대전 금강선까지 철수를 하였다.

한편 미국은 유엔에 건의하여 유엔군을 한국전선으로 파견해 줄 것을 요청하였다. 한국을 한반도의 유일 합법정부로 승인했던 유엔은 북한 인민군의 남침을 저지하기 위하여 1950년 6월 28일 유엔안전보장이사회를 열었다. 여기에서 유엔군을 투입하기로 결정함으로써 유엔 16개국이 한국전에 참전하였다.

이들 나라들은 미국을 비롯하여 영국, 프랑스, 캐나다, 호주, 뉴질랜드, 네덜란드, 필리핀, 터키, 태국, 그리스, 남아공, 벨기에, 룩셈부르크, 콜롬비아, 이디오피아 등이었다.

한국전에 참전한 유엔은 군대를 가장 많이 보낸 미국에게 유엔군 사령관을 임명해줄 것을 요청하였다. 미국은 이 요청에 따라 일본에서 극동군사령관을 하던 맥아더 장군을 유엔군사령관에 임명하였다. 유엔군사령관에 임명된 맥아더 장군은 워커 장군(Walton H. Walker)을 유엔군 지상구성군 사령관에 임명하였다. 후에 워커 장군은 의정부 전투에서 전사를 하였으며 서울에 있는 워커힐 호텔은 워커 장군을 기념하기 위하여 붙여진 이름이다.

이때 이승만 대통령은 지휘통일의 원칙에 따라 한국군의 작전통제권을 유엔군사령관인 맥아더 장군에게 넘겨주었다. 한국군의 작전통제권을 비롯하여 전 유엔군을 지휘하게 된 맥아더 장군은 일본에 있던 미 제24사단의 본대를 금강방어선에 투입하였지만 북한군에 당할 수가 없었다. 결국 금강 방어선에서 배합전술을 사용하는 북한군에게 무너지고 미 제24사단장인 딘 장군까지 포로가 되었으며, 북한 인민군은 1950년 8월 4일에는 낙동강선까지 이르게 되었다.

이 과정에서 충북 영동 부근에서 "노근리" 양민학살사건이 발생하였다. 북한 인민군은 민간인으로 위장한 비정규전부대를 아군 후방에 침투시켜 중요한 시설을 파괴하고 지휘소를 습격한 다음 주력부대가 공격하는 식으로 전진하는 배합전술을 사용하였기 때문에 사복으로 갈아입은 인민군과 선량한 민간인을 구분할 수 없었다. 그래서 양민의 피해가 본의 아니게 많이 나타나게 되어 "노근리" 양민학살사건이 발생하게 되었다.

1950년 8월 무더운 삼복더위가 계속되는 가운데 전선은 낙동강선에서 교착상태에 빠졌다. 낙동강은 천연장애물이라 방어하는 편에게 유리한 지형적인 조건을 제공하고 있었을 뿐만 아니라 유엔군의 계속되는 증파로 북한군의 진격이 낙동강선에서 소강상태를 보이게 되었다. 낙동강선에서 지루한 공방전이 계속되는 가운데 왜관 지역에서는 B-29에 의한 융단폭격까지 실시되어 많은 민간인 피해가 있었다.

라) 인천상륙작전

맥아더 장군은 낙동강선에서 교착상태에 빠진 전선을 승리로 이끌기 위해 1950년 9월 15일 인천상륙 작전을 실시하게 되는데 최초 이 작전을 계획할 때는 많은 사람들이 반대를 하였다. 왜냐하면 인천은 조수간만의 차가 심하고 수심이 얕을 뿐만 아니라 갯벌로 되어 있어 상륙함을 해안에 접안 시키기가 어려워 상륙작전 지역으로는 적당하지 않았기 때문이었다.

이에 대해 맥아더 장군은 "많은 사람들이 반대하는 그 이유가 내가 인천에서 상륙을 하려는 이유이다. 적도 그러한 이유로 허술하게 해안 방어를 할 것이기 때문에 우리는 기습적인 상륙을 할 수 있을 것이다"라고 주장하면서 한·미 해병대 및 육군 총 7만여 명이 참가하는 인천 상륙작전을 성공시켰다.

인천상륙의 성공으로 북한군은 허리가 절단되어 보급선이 차단되는 결과가 되었기 때문에 낙동강선에서 북으로 철수를 할 수 밖에 없었고 유엔군은 인천에서 상륙한 부대와 협동하여 적을 완전 포위섬멸 하였다. 이에 따라 북한군 주력은 전멸이 되었고 북으로 도망을 하지 못했던 패잔병들은 지리산일대로 들어가서 빨치산이 되어 휴전이 될 때까지 후방에서 교란작전을 실시하였다.

이러한 빨치산을 군과 경찰이 소탕하는 과정에 "거창양민학살사건"이 일어났다. 빨치산 공비들은 군복을 착용하지 않았기 때문에 민간인과 구분이 어려웠다. 그래서 공비토벌을 하는 과정에서 무고한 양민들이 많이 희생을 당하게 되는데 이때 제11사단이 지리산지역 거창군 신원면 일대에서 공비토벌작전을 하던 중 양민 600여 명을 집단으로 학살하는 사건이 일어났던 것이다. 이 결과 제11사단 9연대장을 비롯한 많은 군 간부들이 군법회의에 회부되었다.

1950년 9월 15일 인천상륙작전에 성공한 유엔군은 9월 28일에는 서울을 탈환하였다. 서울을 탈환한 후 피난을 하지 못하고 서울에 남아서 인민군에 협조를 한 사람들을 색출하는 과정에서 많은 사람들이 피해를 당하기도 하였다.

마) 38선 돌파

서울을 탈환한 유엔군은 38선에 도착하여 북진을 계속할 것인가를 고민하고 있었다. 한국은 계속 진격을 하여 국토를 통일하려고 하였고 유엔은 중국이 개입하게 될 것을 우려하여 38선 이북으로 공격하기를 주저하고 있었다.

이러한 상반된 의견이 대립되고 있는 가운데 이승만대통령이 당시 한국군에 대한 작전통제권은 없었지만 한국군 장군들을 경무대 즉 지금의 청와대로 비밀리에 불러 한국군 단독으로라도 북으로 공격하라는 지령을 내렸다. 이에 따라 속초지역에 배치되어 있던 한국군 제3사단이 1950년 10월 1일에 작전통제권을 가지고 있던 유엔군 사령관의 명령도 없이 38선을 돌파하여 북으로 공격을 하였다.

한국군이 38선을 넘어 북으로 공격하니 북한 인민군은 인천상륙작전을 통하여 낙동강선에서 대부분의 병력이 손실된 상태라 한국군의 공격에도 힘없이 무너졌다.

한국군이 38선을 돌파해서 북으로 진격을 하게 되니 미군을 포함한 유엔군도 따라오지 않을 수 없게 되었으며 한국군은 38선을 돌파한 날을 축하하기 위하여 10월 1일을 국군의 날로 정하였다. 그렇기 때문에 10월 1일을 국군창설기념일이라고 하면서 기념하는 것은 잘못되었다고 할 수 있다. 그래서 진정한 국군의 날은 일제시대에 광복군이 창설된 1940년 9월 17일로 하는 것이 합리적이기 때문에 국군의 날은 재검토되어야 할 것이다.

38선을 돌파한 한국군은 파죽지세로 북진하여 10월 20일에는 평양을 점령하고 10월 25일에는 압록강까지 진격하였다. 이때 북한군은 산으로 도망을 가면서 오합지졸이 되어 철수를 하였다. 유엔군은 평양을 점령할 때 평양 북방 숙천지역에 대규모 낙하산 부대를 투하하여 평양을 포위한 후 김일성을 생포하려고 하였지만 김일성은 이미 강계지역으로 철수하고 평양은 텅 빈 상태였다. 이때 17만 명이나 되는 포로가 체포되어 거제도에 거대한 포로 수용소가 만들어 지기도 하였다.

바) 중국군 개입

한 · 만 국경선까지 도착한 유엔군은 1950년 10월 26일 예상치 못한 중국군을 압록강 변에서 만나게 되었다. 30만의 중국군은 유엔군의 공중정찰을 피하기 위하여 야간에만 행군을 하여 북한으로 들어왔는데 중국군의 개입정보를 입수하지 못했던 유엔군은 갑자기 나타난 중국군의 인해전술을 당해 낼 수가 없었다. 방망이 수류탄만 들고 공격해 오는 수만은 중국군을 아무리 총을 쏘아도 죽은 시체를 넘어 계속 공격을 해 오기 때문에 결국 유엔군은 중국군의 이러한 인해전술에 밀려 다시 남쪽으로 후퇴하였다.

철수를 할 때 미 제2사단은 황주지역에서 중국군에 포위되어 많은 희생자를 내게 되는데 이 계곡을 "죽음의 계곡"이라고 한다. 죽음의 계곡을 통과해서 미 제2사단이 철수를 하는데 양쪽 산을 점령하고 있던 중국군이 미군의 행군대열을 기습함으로써 미군은 거의 몰살 되다시피 하였다. 이렇게 철수한 유엔군은 서울을 다시 공산군의 손에 넘겨주게 되는데 이를 1 · 4후퇴라고 한다. 이때 북한에서 유엔군과 함께 자유를 찾아 철수한 피난민이 50만 명에 이르렀다.

사) 흥남 철수작전

한편 유엔군이 진격할 때 동부전선에서는 미 해병 제1사단이 1950년 11월 25일 개마고원에 있는 장진호까지 들어갔지만 11월 27일 밤 중국군의 공격을 받게 되어 부대원 절반이 전사하는 등 어려움에 직면하였다. 11월 27일부터 12월 1일까지 중국군은 특유의 인해전술로 총공세를 펼쳤다. 12월 6일 수송기를 통해 보급품을 지원받은 미 해병 제1사단은 차량 1,000여 대를 이용해 중국군 포위망을 뚫고 극적으로 흥남으로 이동했다.

스미스 미 해병1사단장은 "우리는 후퇴가 아니라 새로운 방향으로 공격하는 것"이라고 하면서 중국군의 포위망을 뚫고 나왔는데 이때 미 해병 1사단은 적과 추위와 함께 싸우면서 포위망을 탈출하였다. 개마고원의 겨울 추위는 영하 30도를 보이고 있는 가운데 환자들에게 수혈을 하려니 피가 얼어 난로 불에 피를 녹여가면서 수혈을 하고 환자를 수송할 구급차가 없어 포신에 매달고 철수를 하는 비극적인 작전이었다. 이러한 장면을 배경으로 하여 만든 미국영화 "젊은 사자들"이 큰 인기를 끌기도 하였다.

홍남까지 나온 미 해병1사단은 1950년 12월 24일 크리스마스 이브에 LST를 타고 부산으로 철수를 하였는데 이때 홍남에서 피난민들이 몰려나와 배를 타려고 아수라장을 이루었다. 결국 피난민 10만을 배에 태우고 철수를 시켰는데 이 민간인 철수작전은 군용선으로 일시에 민간인을 철수시킨 사상 유래 없는 큰 작전이라고 하여 기네스북에 올라 있다. 이때 장면을 묘사한 "굳세어라 금순아"라는 노래는 오랫동안 인기 곡으로서 많은 사람들에게 애창되기도 하였다.

아) 한국의 사회상

당시 한국사회상을 보면 대부분의 학교가 폭격을 당해 불에 타버렸기 때문에 학생들은 나무에 칠판을 걸고 가마니를 땅에 깔아놓고 공부를 하였다. 먹을 것이 없어 미군부대에서 나오는 먹다 남은 잔 밥을 쓰레기 통에서 가져와 그것을 다시 끓여 시장에서 팔고 있었는데 그것이 가장 인기 있는 꿀꿀이 죽이었다. 오늘날 우리들이 즐겨 먹는 부대찌개도 그 당시에 나온 메뉴인데 미군부대에서 나오는 소시지와 햄 등을 넣어 꿀꿀이 죽으로 먹던 것이 부대찌개의 원조이다.

그 당시 미국으로부터 옷과 우유 등의 구호물자가 들어와서 국민들에게 배급이 되었는데 미국사람들이 입던 옷이라 상의가 외투 같았으며 신발이 커서 끌고 다니기도 하였다. 우유가루가 큰 드람통으로 담겨져 배급이 나왔는데 우유가루를 입에 넣고 물을 마시다가 목이 막혀 병원으로 실려가는 아이들 까지도 있었다.

이때 군에 입대할 때 방아쇠만 당기는 연습만 시키고 전투에 투입되니 갓 입대한 신병들은 파리목숨 같은 하루살이 인생이었다. 그래서 군에 가는 사람들은 어깨에 띠를 두르고 동네 밖에까지 마중 나온 마을사람들의 환송을 받으면서 군에 입대하였다. 부모들과 아낙네들은 눈물을 흘리며 담 너머로 남편과 자식의 마지막 가는 길을 보면서 한없이 눈물을 흘리기도 하였다. 이러한 장면을 묘사한 노래로서 백설희가 부른 "아내의 길"이라는 유명한 인기곡이 그 당시 유행하기도 하였다.

학생들은 책가방을 내려놓고 학도병이라는 이름으로 전선으로 투입되었는데 이들은 군번도 없었기 때문에 한때는 김대중, 김영삼 전 대통령 같은 사람들은 병역을 필 하였는지에 대한 근거가 없어 대통령선거시에 시비의 대상이 되기도 하였다.

이때 "국민방위군사건"이 발생하였다. 제2국민병으로 편성된 부대가 국민방위군이었는데 국민방위군 간부들이 쌀과 군복을 지급하지 않고 착복하였기 때문에 1,000여 명의 방위군들이 굶어 죽고 동사하는 사건이 발생하였다. 부정행위를 한 간부들을 총살시키고 국민방위군 제도를 폐기한 사건이 "국민방위군사건"이다.

자) 기동전에서 진지전으로

1951년 3월 14일 서울을 재탈환하고 다시 38선을 회복하면서 지루한 진지전이 계속되었다. 진지전을 하는 동안 철원지역에서는 백마고지

전투가 한국군 제9사단과 중공군 5개사단과 벌어지는데 조그마한 산에서 20번에 걸쳐 피아간에 주인이 바뀌는 치열한 전투가 계속되었다. 백마고지는 비록 낮은 봉우리였지만 철원평야를 통제할 수 있는 전략적으로 피아간에 대단히 중요한 지형이었다.

조그마한 산에 포를 많이 쏘아 산 높이가 5미터나 낮아졌으며 푸르던 산이 나무가 하나도 없이 백마같이 길게 누워있다고 하여 백마고지라는 이름으로 불려졌다. 백마고지는 결국 한국군이 차지한 가운데 지금도 철원지역에 가면 한국군이 이 백마고지를 지키고 있다. 이 전투에서 승리한 한국군 제9사단은 사단이름을 백마사단이라고 하였으며 이 백마사단은 월남전에서도 맹위를 떨친 정예 사단이다.

차) 휴전

38선에서 밀고 밀리는 진지전이 지루하게 계속되자 맥아더 장군은 만주지역에 원자탄을 투하하고 북진통일을 하자고 강력히 주장하지만 전쟁이 확대되는 것을 거부한 미국의 정책에 따라 맥아더 장군은 해임이 되고, 리지웨이 미8군사령관이 유엔군사령관으로 부임하였다. 미국은 한국전쟁을 끝내야 한다는 여론이 일어나고 있었기 때문에 빨리 한국전쟁을 중지시키고 싶었다. 그래서 원자폭탄을 투하해서 전쟁을 확대하려고 하는 맥아더 장군을 해임했던 것이다. 맥아더 장군은 본국으로 소환이 되어 미국 의회에서 "노병은 죽지 않고 단지 사라질 뿐이다"라는 연설을 남기고 은퇴를 하였다.

이러한 가운데 마침 소련 말리크 유엔대표가 유엔에서 연설을 통하여 휴전을 제의하였다. 그렇지 않아도 휴전을 바라고 있던 미국은 소련이 휴전을 제안하자 즉각 이에 응하였다. 유엔군측에서 휴전회담을 원산 앞바다에 정박하고 있는 네덜란드 병원선(Justlandia)에서 개최하자고 하였으나 공산군측은 개성에서 휴전회담을 하자고 고집을 부리는 바람에 당시 북한군이 통제하고 있던 개성에서 최초의 휴전회담이 1951년 7월 10일부터 개최되었다.

공산군 측이 개성을 주장한 이유는 당시 공산군의 수중에 있던 개성은 38선 이남에 위치하고 있었기 때문에 개성을 빼앗기지 않으려고 개성에서 회담을 하자고 하였다. 회담을 하는 장소에 폭격을 할 수 없을 것이라는 것을 공산군 측은 잘 알고 있었다. 그래서 지금의 휴전선이 동쪽은 38선 이북으로 훨씬 넘어가 있고 서쪽은 38선 이남으로 내려와 있다. 개성에서 휴전회담이 실시될 때 공산군 측에서는 유엔군 대표가 개성으로 들어올 때 백기를 차에 달도록 하였다. 공산군 측은 이러한 장면을 크게 보도하면서 북한주민들에게 유엔군이 항복을 하러 개성으로 들어온다고 정치적인 선전을 하기도 하였다.

개성에서 시작된 휴전회담은 양측의 입장차이로 인하여 결렬이 되고, 얼마 후 양측의 경계선이었던 판문점에서 휴전회담이 계속되어 군사분계선을 양측군대가 접촉하고 있는 선으로 한다는 것으로 합의되었다. 서로간에 한치의 땅이라도 더 얻기 위하여 휴전회담이 계속되는 동안에도 치열한 고지쟁탈전이 전개되었다.

포로 송환협상은 반공포로 문제로 인하여 어려움이 많았다. 반공포로는 휴전이 되어도 돌아가지 않고 자유민주주의 진영에서 살겠다고 하는 공산군 측 포로를 말한다. 반공포로가 생기게 된 것은 초기 전투시 북한 군이 남한을 점령했을 때 피난을 하지 못하고 남아있었던 사람들을 강제로 끌고 가서 인민군에 입대시켰다. 이들은 휴전이 되어도 북으로 돌아가지 않고 계속해서 남한에 남아 있겠다고 하였다. 또 한국전쟁시에 중국군으로 참전하였다가 포로가 된 사람들 중에는 장개석 군대에서 모택동 군대에 편입이 된 사람들이 많았는데 이들도 휴전이 된 후에 중국으로 가지 않고 자유민주주의 세상인 대만으로 가겠다고 하였는데 이들이 바로 반공포로들인 것이다.

결국 반공포로 문제는 중립국에서 관리하면서 본인들이 원하는 지역으로 보낸다는 합의가 나오면서 먼저 부상자 포로를 송환하고 1953년 7월 27일에 휴전이 조인되었다. 유엔군 협상대표 해리슨 장군과 공산군측 협상대표 남일이 먼저 휴전협정에 서명을 하였고 이어서 유엔군사령관 클라크 대장 그리고 조선인민군사령관 김일성과 중공군사령관 팽덕회가 서명을 하면서 3년간에 걸친 한국전쟁은 종전 아닌 휴전상태로 총성이 멈추게 되었다.

3. 정치이데올로기 유형과 한국 빨치산

가) 정치 이데올로기 유형

정치 이데올로기는 우익(右翼)과 좌익(左翼) 즉 진보와 보수 등으로 나누어 진다. 우익과 좌익이라는 용어는 1789년 프랑스혁명 직후 프랑스가 군주국가에서 근대 국민국가로 발전하면서 제1공화국 국회가 열렸을 때 보수파는 국회의장의 우측에 앉고 진보파는 좌측에 앉았다고 하는 것에서 유래하였다.

우익 즉 보수주의는 기존의 정치·경제·사회적 질서를 수호하고 현상유지를 하고자 하는 것이며 좌익 즉 진보주의는 현 상황을 변화시키려고 하는 이데올로기를 말한다.

일반적으로 공산주의를 좌익, 자본주의를 우익이라고 하고 있다. 그 이유는 18세기 서구유럽에서 자본주의 체제의 불합리성을 타파하기 위하여 탄생된 것이 공산주의이기 때문에 기존질서를 파괴하고 새로운 체제를 만들고자 하는 뜻으로 공산주의를 진보라 하고 기존의 자본주의체제를 보수라고 하는 것이다.

이러한 이데올로기의 유형을 구체적으로 분석한 이데올로기 스펙트럼이 있는데 레온 바라다트(Leon P. Baradat)가 분류한 이데올로기 스펙트럼(Spectrum)을 보면 다음과 같다.

급진주의 – 진보주의 – 온건주의 – 보수주의 – 반동주의

급진주의(Radical)자는 현재의 사회질서에 극도로 불만을 가진 사람들로서 주로 폭력을 수반해서 정치·사회체제를 변화시키고자 하는 사람들이다.

진보주의자(Liberal)는 법을 지키지만 사회의 약점을 예민하게 지적하고 사회적 결함에 대하여 참지 못하는 자들이며 이들은 체제 안에서 개혁을 시도하려고 한다.

온건주의자(Moderate)는 현재의 질서에 대하여 변화와 수정은 있어야 하지만 기본적으로는 현 사회에 만족하고 있는 자들이다. 이들은 기존 질서의 파괴를 거부하기 때문에 변화를 하되 가볍고 완만하게 변화를 하도록 해야 한다는 것이다.

보수주의자(Conservative)는 현재의 제도가 선택할 수 있는 최선의 것이라고 믿고 있으며 현 질서에 가장 만족하고 있는 사람들이다. 이들은 전통을 존중하고 발전을 위한 약간의 변화만을 허용한다.

반동주의자(Reactionary)는 사회질서를 이전의 상태로 돌려놓으려고 한다. 즉 이들은 퇴보적 변화를 추구한다. 다시 말하면 현 체제를 파괴시키고 이전의 가치와 체제로 되돌아가고자 하는 사상을 말한다.

나) 한국 빨치산

정치이데올로기를 실현하기 위하여 폭력을 사용하는 경우가 있는데 이러한 폭력을 행동으로 실천하는 무장정치집단을 빨치산이라고 한다. 빨치산을 영어로 파티산(Partisan)이라고 하는데 이 어원은 프랑스어의 파티(Parti) 즉 당원, 동지라는 것에서 유래하였다. 따라서 빨치산이라고 하면 정치적인 목적을 가진 당원들의 투쟁 즉 비 정규전을 수행하는 유격대원을 뜻하는 것이다.

우리나라에서도 해방 후 공산주의 이념을 가진 빨치산들이 지리산을 중심으로 백운산, 백아산 일대에서 많이 활동하고 있었는데 이러한 빨치산의 근원은 ① 여수반란사건의 잔당, ② 북한 강동정치학원에서 양성되어 남파된 무장공비, ③ 한국전쟁시 낙동강 전선에서 퇴로가 막혀 남아있던 잔당들이다.

일제 36년간의 속박에서 벗어나 해방이 되자 남한에서는 미군정이 시작되면서 좌익과 우익 간에 정치적인 주도권을 잡기 위하여 치열한 투쟁이 계속되었다. 이러한 가운데 위조지폐사건 즉 "정판사(精版社)"사건이 일어나면서 미군정은 좌익인 남조선노동당(남노당) 소탕작전에 들어가게 되었고 남노당 수뇌인 박헌영은 북으로 도망가고 남노당 잔당들은 지하로 숨어들면서 남한사회를 전복시키기 위하여 폭동을 수시로 일으켰다.

이때 정판사 사건으로 지하로 숨어들어간 남노당 계열은 육지에서 멀리 떨어져 정부의 통제력이 미치기 어려운 제주도로 들어갔다. 한라산 기슭에서 일본군이 버리고 간 무기를 가지고 폭동을 일으키기 위하여 훈련을 하고 있었던 것이다. 이러한 상황 하에서 1948년 유엔감시하에 남한에서의 국회의원 총선거 즉 5・10총선이 발표되자 이에 반대하기 위하여 1948년 4월 3일 새벽2시에 남노당 무장폭도들은 일제히 폭동을 일으켰다. 그리고 이들은 제주도내 전 관공서를 파괴하고 경찰서를 습격 점령하여 제주도의 대부분을 장악하였다. 마을마다 세포조직을 편성하여 전 주민을 위압하게 되니 순수한 주민들은 무장 폭도들의 말을 듣지 않을 수 없었다.

제주도에서 일어난 4·3사태에 대한 진압이 어렵게 되자 정부는 여수에 주둔하고 있던 국군 제14연대 병력 3,000여 명을 제주도로 급파하기로 결정하였다. 제14연대는 1948년 5월에 각 부대에서 병력을 차출해서 창설되었기 때문에 오합지졸과 다름없었다. 원래 부대를 창설할 때는 새로 입대하는 신병들만 가지고 창설하게 되면 병력이 한꺼번에 부대에 들어왔다가 한꺼번에 제대를 하기 때문에 신참과 고참을 골고루 썩어서 편성하게 된다. 즉 각 부대에서 병력을 차출하여 새로운 부대를 편성하게 된다. 병력을 차출할 때는 통상적으로 기존부대에서 문제를 일으키는 골치 아픈 병사를 차출해 주기 때문에 창설하는 부대는 좋은 병력으로 구성되기가 어렵다.

제14연대는 창설부대라 병력의 질도 좋지 않은데다가 연대 안에도 이미 공산프락치들이 침투되어 있었다. 이 연대가 제주도 4·3사태를 진압하기 위하여 여수항을 출발하기로 되어 있었던 1948년 10월 20일 새벽 2시에 제14연대 안에 있던 반란군 주모자인 김지회 중위와 지창수 상사 등이 미리 포섭해 놓았던 행동대원 40여 명과 함께 병기고에서 무기를 탈취해서 폭동을 일으킨 것이 여수반란사건이다.

반란 주모자들은 무기고를 탈취한 후 비상나팔을 불어 병력을 연병장에 집결시켜 놓고 말을 듣지 않는 병사들을 단상에 올려놓은 후 총살을 시키게 되니 순진한 병사들은 반란군의 말을 듣지 않을 수 없었다. 이렇게 부대를 장악한 주동자들은 "① 지금 경찰들이 우리한테 쳐 들어 오고 있다, 우리 모두 경찰을 타도하자, ② 동족상잔인 제주도 출동을 반대하자, ③ 조국의 염원인 남북통일을 이룩하자, ④ 지금 인민군이 38선을 넘어 남진 중이니 우리는 북으로 공격하여 인민군과 합류하자."라고 하면서 주모자들은 부대를 이끌고 여수시내로 진군하였다.

1,000여 명의 반란군은 순식간에 여수시를 점령하고 말을 듣지 않는 사람들을 그 자리에서 처형시키면서 순천, 광주, 남원 일대까지 지역을 확대시켜 나갔다. 결국 1주일 만에 반란은 진압되었지만 이 사건으로 많은 인명피해가 나고 수 만 채의 가옥이 불타게 되었다. 김지회 중위를 비롯한 반란 세력들은 지리산으로 들어가 최초의 한국 빨치산이 되었다.

한편 정판사 위조지폐사건 후 북으로 넘어간 박헌영은 김일성 밑에서 조선노동당 부주석이 되었다. 다시 말하면 박헌영이 이끄는 남로당과 김일성의 북로당이 합당하여 조선노동당을 창설하게 되고 조선노동당 주석은 김일성, 부주석을 박헌영이가 맡게 되었던 것이다.

조선노동당 부주석 박헌영은 강동정치학원이라는 빨치산 양성소를 평양에 설치해 놓고 훈련된 빨치산을 태백산맥을 따라 소백산을 거쳐 지리산 일대로 남파하여 여수반란사건 시에 지리산으로 들어가 빨치산 활동을 하던 무리와 합류를 시켰다. 즉 강동정치학원에서 조직적으로 교육을 받은 빨치산은 지리산 일대에서 빨치산 지도자로서 역할을 하게 되었다.

그리고 한국전쟁시 낙동강선까지 밀고 내려왔던 북한 인민군이 맥아더 장군의 인천상륙작전에 의하여 허리가 절단되니 낙동강선에 집결되었던 인민군 주력은 북으로 철수를 하지 못하고 대부분 지리산으로 들어가 기존의 빨치산과 합류하였다.

이러한 빨치산을 규합한 것을 남부군이라고 하는데 이 남부군을 총지휘한 사람이 이현상이다. 그는 해방 전부터 공산주의사상에 투철한 지도자로서 김일성과 박헌영에 못지 않은 공산주의자이었다. 남부군이라고 칭하며 지리산일대에서 활동하던 빨치산은 후방지역에서 열차를 폭파하고 관공서 등을 불지르면서 통신, 철도, 수도 등 국가기간산업을 마비시키면서 후방교란작전을 펴고 있었다.

빨치산들은 밤에 마을로 내려와 닭, 돼지, 소 등을 잡아가면서 보급투쟁(보투)활동을 하였기 때문에 지리산 일대에는 밤에는 빨치산 세상, 낮에는 국군 세상이 반복되었다. 이러한 빨치산을 소탕하기 위하여 정부에서는 수도사단, 8사단, 11사단 등을 지리산 지역으로 투입하여 백선엽장군의 지휘하에 "백야전 전투사령부"를 설치하고 빨치산 토벌작전을 실시하였다. 중국군이 압록강을 건너 한국전쟁에 투입되면서 이들과 연결작전을 하기 위하여 빨치산은 더욱 기성을 부리고 있었다.

빨치산 토벌작전은 겨울에 하는 것이 가장 효과적이다. 겨울에는 산에 눈이 쌓여있기 때문에 발자국이 남고 또 추위와 배고픔에 시달리는 빨치산은 겨울에 가장 취약하기 때문이다. 결국 빨치산들은 1953년 9월 지리산 빗점골에서 남부군 사령관이었던 이현상이 사살되면서 남한지역에서 활동하던 빨치산은 완전히 소탕되었다. 빨치산사령관 이현상의 시신은 서울에서 많은 사람들에게 공개된 후 섬진강가에서 화장이 됨으로써 한국 빨치산의 신화는 막을 내리게 되었다.

휴전협상이 진행될 때 남한은 빨치산도 포로로 간주하고 북으로 넘겨주기 위해 노력을 하였지만 북측은 이를 거부함으로써 빨치산은 남과 북으로부터 동시에 버린 받은 비운의 존재가 되었다. 이러한 빨치산을 배경으로 하여 만든 책으로 태백산맥, 남부군, 겨울골짜기 등 베스트셀러가 많은데 "태백산맥"은 너무 좌익적인 측면에서 묘사가 되었다고 하여 10년 이상 재판에 계류되었다가 보안법에 저촉되지 않는다는 판결을 받게 되어 베스트셀러가 되기도 하였다.

4. 한국전쟁의 기원(책임)

북한은 한국전쟁이 일어나게 된 것은 남한이 북한을 먼저 공격하였기 때문이라고 주장하고 있는데 과연 그 진실이 무엇인지를 알아보고자 한다. 북한이 한국전쟁을 북침이라고 주장함에 따라 그 동안 많은 학자들은 한국전쟁의 책임 즉 그 기원에 대한 연구를 계속해 왔는데 그 이론은 전통주의적인 시각과 수정주의적 시각으로 나누어 지고 있다. 이러한 전통주의와 수정주의 시각의 대립은 제2차 세계대전 이후 미국과 소련 양대 진영에 의해 대립했던 냉전의 원인을 설명하는 데서부터 찾을 수 있다.

가) 냉전의 원인

냉전의 원인은 전통주의적인 시각과 수정주의적인 시각으로 나누어 진다. 전통주의 시각은 소련이 세계공산화 혁명전략의 일환으로 전개한 공산주의 이데올로기의 팽창정책이 자유민주주의를 신봉하는 미국에 의해 단호한 거부반응을 불러일으켰고 여기에서 냉전이 확대되었다고 보는 입장이다.

반면에 수정주의 시각은 자본주의적 제국주의 팽창세력을 봉쇄하기 위한 소련의 거부 정책이 냉전의 원인이라고 보는 것이다. 1970년대부터 확산되기 시작한 이 수정주의 시각은 미국을 중심으로 한 자본주의적 제국주의 세력이 소련보다 강력한 군사력과 경제력으로 세계를 지배하려는 것에 대해 소련이 불가피하게 대응하면서 냉전이 확대되었다고 보는 견해이다.

나) 한국전쟁의 기원

한국전쟁의 기원에 대해서도 같은 맥락을 가지고 전통주의와 수정주의적인 시각에서 분석하고 있다. 전통주의적인 학설에 의하면 한국전쟁은 소련을 중심으로 한 공산주의세력에 의한 팽창전략의 일환으로 발생되었다고 보는 시각이다. 반면에 수정주의학설은 전통주의학설에 대응한 시각으로서 미국의 제국주의적 정책에서 한국전쟁의 원인을 찾고 있으며 전쟁의 책임을 남한과 미국측에 전가시키고 있는 시각이다.

전통주의적 시각에서 본 한국전쟁 원인은 스탈린 주도설, 스탈린 · 모택동 지원하의 김일성 주도설이 있다. 스탈린 주도설은 소련의 세계공산화 전략에 따라 스탈린이 한국전쟁을 주도했다는 것이며 이는 한국전쟁초기부터 자유진영국가에서 주장하고 있었던 학설이다. 당시 스탈린은 제2차 세계대전 이후 동유럽 국가들을 공산화하는데 성공하였고, 아시아 지역에서도 1949년 중국에 이어 한반도도 공산화하고자 하는 마르크스주의 이데올로기 팽창의 일환으로 스탈린이 한국전쟁을 주도했다는 것이다. 특히 1949년 6월 29일 미국이 한반도에서 군대를 철수시킨 후 1950년 1월에는 애치슨(Dean acheson) 미 국무장관이 기자회견을 통해 한국을 미국의 극동 방위선에서 제외시킨다는 내용을 발표함으로써 한국을 공산화 하더라도 미국이 개입을 하지 않을 것이라는 것을 판단한 스탈린이 김일성을 앞세워 한국전쟁을 일으켰다는 것이 스탈린 주도설이다.

스탈린, 모택동 지원하의 김일성 주도설은 한국전쟁은 김일성이 주도권을 쥐고 스탈린을 유혹하여 지지를 얻고 스탈린은 모택동과 협조하여 김일성을 지원하였다는 것이다. 1949년 10월 모택동이 중국을 공산화 시킨 후에는 스탈린은 아시아지역에 대한 공산혁명 전략의 주도권을 중국에 위임하였기 때문에 스탈린은 모택동과 협의 하에 김일성을 도와주었다는 것이다. 김일성은 박헌영이 남한에 구축해 놓았다고 하는 50만 명의 남로당 지하조직과 20만 명의 빨치산이 지리산에서 활동을 하고 있기 때문에 소련과 중국의 지원을 받아서 미군이 전쟁에 개입하기 전에 남한을 쉽게 무력적화통일을 할 수 있다는 자신감에 차서 한국전쟁을 김일성이 주도해서 일으켰다는 것이다. 김일성은 소련과 중국의 지원을 받게 되는데 구체적인 내용을 보면 소련으로부터는 T-34전차 240대, 비행기 210대, 기타 포병 및 장갑차 등을 지원 받았으며 중국으로부터는 제2차 세계대전시 중국군에 편입되었던 팔로군 내의 조선인 병사들을 북한으로 보내어 지원하였다. 즉 1949년에는 중국군 제4야전군에 있던 약 2개 사단 병력의 조선인 병사들이 북한으로 돌아가 인민군 제5사단과 6사단에 편입되었다. 추가로 1950년 4월에는 약 1개 사단규모의 조선인 병사들이 북한으로 돌아가 인민군 제7사단을 형성하였다. 따라서 한국전쟁은 스탈린으로부터 무기를 지원 받고 모택동으로부터 실전경험을 쌓은 조선족을 지원 받아 인민군을 창설해서 김일성이 남침을 주도했다는 것이다.

수정주의적 시각에서 본 한국전쟁의 원인은 이승만 맥아더 장개석의 음모설, 남한의 전쟁 유인설, 북침설 등이 있다. 이승만·맥아더·장개석의 음모설은 북한이 남침을 할 것이라는 것을 남한이 미리 알고 있으면서도 이승만, 맥아더, 장개석은 일부러 사전에 아무런 조치를 취하지 않고 남침을 묵인했다는 것이다. 그 이유는 이승만은 1950년 5월에 있었던 2대 국회의원총선에서 전체 의석 210석 가운데 45석 밖에 얻지 못하여 정치적인 위기에 처하게 되었는데 이를 모면하는 수단의 하나로 국내위기를 밖으로 전환시키기 위하여 전쟁을 일으켰다는 것이다. 그리고 당시 태평양지역 극동군 최고사령관인 맥아더 장군은 한국전쟁이 일어나면 유럽 우선주의적 이었던 미국정책을 아시아 우선주의적으로 전환시킬 수 있기 때문에 한국전쟁의 발발을 묵인했을 것이라는 주장이다. 한편 장개석은 잃어버린 본토를 수복하기 위하여 한국에서 전쟁이 일어나서 미국이 만주를 거쳐 중국까지 공격해 주기를 원하고 있었을 것이라는 설이다. 따라서 이승만과 맥아더 그리고 장개석 3자가 한국전쟁에 대한 각자의 이해관계에 따라 한반도에서의 위기가 임박한 것을 알고도 묵인했을 것이라는 학설이 이승만, 맥아더, 장개석의 음모설이다.

남한의 전쟁 유인설은 인도 캘거타 대학의 굽타(Gupta) 교수의 주장인데 굽타 교수는 1950년 6월 25일 한국 신문에 보도된 "한국군 해주시 돌입"이라는 기사를 근거로 하여 황해도 해주에서 한국군이 도발을 함으로써 전쟁을 유도했을 것이라는 설이다. 이는 1950년 6월 25일자 신문에 보도 된 내용을 근거로 하고 있는데 이에 대한 실체는 나중에 밝혀지게 되었다. 당시 황해도 옹진 반도에 있었던 최기덕이라는 종군기자가 북한의 침략이 있자 옹진반도 방어를 담당하고 있던 제17연대장 백인엽대령에게 철수를 권유했지만 백대령은 "나는 이 지역을 사수하겠으니 당신은 서울로 가서 제17연대는 해주를 향해 진격한다는 말을 전해달라"고 했다. 서울로 돌아온 최기덕 기자는 국방부 기자실에서 이 말을 다른 기자들에게 전하게 되니 남한의 언론들은 국군의 사기를 북돋우기 위하여 전국 신문에 "한국군 해주시 공격"이라는 제목으로 기사를 송고하게 되었다. 그래서 인도의 굽타교수는 남한이 일부러 전쟁을 유인했다고 주장하는 학설을 논문으로 발표하였던 것이다.

북침설은 북한이 주장하는 것으로서 북한은 남쪽이 먼저 38선에서 도발을 하였기 때문에 북한이 이에 대한 반격을 불가피하게 하였다고 주장을 하고 있다. 당시 38선은 행정적인 경계선이기 때문에 현장에서 보면 지역구분이 확실하지 않아 38선 일대에서는 크고 작은 충돌이 계속되고 있었다. 김일성은 남한이 전 휴전선에 걸쳐 공격을 해 왔기 때문에 할 수 없이 반격을 했다는 것이다. 이러한 시나리오를 만들기 위하여 북한은 남침하기 전에 사전에 전쟁계획을 치밀하게 수립해서 D-day를 1950년 6월 25일로 정해놓고도 남쪽에서 도발해서 반격을 하였다는 위장계획을 수립했다. 즉 남침명령도 "반타격 공격명령"이라고 하였던 것이다. 이러한 사실은 당시 인민군 총참모부 부참모장으로써 6·25 남침계획을 작성했던 이상조 씨의 증언에서도 확인되고 있다. 그리고 북한은 새벽 4시에 38선을 공격했지만 남한이 먼저 공격했기 때문에 아침 10시에 반격을 개시한다고 라디오를 통하여 공식적으로 선전포고를 하는 쇼를 벌리기도 하였다.

다) 한국전쟁의 진상

이러한 한국전쟁의 기원에 대한 학설은 1994년에 공개된 후로시초프 회고록과 소련 외교문서에서 그 진상이 명확하게 밝혀지고 있다. 후로시초프 회고록에 의하면 1949년 3월 김일성은 모스코바로 가서 남침계획을 스탈린에게 설명하면서 "남조선을 총검으로 찌르기만 하면 남조선에서 인민폭동을 촉진시키게 되어 남한을 무력 적화 시킬 수 있다"라고 보고하고 스탈린의 동의를 얻고자 했으나 스탈린은 "남조선 침략은 신중한 계획을 세워야 하며 좀 더 구체적인 계획을 가지고 다시 오라"라고 하였다. 북한으로 돌아온 김일성은 남침준비를 철저히 하면서 1950년 1월에는 신년사에서 전쟁준비가 완료되었다는 것을 공포까지 하였다. 한편 이 무렵 미 국무장관 에치선은 "한반도는 미국의 극동방위선에서 제외된다"고 하는 선언을 하게 되니 김일성은 남침을 위한 호기가 왔다는 것을 확신하게 되었다.

1950년 3월에 김일성은 다시 남침계획을 가지고 스탈린에게로 가서 "절대적인 승리를 확신하면서 미군이 남조선에 상륙하기 전에 한반도를 무력적화통일 할 수 있다고 강조하자" 스탈린은 중국의 모택동에게 의견을 물은 후 모택동도 동의한다는 것을 확인한 후에 김일성의 전쟁 계획을 승인해 주었다고 후로시쵸프 회고록에서 밝히고 있다.

또한 소련외교문서 공개에서도 남침이라는 것이 명확히 밝혀지고 있다. 1994년 7월에 공개된 소련외교문서는 총 2백16건에 달하는 것으로써 1949년부터 1953년까지 북한과 소련 및 중국간에 오고 간 김일성의 남침과 관련한 상세한 내용들이 모두 포함되어 있다. 이 문서는 후로시쵸프 회고록에서 주장하는 남침관련 자료들도 구체적으로 제시되고 있다. 이 자료는 김영삼 당시 대통령이 소련을 국빈 방문하면서 공개된 문서로 한국전쟁에 대한 명백한 기원을 설명하는 객관적인 자료가 되고 있다.

결론적으로 한국전쟁은 김일성의 무력적화통일 야욕이 직접적인 동기였고 스탈린과 모택동이 이를 배후에서 강력하게 지원했다는 것이 소련에서 공개된 외교문서를 통해 밝혀졌으며 후로시쵸프 회고록에서도 이를 뒷받침하고 있다.

이러한 증거는 수정주의학파의 주장을 침묵시키게 하는 명확한 자료가 되고 있으며 한국전쟁은 김일성이 주도하고 스탈린과 모택동의 지원 하에 2년 가까이 치밀하게 계획된 남침 전쟁이었다는 것이 명백하게 밝혀지게 되었다.

1. 정전협정 서명 당사자

한반도는 완전한 평화도 아닌 그렇다고 전시도 아닌 어정쩡한 휴전 상태이다. 휴전은 말 그대로 전쟁을 하다가 지쳐서 휴식을 한 후 다시 전쟁을 하자고 하는 쌍방군사령관간의 약속이다. 즉 축구경기를 하다가 전반전 45분간 뛰고 15분간 휴식을 한 후 다시 후반전으로 들어 가듯이 휴전도 어느 한쪽이 선전포고 없이 이제 휴식을 그만하고 다시 전쟁을 하자고 총을 쏘게 되면 바로 전쟁상태로 갈 수 있게 되는 것이 휴전체제이다.

이와 같은 한반도 휴전상태가 반세기 이상이나 지속되니 마치 평화상태인양 느껴지지만 사실 한반도 휴전체제는 대단히 불안한 상태인 것이다. 따라서 한국은 휴전협정 대신에 항구적인 평화상태가 보장될 수 있는 평화협정을 체결하자고 주장하지만 북한은 한국이 휴전당사자가 아니라는 것을 내세워 한국하고는 평화협정을 논의하지 않으려고 하고 휴전협정당사자인 미국과 직접 평화협정을 체결하려고 해 왔다.

휴전협정 즉 공식적으로 정전협정은 1953년 7월 27일에 체결되었는데 이때 정전협정 서명 당사자로서 유엔군 총사령관 미국 육군대장 마크 더블유 클라크, 공산군측을 대표해서 조선인민군 최고사령관 김일성 원수, 중국인민지원군사령관 팽덕회이었다.

왜 그 당시 한국대표는 서명을 아니했느냐 하면 이승만 대통령은 전력상으로 우세한 유엔군이 계속 북진을 하여 한반도를 통일하기를 바랐기 때문에 휴전을 반대하였다. 그래서 이승만 대통령은 정전협정체결을 반대하고 정전협상테이블에 나가 있는 한국대표를 철수시켰던 것이다.

그러나 미국은 한국전쟁을 조기에 끝내려고 하였기 때문에 한국의 의사와 관계없이 휴전이 체결되었다. 그 당시에 한국이 일부러 정전협정에 서명을 하지 않았지만 정전협정 당사자가 아니라는 것 때문에 외교적으로 대단히 불리한 위치에 놓여 있는 것도 사실이다.

북한이 미국과 평화협정을 체결하자고 요구를 하지만 미국이 이 요구를 들어 주지 않으니까 평화협정보다 한 단계 낮은 불가침조약이라도 체결하자고 주장하였다. 그러나 한국이 배제된 한반도 평화논의는 하지 않겠다는 것이 미국의 일관된 입장이었다. 결국 베이징에서 열리고 있는 6자회담에서 북한 핵 문제가 해결된 후에 이어서 한반도 평화체제 문제를 논의한다고 하는 합의를 본 바 있다.

2. 포로교환

휴전회담을 할시 어려운 문제가 된 것은 포로교환이었다. 포로송환은 제네바 협정에 따르면 양측이 잡고 있는 포로를 모두 돌려주면 되기 때문에 간단하다. 그러나 유엔군이 잡고 있는 포로들 중에 많은 사람들이 북으로 돌아가지 않고 자유민주주의 체제인 남한에서 살겠다고 하였다. 이렇게 송환을 거부한 포로들을 반공포로라고 한다.

반공포로가 생긴 원인은 북한이 남한을 점령하였을 시 강제로 남한사람들을 징집해서 인민군에 편입시켰고, 남한에서 잡은 포로들에게 사상교육을 시켜 인민군으로 전환시켰기 때문이다. 또한 중국군 포로들 중에 모택동이가 공산화 통일을 할 시 장개석 군대에 있던 국부군을 중국군에 편입시켰다. 이 국부군 출신들이 한국전쟁에 참전하여 포로가 되었는데 이들은 휴전이 되어도 공산주의체제인 중국으로 돌아가지 않고 대만으로 가서 자유민주주의체제에서 살겠다고 하는 사람들이 많았다.

반공포로를 본인들의 의사를 무시하고 강제로 북으로 송환할 수가 없는 것이 유엔군측의 입장이었다. 거제도 포로수용소에 있는 포로들은 친공포로와 반공포로로 나누어져 포로수용소 내에서 서로 충돌이 일어나고 있었다.

포로들간의 충돌로 175명이나 사망하였으며 공산군은 장교들을 일부러 포로로 위장시켜 거제도 포로수용소로 들여보내어서 친공 포로들을 지휘하도록 하였다. 친공포로들이 포로수용소장 돗트 미군장군을 납치하는 비극이 발생하기도 하였다. 결국 돗트장군은 친공포로들의 요구사항을 들어주는 조건으로 풀려나기는 하였지만 거제도 포로수용소사건은 유엔군의 큰 오점이 되었다.

이러한 가운데 이승만 대통령은 1953년 6월 18일 반공포로 27,000여 명을 일방적으로 석방시킴으로써 세계적인 이목을 끌게 하였다. 그래서 정전협정체결을 반대했던 이승만을 설득하기 위하여 미국은 로버트슨 특사를 한국으로 보내어 "만약 한국이 정전협정체결을 묵인하면 한미상호방위조약을 체결해서 한국방위를 미국이 보장해주겠다"는 약속을 하였다.

이러한 미국의 설득과 함께 1953년 3월 휴전협정에 강경한 입장을 보였던 소련의 스탈린이 사망함으로써 휴전협상은 급진전하였다. 결국 반공포로문제는 중립국에서 관리하면서 본인들이 원하는 지역으로 보낸다는 합의가 나오면서 먼저 부상자 포로를 송환하고 1953년 7월 27일에 정전협정이 조인되었다.

정전협정이 조인된 후에 포로교환이 있게 되었는데 남에서 북으로 돌아간 포로는 80,000여 명인 반면에 북에서 남으로 돌아온 포로는 12,000명에 불과하였다. 이 때 대전전투에서 포로가 되었던 미 24사장 딘 소장도 송환되었다. 공산군측으로부터 돌아온 포로들이 이렇게 적은 것은 공산군은 포로를 잡으면 죽이던가 아니면 사상교육을 시켜서 자기군대로 편입을 시켰기 때문이다.

또한 일부 포로들은 북한에 강제로 남아있으면서 송환되지 못한 사람도 있었다. 이들에 대한 문제를 해결하기 위하여 현재도 한국은 한국전쟁시 돌아오지 않은 포로를 송환해 달라고 북한에 요구하고 있고 북한은 돌아가지 않은 포로는 없다고 주장하고 있다.

그러나 요즈음 메스콤에서도 나오고 있지만 한국전쟁 당시 잡혔던 포로들이 중국으로 탈출해서 남으로 오는 경우가 있고 포로1세들이 세상을 떠난 경우에는 그 자손들이 제3국을 경유해서 한국으로 오고 있다. 포로교환을 할 때 공산군측 포로들은 그들이 한국에서 포로생활을 할 시 투쟁을 하였다는 것을 보여주기 위하여 남에서 주었던 옷과 신발을 벗어 던지는 쇼를 판문점에서 연출하기도 하였다.

포로들이 송환되고 정전협정이 실행되면서 유엔참전 16개국 군대는 돌아갔지만 미군은 계속 남아있다. 미군이 계속 주둔하고 있는 것은 정전협정이 체결된 후 한미간에 맺었던 한미상호방위조약 때문이다. 미군이 철수하면 한반도에 다시 전쟁이 일어날 것이라고 생각했던 이승만 대통령은 미국에게 한미상호방위조약 체결을 요구하였다. 미국은 로버트슨 특사가 약속한바 있는 한미상호방위조약을 체결하기 위하여 1953년 8월 덜레스 국무장관이 내한하여 한미상호방위조약을 체결하였다. 이 한미상호방위조약은 미군이 지금까지 한국에 주둔하고 있는 법적 근거가 되고 있다.

3. 군사분계선

가) 비무장지대

정전협정이 체결될 시 포로송환 다음으로 논쟁이 되었던 이슈는 군사분계선 설정이었다. 당시 양측간의 접촉선은 38선보다 북으로 올라가 있었기 때문에 공산군측은 38선을 군사분계선으로 하자고 하였고 유엔군측은 현 접촉선을 군사분계선으로 하자고 주장하였다. 결국 유엔군측의 주장이 관철되어 군사분계선은 현 접촉선으로 한다는 것이 합의하였다.

따라서 군사분계선(MDL : Military Demarcation Line)은 휴전협정이 조인되던 날인 1953년 7월 27일 남북 쌍방이 대치하고 있었던 선이 되었다. 군사분계선으로부터 북으로 2km 지역에 북방한계선(NLL : Northern Limit Line)을 설치하고, 남쪽으로 2km지역에 남방한계선(SLL : Southern Limit Line)을 설치하였다.

군사분계선으로부터 남북으로 각각 2km떨어진 지역 즉 폭 4km지역을 비무장지대(DMZ : DeMilitarized Zone)라고 한다. 정전협정상에 비무장지대는 남북이 각각 비 무장한 인원 1,000명 이내의 병력만 투입할 수 있도록 되어 있다. 그러나 이 규정이 서로 잘 지켜지지 않아 실제로는 수십 개의 GP(Guard Post)를 설치해서 수천 명의 병력이 비무장지대에 들어가 있으며 남북 각각 기관총, 무반동총 등 공용화기를 비밀리에 설치해 놓고 있다.

비무장지대 서쪽은 임진강 하구에 있는 말도로부터 동쪽은 고성까지 155마일로 되어 있다. 비무장지대에 들어가기 위해서는 남방한계선 통문을 열고 들어가야 한다. 이 통문은 유엔군사령관의 허가가 있어야 들어갈 수 있도록 되어 있다. 비무장지대에는 낮에는 무장한 병사들에 의하여 정찰을 하고 야간에는 매복작전을 하고 있다. 매복을 할 때는 호 속에 들어가 저녁부터 익일 아침까지 숨소리 하나 내지 않고 매복을 하는데 여름에 비가 올 때는 허리까지 물리 찬 호 속에서 얼굴에 모기가 와서 물기도 하지만 꼼짝하지 않고 밤새도록 매복을 하고 있다.

비무장지대 밑으로는 북한이 파놓은 땅굴이 있는데 1974년 제1땅굴이 발견된 이래 현재까지 모두 4개가 발견되었다. 땅굴을 파는 이유는 비무장지대는 철조망과 지뢰 등 수많은 장애물로 되어 있기 때문에 이러한 장애물을 피해서 땅굴로 넘어와 아군 후방에서 기습적인 공격을 하기 위함이다.

땅굴을 찾는 방법은 땅 위에서 시추봉을 지하 깊이 넣으면 땅굴이 있는 곳에는 시추봉이 푹 빠지는 현상이 나타난다. 이와 같은 방법으로 땅굴을 발견하게 되는데 직경이 1미터 정도되는 땅굴을 발견하기 위하여 155마일 휴전선을 시추봉으로 수없이 뚫으면 운이 좋아 북한군이 파놓은 땅굴 위에 시추봉이 닿으면 땅굴을 발견하게 된다. 땅굴탐지는 모래사장 위에 바늘 찾기만큼이나 어려운 일이라고 할 수 있다.

비무장지대에 들어갈 때는 허가를 받은 사람만이 남방한계선상에 있는 통문을 열고 들어가게 되는데 복장은 반드시 헌병(MP)이라고 표시된 모자를 쓰고, 민정경찰이라는 표시를 한 방탄 조끼를 입고 들어가야 한다. 헌병 또는 민정경찰이라고 쓴 표시는 정전협정상 비무장지대를 관리하는 무장을 하지 않은 인원이라는 의미이다.

나) 공동경비구역

판문점에 있는 공동경비구역(JSA : Joint Security Area)은 남북이 서로의 지역구분 없이 함께 경계근무를 하는 지역을 말한다. 그러나 공동경비구역 안에서 북한군에 의한 8 · 18 도끼만행사건이 일어나면서 이곳에도 경계선을 설정하여 남북이 각각 구분된 구역에서 경계근무를 하고 있다.

8·18 도끼만행사건은 1976년 8월 18일 오전10시경 미군 6명이 한국군 카츄사 5명과 함께 공동경비구역 안에 있는 "돌아오지 않은 다리" 부근에서 시야를 차단하고 있는 미루나무 가지를 치고 있었다. 시계청소를 하면 북한군이 자기들 방향으로 관측이 잘 된다는 이유로 북한군 수십 명이 트럭을 타고 나타나 도끼로 미군을 공격하였다. 이 사건으로 미군 장교 2명이 도끼에 맞아 머리가 깨지면서 즉사하고 9명이 중상을 입었다.

8·18 도끼만행사건으로 전쟁 일보 전까지 갔으나 김일성이 사과편지를 보내왔기 때문에 평온을 되찾았지만 그때부터 공동경비구역은 남북으로 구분해서 근무하고 있어 실제로는 공동경비 구역이 아닌 남북으로 분리된 경비구역이 되었다.

JSA(공동경비구역)라는 영화가 있지만 그 영화 내용은 실제상황이 아니라 소설처럼 가상적으로 그린 내용이다. 실제로는 남북 병사들이 구분되어 일체 접촉을 못하게 되어있고, 군기도 세계에서 가장 엄격한 지역이 공동경비구역이다. 공동경비구역에서 근무하다가 제대를 한 사람들이 JSA에 근무하는 병사들을 군기가 없고 무질서한 군인으로 영화에서 묘사를 했다고 하여 영화사를 찾아가 데모를 한 일도 있었다. 그러나 어디까지나 영화는 사실과 달리 묘사될 수도 있기 때문에 영화를 관람할 때 사실과 다르다고 생각하고 보면 되는 것이다.

공동경비구역에는 철조망도 지뢰도 없다. 다만 시멘트로 군사분계선만 표시를 한 상태이다. 따라서 쉽게 선을 넘을 수 있기 때문에 그 동안 북쪽에서 남으로 장교, 사병들이 많이 넘어왔다. 그러나 남에서는 북으로 넘어간 사람이 없다. 그러니까 김정일은 세계적인 이목이 집중되어 있는 공동경비구역에서 남측 병사 한 사람이라도 월북시키라는 특명을 내린 바 있다. 그래서 북한은 남측병사를 귀순 시키기 위하여

"적공조"라는 심리전 팀을 운용하면서 한국군을 귀순시키기 위하여 온갖 노력을 다하고 있다. 적공조들은 한국군들의 마음을 움직이기 위하여 야간에 몰래 경계선 위에 시계와 담배 그리고 뱀술 등을 귀순권고 편지와 함께 놓고 가지만 한국군들은 여기에 현혹되지 않고 오직 경계에만 열중하고 있다.

4. 서해5도 수역과 NLL

군사분계선은 지상에만 규정되어 있을 뿐 해상에는 명시되어 있지 않기 때문에 서해 5도 수역에서 분쟁이 끊임 없이 일어나고 있다.

정전협정 체결 당시 해상에 군사분계선을 설치하지 않은 이유는 ① 영해를 요즈음은 12해리로 하고 있지만 당시에는 육지로부터 3해리까지만 인정하고 그 밖에는 공해로 간주하였기 때문에 해상경계선의 필요성을 크게 느끼지 못했다. ② 정전협정체결 당시 대부분의 바다는 유엔군이 통제하고 있었기 때문에 바다 위에 있는 섬들의 소속만 규정해 두면 된다는 안일한 생각을 가졌었다. ③ 정전협정상에 "지상의 군사분계선으로부터 시작하여 해상에는 경기도와 황해도의 도 경계선 북쪽에 있는 섬들은 조선인민군 총사령관에게 두며 이선 남쪽에 있는 섬들은 유엔군 사령관에게 둔다고 되어 있다. 단, 이 선 북쪽에 있는 섬들 중에 백령도, 대청도, 소청도, 연평도 및 우도는 유엔군 사령관이 통제한다. 그리고 경기도와 황해도의 도계선은 도서들의 통제를 위한 것일 뿐 아무런 의미가 없는 선이다"라고 주기를 달아 놓고 있다.

정전협정 상에 해상 경계선이 규정되지 않았기 때문에 1953년 8월에 UN군 사령관이 지상의 NLL(북방한계선)을 연장해서 해상에도 NLL이라는 것을 일방적으로 선포하였다. 이 선은 서해 5도서인 백령도, 대청도,

소청도, 연평도, 우도와 북한의 황해도 사이의 중간 점을 연결한 것이다. 정전협정 당시 바다 전체가 UN군의 활동 무대였기 때문에 UN군 사령관은 한국해군이 이 NLL 북쪽으로 넘어 가지 못하도록 통제하기 위하여 이 선을 설정해 놓았던 것이다.

가) 서해5도 수역의 전략적 가치

서해 5도서 수역이 얼마나 중요한가에 대한 전략적 가치를 보면 서해 5도서는 한국에서 가장 북쪽에 위치한 섬으로서 북한의 안방을 훤히 들여 다 볼 수 있는 한국군의 눈과 귀 역할을 하는 곳이다. 백령도 지역에 안테나를 높이 세워놓으면 북한지역의 통신내용을 모두 감청할 수 있기 때문에 육・해・공군 감청기관들이 안테나를 가지고 이 섬에서 북한을 집중적으로 감시하고 있다. 또 서해 NLL은 해주항을 포함하여 황해도 전체를 봉쇄하는 역할을 한다. 따라서 북한의 선박들은 해안을 따라 위로 올라갔다가 공해로 나올 수밖에 없는 것이다.

그리고 서해5도서는 유사시에 북한 지역으로 한국 해병대가 상륙하기 가장 좋은 곳이다. 백령도 기지에서 고무 보트만 타고도 바로 북한지역으로 상륙을 할 수 있기 때문에 북한군은 이 지역을 방어하기 위하여 많은 병력을 배치 할 수 밖에 없다. 실제로 전쟁이 일어나게 된다면 2개 사단 정도는 남쪽으로 공격하지 못하고 이 지역에 묶어놓게 하는 효과를 한국군이 얻을 수 있다.

나) 서해상 도발사례

북한은 정전협정체결 초기에는 해군력이 약했기 때문에 잠잠했다가 북한의 해군력이 증가되기 시작한 1973년부터 서해5도서 수역에 설치된 NLL을 침범하기 시작하여 끝임 없는 분쟁이 계속되고 있다. 서해5도서 수역에는 꽃게와 까나리아 등이 많이 잡히는 황금어장이다. 6월 꽃게 철에는 물에 손만 넣으면 손가락에 꽃게가 물려 올려올 정도이다. 그리고 백령도 앞에는 심청이가 빠져 죽었다가 연꽃으로 환생했다는 인당수가 있는데 여기에는 중국어선들까지 몰려와서 꽃게를 잡아가기도 한다.

한국정부는 어부들을 보호하기 위하여 NLL 남쪽 4km 지역에 어로한계선을 설치해놓고 이 선 너머로는 어부들이 조업을 못하도록 하고 있지만 어부들은 어로한계선을 넘어가서 조류가 심할 때는 본의 아니게 NLL을 넘어갈 때도 있다. 이때에는 북한 경비정에 의하여 강제로 납북되는 경우도 많다. 따라서 한국해군은 조업을 하러 나갈 때는 출항증이라는 것을 휴대하고 나가도록 함으로써 어민들이 NLL을 넘지 못하도록 통제를 하고 있다.

군사적으로 서해5도서 수역에서는 남북한 해군간에 충돌이 자주 일어나고 있는데 1999년에는 한국해군이 북한 해군함정을 침몰시키고 10명의 북한군을 사망시킨 일이 있다. 2002년 6월에는 한국 제2함대사령부 예하의 해군장병 6명이 전사를 하였다.

한국 해군함정이 침몰될 때의 상황을 보면 북한경비정이 NLL을 침범한 것을 교전규칙(Rule of Engagement)에 따라 경고 방송을 하면서 퇴각을 요구하였다. 교전규칙이란 상급자의 명령 없이도 자동적으로 병사들이 행동할 수 있도록 한 규정을 말한다.

그 당시 교전규칙에는 먼저 경고방송하고 물러가지 않을 때는 밀어내기식 차단기동을 실시하도록 했다. 그래도 물러가지 않을 때는 경고사격을 한 후 격침을 시키게 되어 있었다. 2002년 6월 북한 함정이 NLL을 넘어 왔을 때 경고방송을 해도 물러가지 않으니까 북한경비정을 밀어내기 위하여 북한함정 가까이로 접근하는 순간 북한 함정이 함포로 조준사격을 함으로서 한국 함정 한 척이 크게 손실을 입고 침몰직전까지 갔으며 6명의 해군장병이 전사를 하였다.

그 이후 밀어내기 단계를 없애고 바로 사격으로 들어가도록 교전규칙을 개정해서 한국해군이 바다를 굳게 지키고 있다. 국제법 상에도 오랫동안 점령을 하고 있으면 점령하고 있는 편의 권한을 인정하고 있다. 남북기본합의서에도 북한은 서해 NLL을 인정한 바 있다.

이러한 서해상에서의 충돌을 예방하기 위하여 남북한간에는 공동어로구역을 논의하고 있다. 그러나 남북 국방장관회담에서 남한과 북한의 주장이 서로 엇갈려 합의를 보지 못했다. 남한은 NLL상에 동일한 면적으로 공동어로 구역을 설정하자고 하고, 북한은 NLL 남쪽에 공동어로구역을 설정하자고 주장하고 있다. 서해 평화협력지대를 만들기 위해서도 서해 NLL에 대한 문제가 해결되어야 한다. 그러나 NLL을 북한에 양보할 수 없기 때문에 NLL을 지키면서 공동어로구역과 서해 평화협력지대 설정을 지혜롭게 해결하는 방안이 모색되어야 할 것이다.

5. 전시작전통제권 전환과 한반도 안보

노무현정부 때 한미양국 국방장관은 전시작전통제권을 2012년 4월 17일까지 전환하기로 합의를 하였다. 한국이 전시작전통제권을 환수하겠다고 하니까 미국은 한국이 전시작전통제권을 가져가기를 원한다면 2009년까지 조기에 이양하겠다고 하였다. 우리 정부가 너무 빠르다고 주장함에 따라 2012년으로 결정이 된 것이다. 미국입장으로는 소련의 위협이 사라진 탈냉전시대에 와서 연합작전이든 단독작전이든 답답할 것이 없다고 보는 것이다. 연합작전체제가 필요한 것은 한국이지 미국이 아니기 때문이다.

미국은 한미연합작전체제에서 빠져나가는 것이 주한미군을 융통성 있게 운용할 수 있는 전략적 유연성 군사전략에도 자유로울 수 있다. 또 한국이 자주국방을 강화하는 차원에서 무기를 구입해야 하는데 더 많은 무기를 구입하는 과정에서 미국은 새로운 무기를 팔 수 있는 기회가 되고 반미감정까지 순화시킬 수 있기 때문에 울고 싶은데 뺨을 때려준 격이 된 것이다. 미국으로 봐서는 그들의 국익에 1석 3조의 효과를 안겨주는 "꽃놀이패"라고 할 수 있기 때문에 그렇게 가져가고 싶으면 빨리 가져가라는 것이다.

여기에서 우리는 연합작전체제하에서 과연 "한국군의 전시작전통제권이 미군에게 있는가?", "오늘날에도 군사주권이 없는 대한민국인가?" 하는 것을 확인해보면서 그간의 작전통제권 진화과정과 현 연합방위체제 및 단독행사시의 과제와 조건 등에 대해서 알아 보고자 한다.

가) 작전통제권 진화과정

사관학교에 들어가면 제일 먼저 가르치는 내용 중에 하나가 전쟁원칙이라는 것이 있다. 전쟁원칙 중에서 가장 강조되는 것이 지휘통일의 원칙이다. 사공이 많으면 배가 산으로 올라간다는 말이 있듯이 전쟁에는 단일지휘체제가 되어야만 적과 싸워 이길 수 있다는 것이 전쟁의 기본 원칙이다.

이와 같은 지휘통일의 원칙에 따라 한국전쟁 발발 직후인 1950년 7월 14일, 이승만 대통령은 유엔 참전 16개국 군대를 통제하고 있는 유엔군사령인 맥아더 장군에게 작전지휘권을 넘겨주었던 것이다.

그 후 1953년 7월 27일 정전협정이 체결되면서 직접적인 전쟁행위는 중지되었지만 완전한 평화체제가 되지 않았기 때문에 1954년 한미상호방위조약과 이어서 개정된 한미합의의사록에서 한국군에 대한 작전통제권 행사가 지속적으로 유엔군사령관에게 주어진다는 것을 보장해 주었다.

이때 중요한 것은 작전지휘권이 작전통제권으로 수정이 된 것이다. 한국전쟁이 발발할 시 이승만 대통령이 맥아더 장군에게 넘겨준 것은 작전지휘권(operational command)이었지만 한미합의의사록에 명시된 것은 작전통제권(operational control)이 된 것이다.

작전통제권은 군 통수권의 일부분에 불과하다. 군 통수권에는 군정권(Military Administration)과 군령권(Military command)으로 나누어 지는데 작전통제권은 군령권의 한 부분이다. 군령권에는 군사전략수립, 군사력건설 소요제기, 작전부대운용 등이 포함되는데 이중에서 작전통제권은 작전부대 운용권한만 포함된다. 따라서 작전통제권은 군 통수권의 손자 격인 2단계 하위개념이 된다.

그 후 정전체제가 고착화되면서 유엔참전국들이 점진적으로 철수하게 되고 주한미군도 1957년 7월에는 유엔군사령부에서 미 태평양사령부로 작전통제권이 이전됨으로써 한국군만 유엔군사령부 작전통제하에 있다가 1978년 11월 7일 한미연합사령부가 창설되면서 한국군의 작전통제권이 유엔군사령부로부터 한미연합사령부로 이양되었다. 그래서 현재 유엔군사령부 예하부대는 용산에 있는 의장행사병력 뿐이므로 유엔군사령부가 정전협정을 유지관리하기 위하여 소요되는 병력은 필요시 한미연합사령부로부터 지원을 받도록 되어있다.

그리고 한미연합사령부에 작전통제되는 부대도 한국군 전체가 아니라 전투작전에 직접적으로 임하는 지정된 한국군 부대만 전시에 작전통제 된다. 즉 제2작전사령부와 수도방위사령부 부대 등은 한미연합사령부의 작전통제하에 들어가 있지 않고 한국 합참의장이 단독으로 이들에 대한 작전지휘권을 행사하고 있다.

1994년 12월 1일에는 한국군에 대한 평시작전통제권이 한국합참으로 이양되면서 한미연합사령부는 전시에만 지정된 한국군과 주한미군 및 미 증원군을 작전통제하면서 한반도에 대한 정규작전에 임하게 된다.

평시작전통제권이 한국으로 이양된 것은 평시작전은 주로 대간첩작전이 되는데 대간첩작전은 한국군 위주로 하는 것이 효율적일 뿐 아니라 주한미군도 평시에는 미 태평양사령부의 작전지휘를 받다가 전시에만 한미연합사령부로 작전통제가 되기 때문에 평시작전통제권은 한국군과 미군이 각각 행사하고 전시에만 한미연합사령부에서 작전통제권을 행사하는 것이다.

평시작전통제권이 환수됨으로써 사실상 군사주권은 회복된 것이다. 전시작전통제권은 말 그대로 전쟁이 일어났을 때 효과적으로 작전을 할 수 있는 시스템상의 문제일 뿐 주권과는 거리가 먼 것이다. 전시에는 국가존망이 달린 문제이기 때문에 적과 싸워 이길 수 있는 지휘체제가 중요하다. 즉 전쟁을 억지하고 전투작전에 가장 효율성이 높은 연합작전체제가 최상의 방책이 되는 것이다.

지금까지 전시 작전통제권이 한미연합사령부로 넘어가게 되는 시기를 의미하는 데프콘 3이 발행된 적이 한번도 없었으며 앞으로도 영원히 없을 수도 있다. 전쟁이 일어나서도 아니 되겠지만 만약 전쟁이 일어나더라도 전시작전통제권이 한미연합사령부에 있는 것은 평화를 위한 보험과 같은 것이다.

나) 한미연합사령부 구성

그러면 여기에서 우리는 한국군에 대한 전시작전통제권을 가지고 있는 한미연합사령부가 미군부대인가? 하는 것을 알아볼 필요가 있다. 한미연합사령부는 유엔군사령부와는 달리 한미간에 공동으로 구성된 말 그대로 연합사령부이다. 한미 공동으로 구성된 한미연합사령부는 모두

850여 명으로 편성이 되어있는데 그 중에서 한국군이 500명, 미군이 350명으로 미군보다 한국군이 더 많이 보직되어 있고 부대운영비도 한미공동으로 부담을 하면서 모든 작전계획을 한미간에 연합으로 작성하고 있다.

한미연합사에 보직되어있는 7개 장군참모 중에 5개는 한국군(인사, 정보, 군수, 통신, 공병)이 맡고, 2개(작전, 기획)만 미군으로 보직되어 있다. 예하 지휘관도 7개 구성군사령관(지상군, 해군, 공군, 해병대, 연합특전사, 연합심리전사, 연합항공사) 중 지상구성군사령관을 비롯하여 4개 구성군 사령관을 한국군 장성이 맡고 있다. 특히 지상구성군은 한국육군과 주한미군 그리고 증원되는 미 육군 60여만 명을 작전통제하게 되어있어 사실상 지상구성군사령관인 한국군 대장이 한미연합사령부 병력 대부분을 작전통제하고 있다.

예를 들어 을지프리덤가디언(UFG : Ulchi Freedom Guardian)이라고 하는 전시훈련 등을 할 시 텍사스에 있는 미3군단이 한국군 대장으로 보직되어 있는 지상구성군사령관에게 작전통제되고 지상구성군사령관은 미3군단을 다시 용인에 있는 한국군 제3군사령부에 작전통제를 주게 된다. 이때 미3군단장은 한국군 제3군사령관에게 작전통제된 것을 신고하고 제3군사령관 밑에서 임무를 수행하게 된다. 동두천에 있는 미2사단도 장호원에 있는 한국군 7군단에 작전통제되면서 7군단장의 통제를 받게 된다.

연합사령관을 미군이 맡고 있지만 그의 권한행사는 한국군 대장으로 보직되어있는 부사령관과 협의 하에 이루어지고 있다. 그리고 한미연합사령관은 한국대통령으로부터 통제를 받아 임무를 수행한다. 다시 말하면 한미연합사령부는 대통령을 보좌하는 군사지휘기구인 한미군사위원회 즉 MCM의 작전지침 및 전략지시를 받아서 한국군과 주한미군을 작전통제한다. 한미군사위원회는 한국 합참의장과 미국 합참의장으로 구성되므로 미국이 일방적으로 한국군에 대한 전시작전통제권을 행사하는 것이 아니다. 예를 들면 한국방어계획인 작전계획 5027를 작성할 때 연합사령부는 한국합참으로부터 지침을 받고 초안을 작성해서 보고하며, 또 작전계획이 완성되면 최종안을 한국합참으로부터 승인을 받고 있기 때문에 한미연합사령부는 한국 대통령의 통수권 하에 임무를 수행하고 있다.

유엔군사령부는 한국전쟁 당시 유엔안전보장의사회의 결의에 따라 모든 지시를 유엔 아닌 미국합참으로부터 통제를 받도록 되어있었기 때문에 미군사령부라고 할 수 있지만 한미연합사령부는 한국군과 미군에 의해서 공동으로 구성된 사령부이며 한국대통령의 승인 없이는 어떤 임무도 수행할 수 없도록 되어있다. 예를 들면 1994년 북한 핵 위기 때 미국 클린턴대통령이 대북군사제재를 결정했다. 주한미군에 추가전력이 증원되고 한반도 주변해역에 해군력이 증강 배치됐다. 일촉즉발의 상황이었다. 당시 미 대사가 청와대에 와서 김영삼 당시 대통령에게 영변에 있는 핵 시설을 폭파하고 한미연합사령부 부대를 움직여서 전쟁상태에 돌입할 가능성이 있다고 했다. 그래서 주한미군 가족 10만 명을 일본으로 철수시키겠다고 보고했다. 그러나 전시작전통제권의 공동행사자인 김영삼 전 대통령의 반대로 한미연합사령부를 움직일 수 없어 미국의 일방적인 공격에 차질이 생겼고 결국 지미 카터 전 미국대통령이 평양을 방문하여 위기는 일단락된 바 있다.

독일과 일본에는 우리나라보다 더 많은 미군이 주둔하고 있는데 독일군도 전시에는 NATO의 연합작전체제로 들어가서 미군이 사령관으로 되어 있는 NATO사령부의 작전통제를 받고 있다. 일본은 연합체제가 아닌 각각 단독으로 작전을 하는 병렬체제로 되어 있다고 하면서 우리도 일본처럼 한미간에 병렬체제로 가야 한다고 주장하는 사람들이 있다. 그러나 일본자위대는 법적으로 군대가 아닌 말 그대로 자위대이기 때문에 연합작전체제로 가지 못하고 있다. 만약 일본이 보통국가로 발전하게 되면 전시에 가장 효율성이 높은 미일연합작전체제로 가야 한다는 주장이 나올지도 모른다. 왜냐하면 전시에는 단일한 연합작전체제가 되어야만 전쟁에서 승리할 수 있기 때문이다. 그래서 물리적으로 일본은 주일 미군과 일본자위대가 한 울타리 안에 함께 위치하면서 연합작전과 같은 효과를 내고자 하는 방향으로 가고 있는 것이다.

다) 전시작전통제권 전환 시의 과제와 조건

그러나 아직도 정전체제에서 평화체제로 전환이 되지 못하고 있는 한반도 안보환경에서 전쟁을 억지해주는 값싼 보험과 같은 연합작전체제를 해체하는 것으로 결정이 되었다. 이러한 현실 하에서 전시작전통제권 전환시의 과제와 조건은 무엇인지에 대해서 한번 알아보도록 하겠다.

첫째, 전시 증원군과 핵심 전투력 구축이 보장되어야 한다. 한미연합방위체제는 미국의 대한 안보공약 전반과 안정적 전시증원을 보장하고 있다. 한미연합사령부가 작성한 작전계획 5027에 의하면 한반도에서 전쟁이 발발하게 될 경우 막강한 미군전력이 추가적으로 투입될 수 있도록 시차별 부대전개목록(TPFDD : Time Phased Force Deployment Data)이 준비되어 있다. 이 제원에 따라 한미연합사령부는 매년 3, 4월에 KR/FE(Key Resolve/Foal Eagle) 훈련을 실시하면서 그 실효성을 점검하고 있다.

시차별 부대전개목록에 따른 증원부대 규모는 미 공군 전력의 50%, 미 해군 40%, 미 해병대 70% 이상이 한반도에 전개된다. 즉 전쟁 발발 90일 이내에 미 본토와 일본 기지로부터 전차 1,000대, 화포 700문, 아파치 헬기 269대 등을 포함한 지상군 2개 군단, 항공기 2,000대를 포함한 공군 32개 전투비행대대, 160척의 함정을 포함한 5개 항공모함전단,

2개 해병 기동군 등 한반도로 증원되는 미군전력은 69만여 명에 이른다. 국방연구원(KIDA)의 발표에 의하면 이를 비용으로 환산할 경우 250조원의 가치가 있다.

평시에도 전장의 눈과 귀가 되고 있는 정보감시수단 즉 전략정보의 대부분을 미군으로부터 제공 받고 북한 신호정보와 영상정보를 미군 장비와 기술력에 전적으로 의존하고 있다. 주한미군이 운용하고 있는 U-2기는 한번 임무를 수행하는데 10억 원이라는 비용이 들기 때문에 우리는 주어도 사용을 할 수 없으며 한국군이 국방개혁상에 구입하게 되어있는 정찰기와는 비교가 되지 않는다.

또 미국은 군사위성을 24시간 북한상공에 띄워놓고 있는데 우리가 쏘아 올린 통신위성 아리랑과는 그 차원이 다르다. 이와 같이 한미연합 방위체제는 미 본토에서 지원되는 증원군과 정보 및 핵우산 등 압도적 군사력 우세를 통하여 북한이 한국을 공격하지 못하게 하는 전쟁억지 역할을 하고 유사시 한반도를 지켜주는 담보가 되고 있다.

한국 국방부가 전시작전통제권 단독행사를 전제로 해서 작성한 국방개혁에는 총 621조 원이 투입되어야 한다. 이를 위해선 국방비가 GDP의 2.8%에서 3.2%까지 증가되어야 한다. 이와 같은 한국군의 전투력 건설이 차질 없이 진행되고 미군의 안정적 전시증원을 보장 받을 수 있는 제도적 장치를 구축해야 한다.

둘째, 한반도 전구(戰區) 내에서 지휘통일의 원칙이 깨어지는 문제를 해결해야 한다. 단기 속전속결로 전개되는 현대전에서 공동의 적에 대하여 한국군과 미군이 각각 단독으로 작전을 하게 될 경우 엄청난 혼란이 올 수 있다. 이를 위해서 한미군사협조본부(MCC)를 설치해서 양국군 간에 작전협조를 한다고 한다. 그러나 빠른 속도로 변화되는 현대전의 전투작전상황에 대비하기 위해서는 작전협조만으로는 불가능하다. 평택에 있는 미군사령부와 서울에 위치한 한국합참이 전시에 작전협조를 유기적으로 한다는 것은 기대하기 어렵다. 전투작전은 우발상황의 연속이다. 이러한 우발상황에 신속한 대응을 할 수 있는 연합전략기획능력까지 구비한 조직이 있어야 한다.

북한의 비대칭전력은 한국에게 큰 위협을 주고 있다. 핵무기가 해결된다 하더라도 북한만이 가지고 남한은 가지고 있지 않은 화학무기, 생물학무기, 미사일 등이 문제이다. 이러한 비대칭무기에 대한 대비는 한미연합으로 할 수 있도록 해야 한다. 따라서 한미연합전략사령부 같은 조직을 만들어 연합작전을 기획할 수 있도록 해야 한다. 이 조직은 한미군사위원회 산하에 상설로 설치하고 전시에 대비한 작전계획을 평시부터 작성 및 시험을 해야 한다. 전시에는 전투작전의 시행 및 감독을 하면서 양국군 간의 긴밀한 협조가 이루어지도록 해야 한다.

셋째, 독자적인 작전기획능력문제를 해결해야 한다. 한국자체의 작전기획 및 군사전략 수립능력이 전제되지 않는 한 전시작전통제권을 한국군 단독으로 행사한다는 것은 무의미하다. 전시작전통제권을 단독으로 행사하게 되면 한국군이 주도적인 역할을 하고 미군이 지원적인 역할을 할 것이다. 이때 합참에서 지상군 작전계획은 만들 수 있겠지만 미 공군과 해군구성군 작전을 통합하기는 어렵다. 미 5, 7공군과 미 7함대의 운영개념을 모르고는 완전한 작전계획을 만들 수 없다. 현대전은 통합전력이 발휘되어야 하는데 미군의 화력지원을 빼놓고 작전계획이 작성되면 그것은 절름발이 계획이고 실행성도 없다.

무엇보다 중요한 것은 작전계획 및 군사전략 발전을 위해서는 정부차원의 국가안보전략의 구체화가 선행되어야 한다. 현 정부의 국가안보전략은 추상적인 원론 차원의 것으로 작전계획 및 군사전략 발전의 지침이 되기에는 한계가 있다.

한미연합사령관도 "전시작전통제권 전환이 이루어지기 전에 한국의 전략적 전쟁목표와 희망하는 전쟁의 최종상태가 무엇인지 명확히 해야 한다" 라고 주장한 바 있다. 이는 북한의 남침으로 한반도에 전쟁이 일어났을 때 한국이 전쟁을 어떤 상태에서 끝내겠느냐 하는 것이다. 반격을 해서 북한 지역을 완전히 통일하는 것을 목표로 하는지, 아니면 휴전선 정도만 회복하고 전쟁을 종료하는지를 명확히 해야 한다. 이런 목표에 따라 한·미군의 작전계획이 결정되기 때문이다. 한미연합사령부 작전계획 5027에는 북한의 침공을 받으면 초기의 방어단계를 거쳐 북한 지역으로 반격하도록 되어 있다. 만약 미군의 지원이 없으면 북한지역으로의 반격이 불가능한데 한미연합작전체제가 무너진 상태에서 미군의 지원이 어떻게 될 것인가를 심각하게 고려해야 된다. 또 휴전선에서 전쟁의 최종상태가 종결될 경우 미 증원군의 단계적 투입은 어떻게 될 것인가도 사전에 합의가 있어야 한다.

넷째, 한미연합사령부해체 시 정전체제를 유지.관리하는 유엔군사령부와 한국군의 관계가 정립되어야 한다. 1978년 10월에 체결된 한미연합사령부 설치에 대한 교환각서에는 유엔군사령부와 한미연합사령부의 관계가 잘 정립되어 있다. 즉 "한미군사위원회의 연합사령부에 대한 권한위임사항이 1953년에 서명된 상호방위조약 및 1954년에 서명되고 1955년과 1957년에 각각 개정된 바 있는 합의의사록 중 한국측 정책사항 2항(유엔군사령부의 한국군에 대한 작전통제권 수용)의 규정 범위 내에서 정당하게 이루어진 약정이다"라고 명시함으로써 한미연합사령부와 유엔군사령부와의 관계가 확립되어 있다. 한미연합사령부가 해체될 시 정전체제를 유지 관리하는 유엔군사령부와 한국군의 관계도 명확하게 정리되어야 하는 과제를 안고 있다.

결론적으로 한미연합사령부에서 행사하는 전시작전통제권을 한국군 단독으로 행사하여 자주군대를 만들어야 한다는 것은 주권차원에서 명분적으로 볼 때에는 당연하다. 그러나 대안적 연합방위체제의 창출에 실패할 경우 심각한 안보불안을 초래할 수 밖에 없는 중대한 사안이기 때문에 철저한 사전 준비가 완벽하게 이루어져야 한다.

북한은 아직까지 군사적으로 변화된 모습을 보이지 않고 있다. 오히려 비대칭 전략무기체계가 강화되어있기 때문에 한반도의 안보정세에 불안감이 상존하고 있다. 특히 북한은 김정일 시대에 들어와서 선군(先軍)정치를 실시하면서 거대한 병영국가화 되고 있다. 김일성 시대에는 당이 우선이었지만 김정일 시대에는 당위에 군이 존재하면서 사실상 군사위원회가 모든 국가조직을 통제하고 있다.

따라서 북한의 군사적인 변화를 유도하면서 한반도에 평화체제가 정착될 수 있는 군사.외교적인 노력을 병행함은 물론이고, 위와 같은 전시작전통제권 전환에 따른 조건과 과제가 성공적으로 달성되도록 해야 할 것이다.

6. 정전체제에서 평화체제로의 전환

가) 정전협정 관리체제

정전협정을 관리유지하기 위한 기구는 군사정전위원회와 중립국 감독위원회가 있다. 군사정전위원회는 유엔군측과 공산군측이 각각 5명씩의 대표로 구성되어 있다. 유엔군측에서는 한국군이 수석대표로 되어있고 그 아래 미국, 영국, 한국, 기타 참전국 중에서 대표 1명이 참석하며, 공산군측에서는 북한군이 수석대표로 되어있고 그 아래 중국군과 북한군요원으로 구성되어 있다.

중립국 감독위원회는 4개국이 나오도록 되어 있는데 스위스, 스웨덴 2개국은 유엔군 측에 나와 있고 다른 2개국 즉 폴란드 체코슬로바키아는 공산군측에 나와 있었다.

JSA라는 영화를 보면 한국에서 스위스로 입양되어간 여자아이가 자라서 스위스군 소령으로 임관되어 판문점 중립국감독위원회 요원으로 나와서 활약하는 모습을 볼 수 있는데 이들 중립국감독위원회는 정전협정이 위반사항을 확인 감독하는 역할을 하고 있었다.

나) 군사정전위원회와 중립국 감독위원회 실태

정전협정은 북한의 일방적인 파괴활동으로 누더기와 같은 상태에 이르고 있다. 1992년에 유엔군측에서 한국군을 군사정전위원회 수석대표로 임명하게 되니 북한은 한국군은 수석대표가 될 수 없다고 주장하면서 1993년 4월에 중립국 감독위원회 공산군측 대표를 철수시켰다. 1994년 12월에는 중국대표단을 철수시킨 후 1996년 5월 인민군판문점대표부라는 것을 일방적으로 설치하였다.

이와 같이 군사정전위원회의 기능이 마비된 상태 하에서 한반도의 안전이 위협을 받게 되기 때문에 1997년부터 군사정전회담 대신에 유엔군과 북한군 간에 장성급회담이라는 형식으로 열리고 있다.

따라서 정전협정을 유지, 관리하는 기구인 군사정전위원회는 이미 무력화되었고 군사정전위원회 대신에 변칙적으로 장성급 회담이 판문점에서 열리고 있지만 이 장성급회담에는 정전협정 상에 공산군측 대표로 참석하게 되어 있는 중국대표는 철수하였고 소위 인민군 판문점대표부라고 하여 정전협정과는 관계없는 상대가 회담에 임하고 있다.

다) 정전협정 당사자 문제

그러면 과연 한국은 정전협정 당사자가 아닌가? 정전협정에 서명을 한 사람은 당시 유엔군 사령관이었던 미 육군 대장 클락크와 공산군측을 대표해서 팽덕회 중국인민지원군사령관, 김일성 인민군 최고사령관이 서명을 했다. 그래서 북한은 서명을 한 국가만 당사자가 될 수 있으므로 한국은 정전협정의 당사자가 될 수 없다고 하면서 정전협정을 평화협정으로 전환하는 문제는 미국하고만 상대를 하려고 하는 것이다.

그러나 클라크 장군은 유엔군사령관 자격으로 서명을 한 것이지 미국을 대표해서 서명을 한 것이 아니다. 즉 국적은 미국인이지만 직책은 유엔군사령관이었기 때문에 당시 유엔군사령관 통제 하에 있었던 모든 나라 군대를 대표해서 서명을 한 것이다. 만약 북한이 주장하는 논리라면 유엔군사령관이 프랑스인이었더라면 프랑스가 정전협정 당사자가 되어야 하고 캐나다 인이었다면 캐나다가 정전협정의 당사자가 되어야 한다는 논리와 같기 때문에 정전협정에 서명을 한 크라크 장군이 미국 국적을 가졌다고 해서 미국만이 정전협정 당사자가 되어야 한다는 논리는 억지에 불과하다.

따라서 정전협정을 유지 · 관리하는데 핵심적인 역할을 하고 있고 유엔군사령관의 작전통제 하에 전투를 한 한국도 분명한 정전협정의 한쪽 당사자이기 때문에 북한은 한국을 제외시키고 미국하고만 평화협정 또는 불가침협정을 체결하려고 하는 주장은 논리에 맞지 않은 것이다.

라) 평화체제로의 전환방안

한반도에서 평화체제를 구축하는 방안은 새로운 평화협정을 체결하는 것과, 1991년 남북한간에 체결한 남북기본합의서를 보완하는 방안이 있다. 평화협정을 체결하는 방안은 공식적이고 분명한 체제전환이 되고 평화상태를 정착시킬 수 있으며 국제적인 승인 및 법적인 효력을 유지할 수 있는 긍정적인 요소가 있다.

그러나 이는 북한이 남한을 정전협정 당사자가 아니라는 주장을 고집하는 한 북한을 설득하는데 어려움이 있고 한국전쟁에 대한 전범자 처벌과 전쟁배상 문제해결 등이 곤란하며 분단의 고착화로 통일문제를 희석시킬 우려가 있다. 또한 기존의 남북기본합의서를 무시하고 새로운 평화협정을 체결하는 것도 문제가 될 수 있다.

남북기본합의서를 보완하는 방안은 가장 합리적인 방법이라고 할 수 있다. 왜냐하면 남북기본합의서의 불가침 부속합의서는 정전협정을 대체할 수 있는 내용이 모두 포함되어있고 남북기본합의서의 남북군사공동위원회는 군사정전위원회의 기능을 대체할 수 있다.

또한 남북기본합의서의 성격은 통일을 목표로 하는 동시에 과정으로 보고 있기 때문에 점진적 및 단계적으로 추진할 수 있다. 그리고 남과 북은 국가간의 관계가 아닌 특수 관계에 있고 통일을 향한 화해.협력을 우선적으로 한다는 성격이 있을 뿐만 아니라 남북한 당사자가 자주적으로 결정한 공식합의서이기 때문에 평화협정 못지 않은 문서이다.

정전협정을 남북 불가침합의서로 대체하려면 정전협정에 서명을 한 미국과 중국의 관계가 정리되어야 한다. 그리고 완벽한 한반도의 평화를 보장하기 위해서는 한반도에 영향을 미치고 있는 기타 주변국의 영향력도 고려해야 하기 때문에 6자회담에서 북한 핵 문제가 해결되고 나면 바로 한반도의 평화체제를 보장 받는 방안이 최선이라고 할 수 있다.

이와 같은 맥락에서 볼 때, 베이징에서 열리고 있는 6자회담에서 북한 핵 문제가 순조롭게 해결되고 나면 다음단계로 한반도평화체제를 논의하기로 합의한 것은 대단히 시의적절하다고 볼 수 있다. 따라서 남북기본합의서를 바탕으로 한반도문제의 당사자인 남북한이 주체가 되고, 6자회담에서 주변 4개국이 이를 보장하는 방향으로 한반도 평화문제를 풀어야 할 것이다.

참고문헌

1. 한국문헌

강창구, 『전쟁론』(서울 : 병학사, 1991).

곽태환 외, 『한반도 평화체제의 모색』(서울 : 경남대학교 극동문제연구소, 1997).

국방부, 전사편찬위원회(역), 『한국전쟁포로』, White, William Lindsay, *The Captives of Korea*, 서울, 1986.

______, 『한국전쟁사(1~11권)』, 전사편찬위원회, 1980.

______, 『백마고지전투』, 1984.

국방정보본부, 군사정전위원회 편람, 1986.

김기옥, 『한국전쟁』(서울 : 국방부 전사편찬위원회, 1987).

김명철, "우리민족끼리 걸어온 3년", 『조국』(주체92, 2003).

김양명, 『한국전쟁사』(서울 : 일신사, 1976).

김영작외, 『한국전쟁과 휴전체제』(서울 : 집문장, 1998).

김일성, 『김일성 저작선집 각권』(평양 : 조선로동당 출판사).

김점곤, 『한국전쟁과 노동당전략』(서울 : 박영사, 1974).

김철범, 『한국전쟁과 강대국 정치와 남북한 갈등』(서울 : 평민사, 1989).

______, 『한국전쟁과 미국』(서울 : 평민사, 1990).

김학준, 『한국전쟁－원인, 과정, 휴전, 영향』(서울 : 박영사, 1989).

라종일, 『제네바 정치회담에 관한 연구』(서울 : 일해연구소, 1988).

매듀 B. 리지웨이 씀, 김재관(역), 『한국전쟁』, 정우사, 1984.

변영태, 『나의 조국』(서울 : 자유출판사, 1959).

서용선, 『한반도 휴전체제 연구』(서울 : 국방군사연구소, 1999).

신복용, 『한국전쟁의 정치외교사적 고찰』(평민사, 1986).

이병주, 『휴전회담, 실무대표회의록 분석(1) 공산측의 협상전략과 전술을 중심으로』(국토통일원 정책기획실 1980).

육군본부, 『낙동강에서 압록강까지, 유엔군 전사 제1집』(1963).

______, 『휴전천막과 싸우는 전선, 유엔군 전사 제2집』(1968).

______, 『정책과 지도, 유엔군 전사 제3집』(1974).

______, 『6·25사변 육군전사(1~7권)』, 1957.

______, 『중공군사』, 1964.

______, 『소총 분·소대』(교육사, 2006. 5. 31)

______, 『중대급 부대지휘절차』(교육사, 2007. 7. 30)

______, 『보병대대』(교육사, 2002. 2. 20)

_______, 『보병연대』(교육사, 2007. 4. 30)
_______, 『보병사단』(교육사, 2002. 2. 20)
_______, 『군단』(교육사, 2007. 12. 31)
육군본부 역, 일본역전사 연구보급회편, 『한국전쟁 9 · 10 회담과 작전』(서울 : 명성출판사, 1988).
육군사관학교, 『세계전쟁사』(서울 : 일신사, 1983).
임은, 『북한 김일성 왕조비사』(서울 : 한국양서, 1982).
정성관, 『판문점의 비사』(서울 : 평문사, 1953).
정일권, 『6 · 25비록, 전쟁과 휴전』(서울 : 동아일보사, 1986)
조선중앙통신사, 『조선중앙연감』, 1951~1952년(평양 : 평양종합 인쇄공장).
조선반도의 평화보장체제 수립에 관한 조선외교부 성명(1994년 4월 28일).
조선사회과학원 력사연구소, 『조선전산』(백과사전 출판사, 1981).
주영복, 『내가 겪은 조선전쟁』, 고려원, 1990.
중국통계출판사, 『중국통계연감』(북경 : 중국통계출판사, 1960).
중앙일보사, 『민족의 증언(한국전쟁실록)』 권5(1983).
최덕신, 『내가겪은 판문점』(서울 : 삼구문화사, 1955).
최봉대, 『한국전쟁 연구』(서울 : 태암출판사, 1990).
하영선 편,『한국전쟁의 새로운 접근-전통주의와 수정주의 를 넘어서』(서울 : 나남, 1990).
평양출판사, 『오늘의 조선』(평양 : 평양출판사, 1991).
________, 『조선분렬, 전쟁, 통일』(평양 : 평양출판사, 1996).
________, 『조선인민공화국 나라』(평양 : 평양출판사, 1990).
한국정치연구회 정치사분과 지음, 『한국전쟁의 이해』(서울 : 역사비평사, 1990).
한정흡, "1990년대 전반기 미제의 새 조선전쟁도발 책동과 그 파산", 『김정일 종합대학 학보』(평양 : 김일성 종합 대학 출판사, 주체 1991, 2002년).
합동참모본부, 『한국전사』, 1984.
현대사, 연국실역, 小仳木正夫 저, 『한국전쟁-미국의 개입 과정』(서울 : 청계연구소, 1987).

2. 외국문헌

Adam Roberts and Richard Gueleff, ed., *Documents on the Laws of War*(Oxford : Carendon Press, 1989.
A. L. George, *Korean and the Theory of Limited War*(Boston : D.C. Heath, 1967).
Appleman, Roy E., South to the Naktong, North to the Yalu, June November, 1950(A volume in the U.S Army in the Korean War Series. Washington D.C : Office of

the Chief of Military History, 1961).

Bailey. D, *Cease Fires, Truces, and Armistices in the Practice of the UN Security Council*, AJIL, Vol.71(1979).

British Foreign Office, Korea : *A Summary of Developments in the Armistice Negotiations and Prisoner of War Camps*, Command 0596 (London : HMSO, 1952).

Clark, Mark W., *From the Danube to the Yalu*(New York : Harper, 1954).

Carl von Clausewitz, *On War*, ed. By A. Rapoport, (Penguin Books, 1971)

Collins, J. Lawton, *War in Peacetime : The History and Lessons of Korea*(Boston : Houghton Mifflin Co., 1969).

Foot, Rosemary, *The Wrong War : American Policy and the Dimensions of the Korean Conflict, 1950~1953*(Ithaca : Cornell University Press, 1985).

Goulden, Joseph C., Korea : The Untold Story of the War (New York : McGraw-Hill Book Co., 1982).

Hermes, Walter G., *Truce Tent and Fighting Front*(Washington, D.C. : Unites States Government Printing Office, 1966).

Hoyt, Edwin P., *The Bloody Road to Panmunjom*(Briarcliff Manor N.Y. : Stein and Day, 1985).

Joy, C. Turner, *Negotiating While Fighting*(Stanford : Hoover Institution Press, 1978).

Kaufman, Burton I., *The Korean War : Challenges in Crisis, Credibility and Command* (Philadelphia : Temple University Press, 1986).

Khrushchev, Nikita S., *Khrushchev Remembers, with an introduction and commentary notes by Edward Crackshaw, translated and edited by Storbe Talbott*(Boston : Little, Brown and Co., 1970).

Kotch, John, "The Origins of the American Security Commitment to Korea" in Bruce Cummings(ed.), *Child of Conflict*(Seattle : University of Washington Press, 1983).

Macdonald, Callum A,, *Korea : The War Before Vietnam*(London : Macmillan, 1986).

Malcom, W. Cagle and Frank A. Manson, *The Sea War in Korea*(Annapolis : U.S Naval Institute, 1957).

Noble, Harold Joyce. *Embassy at War*(Seattle : University of Washington Press, 1975).

Oliver, Robert T., *Syngman Rhee and American Involvement in Korea, 1942~1960 : A Personal Narrative*(Seoul : Panmun Book Co., 1978).

Paige, Glenn D, *The Korean Decision 9 June 24~30, 1950*(New York : The Free Press, 1968).

Rees, David, *Korean : The Limited War*(London : Macmillan, 1964).

__________, *The Korean War* : History and Tactics (London : Orbis Publishing, 1984).

Ridgway, Matthew B., *The Korean War*(New York : Popular Books, 1967)

Schnabel, James F., *Policy and Direction : The First Year*(A volume in the U.S. Army in the

Korean War Series. Washington D.C. : office of the Chief of military History, 1972).

S.D. Bailey, *Cease-Fire, Truces, and Armistices in the Practice of the UN Security Council*, AJIL, Vol.71(1977).

Simmons, Robert R., *The strained Alliance : Peking, P,yongyang, Moscow and the Politics of the Korean Civil War*(New York : The Free Press, 1095).

Stone, I.F., *The Hidden History of the Korean War*(N.Y. : Monthly Review press, 1952).

United states Department of the Army, *United States army in the Korean war : South to the Naktong North to the Yalu,* Prepared by Roy E. Appleman, Office of the Chief of Military history (Washington D.C. : United States Government Printing Office, 1961).

Whiting, Allen S., *China Crosses the Yalu : The Decision to Enter the Korean War*(New York : Macmillan Co., 1960).

_______________, *The Negotiation Process : Theories and Applications*(Beverly Hills, CA, : Sage, 1973).

玭成文,『板門店 談判』(北京 : 解放軍出版社, 1989).

中國社會科學出版社 編,『抗美援助戰爭』(北京 : 中國社會科學出版社, 1990).

저자 차기문 車基文

경남 합천 출생(1944)
대륜고등학교(1963)
육군사관학교(1967)
미국 지휘참모대학(1977)
고려대학교 대학원 석사(1979)
제6군단 작전참모(1986)
제5군단 참모장(1989)
제37사단장(1993)
청와대 국방비서관(1996)
한미연합사 부참모장 / 군정위 수석대표 겸무(1998)
미국 트로이주립대학교 대학원 석사(1999)
육군중장 예편(2000)
청주대학교 객원교수(2001)
경남대학교 대학원 정치외교학 박사(2003)
평택대학교 교수(현재)
국제교육원 원장(현재)

현대사를 통해 본 정의의 전쟁

인 쇄 2008년 8월 13일
발 행 2008년 8월 25일
지은이 차기문
펴낸이 이대현
편 집 김지향
펴낸곳 도서출판 역락
서울 서초구 반포4동 577-25 문창빌딩 2층
전화 02)3409-2058, 2060 | FAX 02)3409-2059
이메일 youkrack@hanmail.net
등록 1999년 4월 19일 제303-2002-000014호
ISBN 978-89-5556-622-2 93390

정 가 20,000원

* 잘못된 책은 교환해 드립니다.